瀚海学术

CO_2的气源和成藏及其预测

谈 迎 李振生 刘德良 吴小奇 杨晓勇
陶士振 刘 波 杨 强 曹高社 张交东 著
方国庆 陈永见 郑德山 王佰长 孙占强

中国科学技术大学出版社

内容简介

二氧化碳(CO_2)是全球碳循环的中枢,具有重要的环境意义、资源意义和地学意义。本书评述了CO_2地质研究、CO_2成藏成矿研究、天然气(CH_4、CO_2)成因判别研究的最新进展;系统论述了四种CO_2源库、地质体脱排CO_2气作用和断裂的控矿作用;以松辽盆地为实例,阐述了CO_2的成藏模式和资源预测。特别提出了天然气成藏组构的导运型断裂、封闭型断裂、容储型断裂的声学(波速和衰减)鉴别标志。

本书内容丰富、资料详实,对CO_2资源与环境研究具有重要的参考价值,可供地质、油气勘探开发和环境科学工作者参考。

图书在版编目(CIP)数据

CO_2的气源和成藏及其预测/谈迎等著. —合肥:中国科学技术大学出版社,2010.10

ISBN 978-7-312-02647-8

Ⅰ.C… Ⅱ.谈… Ⅲ.①二氧化碳—气源—研究 ②二氧化碳—油气藏—研究 Ⅳ.P618.13

中国版本图书馆数据核字(2009)第200333号

出版发行 中国科学技术大学出版社
地址:安徽省合肥市金寨路96号,230026
网址:http://press.ustc.edu.cn

印　　刷 中国科学技术大学印刷厂
经　　销 全国新华书店
开　　本 710 mm×1000 mm 1/16
印　　张 11
字　　数 225千
版　　次 2010年10月第1版
印　　次 2010年10月第1次印刷
定　　价 22.00元

序　　言

《CO_2的气源和成藏及其预测》一书是中国科学技术大学地球和空间科学学院CO_2地质资源环境研究中心工作成果之一。取材于中心主任刘德良教授具体负责的四个相关专题研究报告：郯庐断裂带无机成因天然气研究、松辽盆地CO_2气资源评价、火山和变质成因CO_2脱气成藏研究、准噶尔盆地石炭系火山岩油气地质地球化学研究及其学生李振生博士负责的玄武岩的脱气演化与二氧化碳成藏研究。

该书力图介绍CO_2地质、资源、环境之间的关系。有许多创新性的工作，包括断裂变质和接触变质脱气参数的测试计算、松辽盆地四种CO_2源库（幔源-岩浆、火山岩、碳酸盐岩、有机质地层）在不同构造层次的地质地球化学和释放天然气潜力的分析计算、典型无机成因昌德东气藏自生自储模式的确定、壳内低速高导流变地质体作为幔源气向表壳转移的中继补给站的解释等。特别是刘德良教授在书中关于天然气（CH_4、CO_2）成藏的断裂作用与成藏断裂的声学鉴别的分析，提出了天然气成藏断裂系统中导气断裂、封气断裂、容气断裂的声学标志，给出了天然气成藏断裂各异功能的波速度和波衰减的联合鉴定等，属于前人未曾达到如此系统和程度的新的探索，具有一定的理论和实际的意义。

自然界100多种化学元素中，除碳以外所形成的化合物只有5万多种，然而碳的化合物却有300多万种，碳系列化合物通常作为经典有机化学的研究范畴。但是，成为矿产的高纯CO_2气藏气主要是无机来源的。全球碳循环中，就存在无机与有机的转化过程。天然气的成因类型是根据碳在自然界循环过程中所处阶段的属性划分界定的。CO_2是全球碳循环的中枢，研究CO_2的源和汇有助于了解碳循环的法则；而且利用CO_2的地质地球化学信息，可以推断地球深部演化和岩石圈动力过程以及各圈层脱气机理，也有助于探索石油天然气的来源和运聚。

全球CO_2气释放的密集区主要呈带状分布，并与环太平洋地震活动带和地中海-喜马拉雅地震活动带具有较好的一致性。在相对稳定的大陆内部，CO_2聚集释放的场所常与中、新生代裂谷带有关。因此，研究活动构造（尤其活断层）与CO_2聚集释放关系及其规律是有科学依据的。可以认为，新生代活动断裂，特别是第四纪活动断裂为释放CO_2气的通道，可以从氡气和汞气沿活断层带富集得到间接的证明。由于CO_2气来源于岩石圈暨地壳深部，而中国东部断陷盆地的基底都较浅（一般小于10 km），因此，要研究活断裂控制的断陷盆地与CO_2气聚集释放的关系，以及研究深部与浅部构造的关系，在中国东部是非常有利的。而深部构造主要是依据地球物理资料的地质解释来判断。

CO_2资源原本属于非传统矿产资源，但随着石油开采、化工、农业、食品、环保、医疗等事业的发展，对 CO_2气的需求日趋扩大，然而对于 CO_2资源勘探开发，多属油气勘探中不期而遇的。当前国内外 CO_2地质研究主要集中于 CO_2地质地球化学特征分析，还没有形成完整的理论和方法体系。更重要的问题是还未能通盘考虑如何协调 CO_2减排与其资源开发之间的关系。尚待确定，世界的和中国的 CO_2总储量，每年开采与人工总排放量的比例；如何利用已开采的 CO_2气藏和其他矿产废矿坑用作减排温室气体储存的空间，以及人工储存 CO_2可居留的时间，等等。

温室气体控制已成为能够对未来世界格局变化产生重大影响的国际问题。联合国"政府间气候变化专门委员会"（IPCC）2007 年的一份报告指出，人类活动"很可能"是导致气候变暖的主要原因，并且预测 21 世纪全球温度将上升 2 ℃～6.4 ℃左右。如果到 21 世纪末期，地表温度比现在上升 4 ℃，其结果是两极冰盖融化，海平面可上升数十厘米，甚至 1 米至 2 米，现今海边大都市面临灾害风险；更严重的是，酸性化了的海洋能使大量海洋生物消亡；升温促使冻土解冻，水温升高，土壤和湖底及海底的甲烷（CH_4）大量释放，更加剧升温；而且，大部陆地会变得十分干旱，也改变了降雨分布，亚马逊雨林可能沦为旱地或沙漠，以及大气含氧量加速递减带来尚未知的危害；迫在眉睫的是青藏高原雪线的上升，淡水的减少，直接影响到世界 1/4 人口在东亚和南亚的生存，适宜人类居住陆地的大缩减，人类的生存面临极大的挑战。解决之道是重视研究导致温室效应的气体，最主要是 CO_2气，其次是甲烷（CH_4）、氧化亚氮（N_2O）、氢氟碳化物（HFC）、六氟化硫（SF_6）等。1997 年 12 月 10 日由 141 个国家签订并于 2005 年 2 月 16 日生效的《京都协议》规定各国减排 CO_2，因充斥 CO_2的大气会储存太阳的热量，可造成植物的枯萎，摧毁食物链上的生物种类。减排 CO_2气在 21 世纪早期比晚期采取行动更为有效。这是因为控制 CO_2增温不至于更快达到对生命构成威胁的临界点，每推后一天由于 CO_2的积累效应，致使人类要采取措施的经费和技术难度都会随之大大提高，长此以往要不了多少时间，人类将逐渐失去应对能力。试想，45.67 亿年前地球形成，44 亿年前大气圈也基本形成，以 CO_2 为主的大气温度曾经达到 500 ℃～600 ℃（阿莱格尔，1989），但距今 23 亿年古元古代层侵纪早期和前 8.5～6.5 亿年新元古代成冰纪期间曾有过大冰期即所谓"雪球"时期，仅在距今 1.75 百万年（按国际）以来的第四纪时期也曾发生过冰期和间冰期的冷暖交替变化。大气层中含 CO_2多了升温，少了降温。地球有一种自动调节机能，地球表层捕捉来自地幔和地壳深部以及大气圈中的 CO_2可能有多重机制。这包括让其成藏；或被吸收到生物体中成为碳水化合物，并经过埋藏降解和自然过程中的催化作用发生还原反应，使氢化物中的氢与 CO_2结合成为碳氢化合物；或让其溶解于水再与 Ca 结合成为碳酸盐岩；或转化成石墨和金刚石。这大概是前 25 亿年自元古宙以来，地球给自己降温的重要杰作。

人类或可效法，为消减现今大气中过剩的 CO_2，将其资源化利用和永久储存，即转化成为有机碳化物甲醇作燃料和无机碳化物成为岩石作建筑材料以及纯碳化作为工业原料。

人类要给地球表壳和大气层降温，需要固体地球科学、海洋科学、大气科学、生物学和天文学相联合的地球工程大系统的全面工作，关键是对于地球和人类释放碳的捕获与隔离。当今所靠的是向地下注入封存，也靠特有岩石和植物从大气中提取，以及减少阳光返回太空。地质学的任务主要是对地质作用和生物作用及人类活动释放 CO_2 气回收后的储存工作，可以将 CO_2 气碳酸盐化成岩和泥炭煤化成岩。因此，需要不断提高 CO_2 的资源化利用、有效地回收以及安全存储的科技水平。

据以上认为：我国迫切需要拟定 CO_2 地质资源环境基础研究的国家规划；实施 CO_2 地质资源环境基础研究的项目；组建 CO_2 地质资源环境基础研究的机构，亦应对 CO_2 国际减排的谈判。这既是国民经济建设的发展需要，也是环境保护和人类健康的迫切需要。

戴金星　院士

2009 年 6 月

前　言

《CO_2的气源和成藏及其预测》一书是中国科学技术大学兼职教授、CO_2地质资源环境研究中心学术委员会主任戴金星院士主持下的工作成果之一。取材于以下相关专题研究报告：郯庐断裂带无机成因天然气研究（“九五”国家重点科技攻关项目，96-110-01-06-07）、松辽盆地 CO_2 气资源评价、火山和变质成因 CO_2 脱气成藏研究（国家自然科学基金项目，40470274）、准噶尔盆地石炭系火山岩油气地质地球化学研究以及玄武岩的脱气演化与二氧化碳成藏研究（国家自然科学基金项目，40702021）。先后不同程度参与过有关工作的有杨晓勇、陶士振、刘波、曹高社、张交东、方国庆、谈迎、李振生、杨强、吴小奇等博士和博士后，以及陈永见硕士等。

本书首先评述了 CO_2的自然循环、地质资源以及环境研究的现状；确认了 CO_2富集区段与断裂岩浆活动区带相应壳内低速高导体以及相关地幔上隆的密切关系；评述了烷烃气和 CO_2气不同成因的综合判别标志。第二，分述了各种内生动力脱排气作用和外生动力脱排气作用；着重论述了断裂变质和接触变质过程中 CO_2的脱气模式；并进行了相应的测试分析和模拟计算。第三，以松辽盆地为实例研究了成藏 CO_2气的源库；具体分析了幔源-岩浆、火山岩、碳酸盐岩和有机质这四种 CO_2源库的地质地球化学特征和释放 CO_2潜力；认识到不同构造层次源库 CO_2母源地差异，大体浅层次主要是火山岩和碳酸盐化岩石，中层次以变质碳酸盐岩为主，深层次和超深层次则是幔源岩浆；认定昌德东气藏 CO_2气来源于幔源火山岩裂隙吸附气，由火山岩断裂通汇，属于“自生自储”型的气藏。第四，研究了天然气（CH_4、CO_2）成藏的断裂作用；提出了天然气成藏断裂组构的导运型断裂、封闭型断裂、容储型断裂的声学鉴别标志；给出了成藏断裂各异功能的波速度和波衰减的联合鉴定；论述了断裂对变质成因 CO_2的生成和导运作用，对幔源 CO_2的导运和储集作用，认为壳内低速高导流变地质体是幔源天然气向表壳转移的中继补给站。第五，为预测松辽盆地 CO_2成藏富集区带，概述了松辽盆地相关的古亚洲洋构造系、滨西太平洋东亚构造系、局域性的纬向构造和经向构造以及共轭断裂构造；简述了中生代以来松辽盆地演化，自走滑拉分断陷形成—引张拉伸断陷发展—挤压抬升坳陷萎缩的转化过程；表述了以岩浆、碳酸盐岩、有机质为母源的 CO_2脱气量的计算方法，并计算了松辽盆地以火山岩为母源和以碳酸盐岩为母源释放 CO_2的资源量。

书中大量引用了前人的研究成果，含有多届学生学习心得，却因迭次传述存在丢失原始依据情况，虽经笔者在统稿定稿过程中竭力多方寻找查对，并加以标注，仍未免有疏漏之处，敬请批评指正。

刘德良

中国科学技术大学地球和空间科学学院 CO_2 地质资源环境研究中心

2008 年 9 月

目　　次

第一章　CO_2研究进展

碳(C)位于元素周期表的第二周期第四族中。它与硅(Si)、锗(Ge)、锡(Sn)、铅(Pb)共同组成第四族的主副族,也称碳族。碳的电子构型为$2s^2 2p^2$,由于C原子$2s^2$轨道上的一对电子可被激发到2p轨道上,形成四个等同的新轨道。因此在碳的主要化合物中,一方面形成$2s^2 2p^2$形式的共价键,结果产生三角形的配位。另一方面又可形成sp^3形式的杂化共价键,结果产生四面体的配位。

二氧化碳是碳元素在自然界中最常见的化合物之一,是由一个碳原子和两个氧原子通过共价键结合而成的。在常温和常压条件下,二氧化碳是一种无色、极弱酸味的气体,其化学分子式为CO_2,分子量为44,属典型的化学活性物质。在1 atm①条件下,CO_2凝固点(或熔点)温度为−56 ℃,沸点(或气化点)温度为−78.50 ℃,临界温度为+31.06 ℃,临界压力为72.88 atm。CO_2室温加压即可液化,在自然界则有可能呈液态产出,如南澳大利亚奥特韦(Otway)盆地加罗林1号石油探井产有商业性的岩浆源液态CO_2(McKirdy & Chias, 1992);北马里亚纳岛弧(Mariana Arc)的NW Eifuku海底火山(Lupton et al., 2006)和冲绳海槽(Okinawa Trough)的弧后盆地(Sakai et al., 1990)也发现了富含液态CO_2的流体。

二氧化碳在自然界中的分布具有极大的广泛性和不均匀性。CO_2气藏是一种重要的天然气矿产资源,CO_2是全球碳循环过程的中枢,CO_2可以引发灾害,大气中CO_2含量与全球性越来越强烈的温室效应有着密切联系,因此,以CO_2以及CO_2气藏为研究对象,具有重要的资源意义、地学意义和环境意义。近年来,CO_2已经成为地球科学界与环境科学界共同关注的热点问题。

第一节　CO_2研究意义

一、CO_2的资源意义

CO_2在自然界的分布具有极大的广泛性和不均匀性。现代大气中CO_2的体积

---

①　atm为非法定计量单位,1atm(1个标准大气压)=101 325 Pa,由于地球物理科学工作者习惯于用标准大气压,故未作法定计量单位转换。本书以下相同之处不再说明。

浓度仅为0.037%～0.038%，而天然CO_2气藏中CO_2含量可高达90%～99%。

低浓度的CO_2不能作为资源利用。根据目前的技术条件，工业上可利用的天然CO_2的浓度不得低于60%，CO_2含量在90%以上时，工业上可直接利用，小于90%时，需经过处理后才可利用；食品工艺则需要将CO_2纯度提高到99.99%以上。1823年，英国人法拉第(M. Faraday，1791～1867)和戴维(H. Davy，1778～1829)最先成功地将二氧化碳气体液化，为CO_2的开发利用奠定了基础。一旦CO_2富集到一定的程度(含量高达60%以上)，则成为珍贵的非烃气资源，而被广泛地应用于石油开采、工业、化工、农业、气象、环保、医疗及食品饮料等领域(张阿玲和方栋，1996；张美华等，1988)，具有较高的经济价值。在美国、西欧、日本等经济发达地区，CO_2的价格有时超过烃类气体，例如，1990年我国香港地区1吨干冰(固态二氧化碳)的价格在6 000港元以上(朱岳年，1997)。

(1) 化学工业中，CO_2气体最早用来生产阿司匹林、尿素、碳酸盐，随着催化剂的发展，已可用于合成无毒塑料、苏打($NaHCO_3$)和油漆防护剂等，目前CO_2气体已经成为一种重要的化工原料。冶金工业中，CO_2广泛用于焊接、铸模、金属热处理及低温处理的保护，南京钢铁厂利用江苏黄桥气田产的天然CO_2来进行复吹工艺，代替原来使用的Ar气，成本降低到1/6。石油工业中，利用CO_2驱油技术是提高原油采收(EOR)的重要方法之一(谷丽冰等，2007；关振良等，2007；马涛等，2007；张烈辉等，2008)，我国大庆油田，20世纪70年代就曾经利用CO_2驱油技术提高采收率17%；美国蒙大拿斯威特格拉斯(Sweetgrass)隆起上的布雷迪(the Brady)油田，利用该隆起顶点凯文森伯斯特(Kevin Sunburst)穹窿构造中丰富的高浓度CO_2充溢驱赶原油，使布雷迪油田的可采量提高4倍以上。

(2) 农业上，CO_2可作为效果显著的"气肥"。CO_2气体对于植物生长是不可缺少的，在普通温室环境中，由于植物密生，CO_2气体浓度降低，植物生长会受到抑制。在此情况下，使用CO_2作为肥料对植物生长产生良好效果。实验发现，在温室中施放高浓度的CO_2气，可使农作物增产及早熟(朱芳冰等，2008)。广东三水沙头圩乡用CO_2作气肥，经广东省农业科学院试验证明，早稻可增产23%，西瓜可增产43%，蔬菜可增产40%，且提前7～14天成熟(朱岳年，1997)。

(3) 饮食业中，CO_2气体广泛用于食品的包装、加工和运输。由于CO_2气体在干冰状态时产生−78.9 ℃低温，而且干冰溶化后变的CO_2气体，有净菌和防止酸化作用，故食物可以保存较长时间；食品加工时，加进干冰或CO_2气体，可以避免食品加工过程产生热量而使食品变质，同时防止食品受到细菌的污染；采用CO_2气体的食品充填包装，利用CO_2气体有防菌、防酸的作用，可以保持食品的鲜度和原味。在饮料制造业中，液态二氧化碳也是生产啤酒、汽水和香槟酒等饮料(如可乐)的重要原料。好的饮料条件之一就是要有高纯浓度的CO_2原料，广东健力宝公司设厂于三水，就是因为三水沙头圩产有优质高纯浓度的CO_2气。

(4) CO_2还可以应用于碱性废水的中和处理、水管的维修、人工降雨、消防灭火剂、血液和药物低温实验的贮存和运输等等日常生活的许多领域。

总之，CO_2作为资源具有广阔的应用领域及前景。研究高浓度天然 CO_2气藏的成因、成藏规律，更是和国计民生戚戚相关的应用理论课题。

二、CO_2的环境意义

环境问题是当今世界的热门问题。目前，在环境科学中对 CO_2的研究程度，远远超过了地学界对 CO_2的研究程度。大尺度从全球环境的角度，主要研究了 CO_2对地质历史时期古气候、当今气候及未来气候的影响；小尺度从人们生活、工作环境的角度，主要研究了持久性或突发性 CO_2浓度过高对人体造成的不良影响。

Hansen 等(1981)列举了 CO_2、CH_4、N_2O、CCl_2F_2-CCl_3F 等致暖气体和 SO_2、O_3等致寒气体，这些大气中的微量气体与全球气候转暖或变寒有密切关系，其中 CO_2是大气中最重要的温室气体。

不论从地质历史的时间尺度，还是从人类历史的时间尺度来考察，全球的气候变化是有自身发展变化规律的。虽然其主控因素有地球轨道要素、地球自转速率变化、太阳黑子活动周期等等，但进入人类工业社会发展的历史后，微量气体造成的"温室效应"、"冰室效应"越来越被人们关注。甚至于 1992 年，全球环境最高级会议制定了"气候变化公约"，要求发达国家不再增加其 CO_2的排放以终止温室效应的威胁。

其实在地质历史时期，这种"温室效应"、"冰室效应"就已经影响了全球的气候变化。据前苏联科拉半岛超深钻研究发表的资料表明，太古宙时期的古地温梯度为现在的 5～7 倍，这意味着当时地表温度应比今日高许多。大气高 CO_2含量的早古生代、白垩纪、始新世等时期，亚热带植物可在高纬度地区生长。Raymo 和 Ruddiman(1992)对大西洋深海钻探(ODP)岩芯中底栖有孔虫氧同位素资料的研究表明，在中新世之前的整个新生代，不存在大陆冰盖，这与当时大气 CO_2含量浓度是一致的。地质历史时期全球变化与 CO_2之间的复杂关系，已开始受到地质科学家的重视。

CO_2虽然是无毒气体，但如果其在一定空间中浓度过大，会影响人和动物对氧气的吸收。1986 年非洲喀麦隆 Nyos 湖，由于 CO_2大量喷发导致了 1 700 人丧生。持久性或突发性 CO_2浓度过高都会对人体造成不良影响，这对一些相对封闭的工作、生活环境(如潜水艇)而言，就成了需要研究的重要课题。

CO_2对环境的影响，不仅是环境科学家需要关注的问题，也是地质科学家应该关注的问题。从 CO_2对当今环境的作用中，人们可以理解更多地质历史中的现象，同时地学家可以从岩石、地层中获取更多地球环境演化的信息，为人类的生存和发展服务。

三、CO_2的地学意义

CO_2是全球碳循环的枢纽，CO_2是有机界和无机界联系的重要环节，CO_2是研究地质历史中地球脱气作用、地球大气演化的重要示踪物，CO_2是成矿热液中的重要组分，CO_2和一些特殊地质构造有着密切的联系（涂光炽，1996）。地质学家、地球化学家已经开始意识到CO_2研究具有重要的地学意义。

（1）CO_2是全球碳循环的重要环节。CO_2是碳元素最重要的化合物，研究全球CO_2循环是了解全球碳循环不可缺少的环节。CO_2的生物地球化学循环涉及包括大气圈、陆地生物圈、水圈、岩石圈在内的各种碳库。从地球起源和演化的时间尺度考察全球CO_2循环，地幔脱气、壳幔作用、海洋沉积物、陆壳风化作用是主控因素；而对2～3万年的时间尺度来说，CO_2循环主要发生在岩石圈表层及以上的圈层中；在百年或更小的尺度内，环境学家主要关心的是海洋和大气的相互作用，以及陆地生物圈内植物、土壤和人类的行为对碳循环的调节作用。对于地壳中活质碳的地球化学循环，B. H. 维尔纳茨基（1933）较早进行了深入的讨论，其提出的碳循环模式（图1.1）虽然不如今日的认识深刻，但却也勾画出了碳循环的概貌。

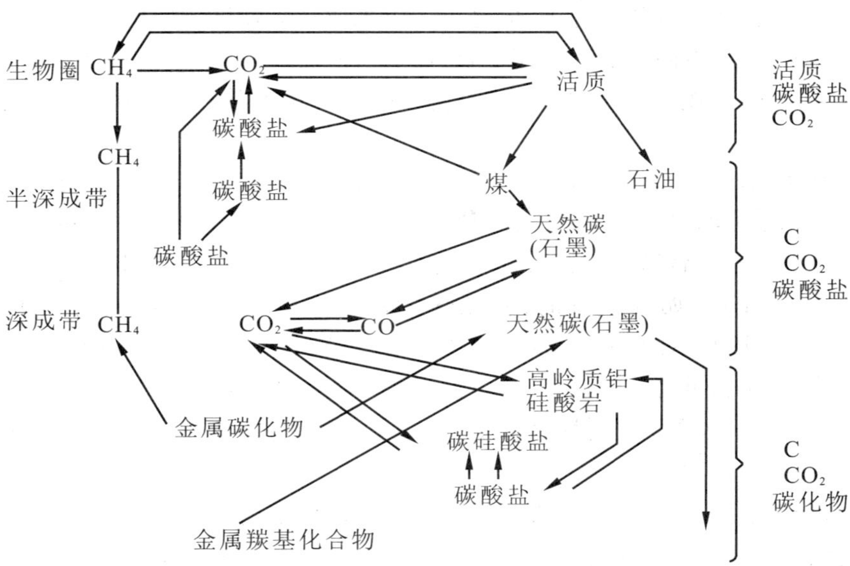

图1.1 碳的地球化学循环模型（据维尔纳茨基，1933）

转引自中国科学院地球化学研究所有机地球化学与沉积学研究室，1982

（2）CO_2是有机界和无机界联系的枢纽。CO_2是众多无机碳与有机碳联系的重要中间体，植物的光合作用是自然界中实现无机碳向有机碳转化的最重要环节。费-托反应（Fischer-Tropsch synthesis）也是无机成因气向有机物转化不可忽视的过程。

(3) CO_2 是研究地质历史中地球脱气作用的重要示踪物。地幔存在原生 CO_2，可以从幔源包裹体的组分中获得最直接证据。壳幔作用、火山(岩浆)作用、变质作用和冲击作用等，都可以使地球内部 CO_2 向大气和水圈排放或者在适当的圈闭富集成藏。以 CO_2 为示踪物，深入研究其在各种地质作用中的赋存状态和运迁规律，有利于人们认识地球各圈层脱气作用的机理。从世界范围看，这项研究才刚刚起步。

(4) CO_2 是研究地球大气演化的重要示踪物。CO_2 虽然只是大气中的微量组分，由于碳循环和各种地质作用的紧密联系，CO_2 又是从地球内部向大气圈和水圈排放挥发分中最主要的组分之一，因此在地壳沉积层中保留了大量地质时期大气 CO_2 的信息。涂光炽(1996)依据世界范围太古宙地层中少见碳酸盐岩石，与元古宙、显生宙出现的广泛而巨厚的碳酸盐沉积形成鲜明的对照，推测太古宇大气高含量 CO_2。因制约地质历史时期大气 CO_2 含量的因素甚多，长期以来用 CO_2 作为研究地球大气演化的示踪物，多为定性描绘，近年来才涉足于半定量评估。

(5) CO_2 是成矿热液中的重要组分。岩浆热液挥发分和大量矿物包裹体的组分中，CO_2 都占有重要的份额。目前在热液金属矿床及沉积矿产等的成矿机理研究中，都有对 CO_2 分布、迁徙及对成矿作用影响、控制的描述。

(6) CO_2 和一些特殊地质构造有着密切的联系。从全球已经发现的 CO_2 气藏的分布情况中可以发现，CO_2 气藏和火山岩浆活动带、深大断裂带、高地温梯度、高热流值地区、地壳中深部的低速高导层等特殊的地质构造有着密切的联系。

CO_2 生成带与火山岩活动带有关。现代火山喷出的气体中含有丰富的 CO_2。目前世界上已发现的 CO_2 气藏大都分布在地史上或现代的火山活动地带。著名的墨西哥坦皮哥、美国洛基山东麓、意大利西西里岛和我国的东部中-新生代陆相盆地发现的高含 CO_2 气藏区，均是岩浆活动区。已发现的 CO_2 气藏和古代火山口或巨大的岩浆侵入体距离很近。松辽盆地昌德东 CO_2 气藏就是以火山碎屑岩为储层，万金塔 CO_2 气藏则在火山口上。

CO_2 的聚集与深大断裂带的关系极其密切，它的分布明显地受控于区域性大断裂。戴金星院士等(1995)特别提出了气源断裂的概念。断裂的作用主要是控制 CO_2 气藏成带出现和形成断层遮挡的 CO_2 气藏。亚利桑纳黑弥撒盆地的 CO_2 气田中的 CO_2 就是来源于沿北西向断层运移来的深部火山岩浆。陶士振等(1999)更提出了无机成因 CO_2 气的产生、运移、成藏和分布等均受深断裂体系或构造带的控制。

富含 CO_2 气藏往往与地热流值较大和地温梯度较高的含油气盆地、含煤盆地、碳酸盐岩分布区有关。

事实上，除高浓度 CO_2 气藏分布具有上述特征外，高浓度 CO_2 的火山气、温泉气、水溶气和岩石气的分布也具有这种特征(戴金星等，1997)，如日本的众多热液、热泉气，中国东部的温泉气、气苗，云南的温泉气，菲律宾、印尼、新西兰的火山气、温泉气、气苗，智利尼勃湖火山，阿拉斯加的 Ukinrek 火山气，欧洲的潘诺尼亚地区CO_2气苗、高加索碳酸气泉等，主要分布在氧逸度高的环太平洋火山岛弧带、地热异常区及深大断裂区。

尤其值得重视的是，我们发现大多数CO_2气藏分布和莫霍面隆起或地幔柱上隆地区以及地壳中部的低速、高导层可能有着重要的成生关系。这需要我们用更广泛的资料来论证，更深入地从理论上进行探讨。

CO_2研究的地质意义，对地质学家、地球化学家、甚至地球物理学家等来说，还是一个崭新的课题。随着研究程度的深入，必将给地球科学、环境科学等注入更多的活力。

第二节　CO_2在自然界中的循环过程

从我们检索到的资料分析，国内外CO_2的研究方向可分为CO_2的开发应用、CO_2和环境关系以及CO_2的地质研究三个方面。其中CO_2开发利用占了绝大多数篇幅，其环境和地质研究篇数很少，CO_2地质研究的文章更是少有。CO_2地质研究还处于刚刚起步阶段，我们从以下几个方面简单地介绍国内外的研究现状：CO_2在自然界中的存在范围及稳定性，CO_2与碳循环，CO_2与去气作用，CO_2与大气演化，CO_2与成矿热液流体和CO_2的成因成藏。

一、CO_2在自然界中的稳定性

CO_2在自然界的稳定性研究对CO_2地质研究十分重要。CO_2在地球圈层中的存在范围及稳定性是无机成因CO_2以及无机成因天然气理论的一个立足点（戴金星等，1995）。常压下各种气体在地表与一定深度相当压力下不能存在的温度值，被称为死亡温度极限，这一温度极限对该气体可否由无机生成，是个极为重要的判别参数。实验证明，CO_2具有很高的热稳定性，只有温度超过 2 000 ℃时才分解为碳和氧（维索茨基，1986）。CO_2的分解温度（2 000 ℃）相当于上、下地幔交界处温度，是CO_2在地幔和地壳生成和赋存的依据，在地幔岩、火山岩和花岗岩包裹体中普遍发现的以CO_2为主的气体是其佐证（戴金星等，1995）。

从甲烷至丁烷的烃类气在地层条件下的死亡温度从 700 ℃左右渐降为 300 ℃以上（戴金星等，1995）。在铁-方铁矿缓冲平衡条件下，在较低温度下（＜800 ℃），甲烷的稳定性较CO_2和水高，并能与硅酸盐共存于熔体中；而在高温（＞800 ℃）稳定性出现变化，当温度至 1 200 ℃以上时，CO_2较CH_4稳定（French，1966）。在石英-铁橄榄石-磁铁矿（QFM）体系中，即使在相对较氧化的条件下，在高压低温

(<750 ℃)的环境中,CH_4比CO_2稳定(Holloway,1981)。地幔不同圈层特别是不同圈层的界面处可能孕育有不同类型的气体,地球深部由浅至深有 $H_2O-CO_2-CH_4-H_2$富集趋势(赫英等,2001)。其中壳幔界面附近可能是二氧化碳的聚集带,岩石圈和软流圈界面附近可能是烃气的聚集带,而氢气则有更深的来源。

从CO_2及无机成因天然气成藏研究的角度来看,在各种地质条件下无机成因的CO_2-CH_4之间的相关性和比例关系研究具有更大的实践意义和理论价值,这也是有待我们进一步深入研究的问题。

二、CO_2与碳的循环

地球系统的碳循环,是指碳在岩石圈、水圈、气圈和生物圈之间,以CO_3^{2-}(以$CaCO_3$、$MgCO_3$为主)、HCO_3^-、CO_2、CH_4、$(CH_2O)_n$(有机碳)等形式相互转换和运移的过程(袁道先,2001)。地球系统的碳循环是一个复杂的超巨系统。它不但与太阳能的变化、生物生长、化石燃料的使用有关,而且还同地球内部流体,如地壳运动、火山作用、风化作用(岩溶作用)、沉积作用、气候变化,甚至外星撞击有密切关系。碳循环研究始于20世纪70年代,陈泮勤等(2004)系统地介绍了国内外在地球系统碳循环与全球变化领域的最新研究进展。虽然对碳循环运行机制尚未取得共识,但在数据采集、全球碳库、碳循环模型研究以及碳循环运行机制的探索方面都取得了新进展。

在地球系统的碳循环中,CO_2有着重要的位置与作用(涂光炽,1996),包括大气圈、陆地生物圈、水圈、岩石圈在内的各种碳库(徐永福,1995)。岩石的化学风化作用从大气中消耗大量的CO_2,反过来,岩石经过溶解、成岩和变质作用也可以产生CO_2。从地球内部向大气和水圈可排放CO_2、H_2O以及一些其他挥发分。地表硅酸盐岩石风化所消耗的CO_2大致可由地球深部去气作用所排放的CO_2补偿,二者约为$(6\sim11)\times10^{12}$ mol/a(Berner 等,1983)。依据 Holland(1978)和 Berner 等(1983)的计算,如若没有地球内部向大气排放的CO_2,则大气中的CO_2将因岩石风化、碳酸盐沉积等原因,于10 000 a内耗尽,大气-水圈中的CO_2于500 000 a内耗尽。植物的光合作用将CO_2转化为有机质,不但为人类提供最基本的食物,而且是形成森林、煤、石油、天然气的前提。有机质也可氧化产生CO_2。如果不考虑人类燃烧化石燃料(石油、煤)的影响,植物光合作用与消耗呼吸作用产生的CO_2大致是平衡的,其产率都是300×10^{15} g/a(Holland,1978)。CO_2还参与了碳的更大循环,即伴随板块的下插,以碳酸盐或有机质存在的碳便可由地壳转移到地幔,之后再经地球内部的各种作用运移到地壳浅部和地表(涂光炽,1996)。

总的来说,从地球起源和演化的时间尺度考察全球CO_2循环,地幔脱气、壳幔作用、海洋沉积物、陆壳风化作用是主控因素;而对2~3万年的时间尺度来说,CO_2循环主要发生在岩石圈表层及以上的圈层中;在百年或更小的尺度内,主要是海洋和大气的相互作用，以及陆地生物圈内植物、土壤和人类的行为对碳循环的调节作用。

从地球起源和演化的时间尺度了解全球 CO_2 循环，将有助于 CO_2 的成因成藏研究。地幔脱气、壳幔作用、板块作用与成藏 CO_2 源和汇的关系，将是我们进一步研究的重点内容之一。

三、CO_2 与地球内部去气

在地质历史的不同时期，壳幔作用、火山（岩浆）作用、变质作用和冲击作用等，都可以使地球内部 CO_2 向大气和水圈排放或者在适当的圈闭富集成藏。其中，火山和变质脱排的 CO_2 可能很重要；冲击产生 CO_2 带有较大的偶然性，但在一定时期，也可发挥重要作用。Morner 和 Etiope(2002)将地球去气划分为火山去气和非火山去气，又将非火山去气分为上地幔直接去气、地壳内含碳酸盐岩石的去气、沉积盖层内油气藏的去气、地表的堆积物和表生作用的去气作用，并汇总了各种去气作用的通量数据。

火山去气是最重要的、也是地球去气作用研究最多的，保守估计全球火山每年 CO_2 释放量约 100～200 Mt(Gerlach，1991；Morner& Etiope，2002)。该方面研究主要集中在以下四个方面：①现代火山（活动和宁静火山）排气量的测量。对于地表火山，利用航空红外分光计、红外分光光度计以及相关分光计等仪器直接测量各种气体的喷发量。意大利 Mount Etna 火山在 1975～1985 年期间的测定表明(Allard et al.，1991)：该火山每天排出$(1\sim25)\times10^9$ g 的 SO_2，依据 CO_2/SO_2 比值估算出 CO_2 的每天释放量是$(29\sim120)\times10^9$ g；Westrich 和 Gerlach(1992)测定了菲律宾的 Mount Pinatubo 火山喷发时排放出的 SO_2 质量为 200×10^9 kg；Williams 等(1992)根据全球 35 个主要火山的 CO_2 和 SO_2 测量数据估算出全球火山由被动去气和火山喷发每年释放到大气圈的 CO_2 量分别是$(34\pm24)\times10^{12}$ g 和$(31\pm22)\times10^{12}$ g。Harris 和 Rose(1996)利用航空红外分光计和红外分光光度计测定了美国 Mount St. Helens 火山在 1980 年 7 月～11 月期间喷发的 CO_2 和 SO_2 的质量，计算出每天喷发出的 CO_2 质量为$(1.5\sim22.5)\times10^9$ g。此外，火山区土壤气的通量以及浓度研究近年也被大量展开(Aiuppa et al.，2004；Bergfeld et al.，2006；Gerlach et al.，2001；Hernandez et al.，2001；Salazar et al.，2001；Wardell et al.，2001)。对于海底火山，目前缺少直接测试手段，则利用 $CO_2/^3He$ 值来估算 CO_2 排放量。例如 Sano 和 Williams(1996)利用 $CO_2/^3He$ 值和 ^3He 浓度估算俯冲带、洋中脊和热点的 CO_2 年排放量分别是 3.1×10^{12} mol、1.5×10^{12} mol 和 0.029×10^{12} mol；Marty 和 Tolstikhin(1998)利用 $CO_2/^3He$ 值、^3He 浓度和岩浆替换速度估计洋中脊、岛弧和地幔柱的 CO_2 年排放量分别是$(2.2\pm0.9)\times10^{12}$ mol、$\sim2.5\times10^{12}$ mol 和$\leqslant3\times10^{12}$ mol；②火山排气量的模拟计算。岩石学方法(Devine et al.，1984；Horn &

Schmincke，2000；Wallace & Gerlach，1994；郭正府和刘嘉麒，2002）是估算地球上单个火山喷发岩浆脱气量的有效方法。岩石学方法大多是对比喷发前岩浆中挥发分的含量（测自某些斑晶中的玻璃包裹体）和喷发后岩浆中挥发分的含量（测自玻璃基质），计算出岩浆的脱气率，再根据岩浆的体积和质量来估算岩浆在火山口中的脱气量。岩石学方法不仅可以估算出各个火山喷发的总的脱气量，而且也可以估算出不同期、不同阶段的脱气量；它无论是对古火山还是对新的火山均适用（张招崇和李树才，2000）。例如，长白山天池火山（白头山），利用"岩石学方法"估算出公元 969±20 年喷发向大气圈输送了 109.88×10^6 t HCl、196.80×10^6 t HF、1477.84×10^6 t H_2O、23.14×10^6 t SO_2 和 35.43×10^6 t H_2SO_4 气溶胶（郭正府等，2001），另一个估算结果是 $(1796\pm453)\times10^6$ t H_2O、$(45\pm10)\times10^6$ t Cl、$(42\pm11)\times10^6$ t F 和 $(2\pm0.6)\times10^6$ t S（Horn 和 Schmincke，2000）；③火山去气的模型和控制因素。Gerlach（1986）在 Kilauea 火山研究中，提出了岩浆演化的单阶段和双阶段去气模型。大洋玄武岩玻璃和火山气研究已证实两阶段去气模型可能最接近天然岩浆的 CO_2 去气（Aubaud et al.，2005），第一阶段是岩浆从源区上升到高位岩浆房过程中的去气，为封闭系统；第二阶段是岩浆从岩浆房到地表的去气，去气模式是从开放系统去气到不同程度地动力学封闭系统去气。Dixon（1997）提出碱性玄武岩浆平衡去气的定量计算模型，Dixon 等（1997）、Dixon 和 Clague（2001）、Simons等（2002）和 Wallace（2002）依据该模型反演了洋中脊或 Plume 玄武岩中 CO_2 和 H_2O 的去气演化。Nuccio 和 Paonita（2001）提出多挥发分的岩浆平衡去气计算模型，气相包括 H_2O、CO_2、N_2 和惰性气体；并将其应用到意大利 Vulcano 岛的活火山系统。Mangan 和 Sisson（2000）实验研究了流纹岩融体的延迟不平衡去气（delayed disequilibrium degassing）；Aubaud 等（2004）研究了洋中脊玄武岩去气期间 C、He 和 Ar 同位素的动力学不平衡（Kinetic disequilibrium）。Burnard（1999）依据两块洋中脊玄武岩中单气泡内 He、Ar 和 CO_2 含量及同位素分析，认为挥发分从岩浆中析出符合 Rayleigh 分馏模式；④火山去气对碳循环和环境的影响。火山脱气量的直接测量和模拟估算已证实火山岩浆活动将大量的挥发性气体带入大气圈，从而导致气候与环境变化，一些学者认为大陆溢流玄武岩的喷发与生物灭绝事件有关（Caldeira & Rampino，1990；Courtillot，1990；Courtillotet al.，1986，1988；Erwin，1994；Rampino & Stothers，1988；Stothers，1993；Sutherland，1994；Wignall，2001）。

地壳内含碳酸盐岩石的去气也是研究较多的地球内部去气方式。含碳酸盐岩石在区域变质、接触变质和动力变质过程中可以产出并排放 CO_2。Ferry（1976）研究了碳酸盐岩在变质作用中的温度、压力和 CO_2 逸度的关系。Fyfe（1986）提出变质成因 CO_2 是大气 CO_2 的重要来源，并首次提出喜马拉雅碰撞造山及走滑断层都可产出变质成因 CO_2。Kerrick 和 Caldeira（1994）作了喜马拉雅造山带变质过程中

CO_2产出量的估算，约为 $10^{18}\sim10^{19}$ mol/Ma，同时代的阿尔卑斯造山带在变质过程中可产出同等数量级的 CO_2。Ague(2000)研究了不同类型地壳中碳酸盐岩区域变质作用下，释放 CO_2的化学反应、CO_2的迁移模式以及 CO_2释放与温度、压力的关系。我们估算了在接触变质和动力变质作用下碳酸盐岩的 CO_2释放量（陶士振等，2000a，2000b；孙占强等，2001；杨晓勇等，2002，2003；李振生等，2001，2004）。

近 20 多年来，人们从不同侧面，包括观察、测定、实验、推理等，对地球内部作用排出 CO_2问题作了不少工作，但由于这项研究的复杂性，制约因素的多样性，还需要进行大量探索，以求得接近实际的答案。

四、CO_2在大气中的含量变化

精确地测定过去及现代 CO_2等温室气体的浓度对建立全球碳循环模式和认识 CO_2增加对气候变化的影响是至关重要的。目前人们正试图通过各种技术来获得过去大气 CO_2浓度的信息，如直接测定极地冰芯气泡中的 CO_2浓度、树木年轮碳同位素测定间接复原当时大气 CO_2水平，以及利用矿物与元素共生组合、古土壤、古生物的研究恢复大气 CO_2气体的分压。

在地球演化历史中，大气 CO_2所占比重与绝对含量呈递减变化趋势，但起伏波动颇大（涂光炽，1996）。利用沉积矿物的共生组合特征来恢复大气 CO_2气体的分压值，得出大气中 CO_2气体的演化可分为三个阶段（陈福和朱笑青，1988）：①地球形成以后到 2.6×10^9 年左右，CO_2气体随地史演化过程中火山喷发等构造活动越积越多并达到最高值；②$2.6\times10^9$ 年到 0.6×10^9 年左右（前寒武纪末），这个阶段大气 CO_2分压值随着全球性火山喷发周期而剧烈波动，在 1.9×10^9 年左右和 1.3×10^9 年左右出现低谷（1 atm 左右），在 1.6×10^9 年左右出现波峰（十几个大气压）；③ 0.6×10^9 年（前寒武纪末）以来，大气 CO_2分压继续下降，并趋向于某种低值条件下的动态平衡，最终降到现在的 0.03%。Krupp 等（1994）根据稳定矿物组合的热力学计算、Langford（1983）根据矿物共生组合研究和 Rye 等（1995）根据古土壤剖面研究均证实约在 20 亿年前大气发生了从富 CO_2贫氧到贫 CO_2富氧的突变。目前反映 19 世纪以来全球 CO_2变化代表性资料分别是南极 Siple 冰芯提取的 CO_2序列和太平洋 Mauna Loa 实测的 CO_2序列（陈育峰，1998），从中可以看出：19 世纪以来，大气 CO_2浓度有显著的增加趋势，尤其是 1960 年以后，CO_2浓度呈指数形式增加。

制约地球大气圈与水圈组成物质变化的因素甚多，包括风化、火山喷发、热水喷流、光合作用、呼吸作用、轻元素（H、He 等）逸散及人为作用等。因制约地质历史时期大气 CO_2含量的因素甚多，推理与估算 CO_2含量难度颇大，故长期以来多为定性描绘，只是近年来才涉足半定量评估。

第三节　高热构造带高纯 CO_2 地质基础

一、全球 CO_2 气藏的时空分布

CO_2 天然气遍布全球，但高纯 CO_2 的天然气藏主要分布在地幔隆起区、火山岩浆活动区、断裂系十分发育的地壳活动区、地热异常的碳酸盐岩分布区、油气富集区和含煤盆地中(朱岳年，1997)。

1. 空间分布

(1) 全球已发现的高纯 CO_2 天然气沿着环太平洋、欧亚大陆交界处、阿尔卑斯和大西洋等地壳活动带分布(图 1.2)。环太平洋国家和地区，如日本、中国东部、南中国海、印度尼西亚、新西兰、菲律宾、越南、泰国、马来西亚、澳大利亚、墨西哥、美国和加拿大等均发现了高含 CO_2 的天然气气田(藏)群(带)。此外，西西伯利亚的新西西伯利亚和秋明地区、科托帕克地区、高加索地区、耶先士基的鲍尔若米地区、喀尔巴阡盆地也有 CO_2 气田(藏)群分布。

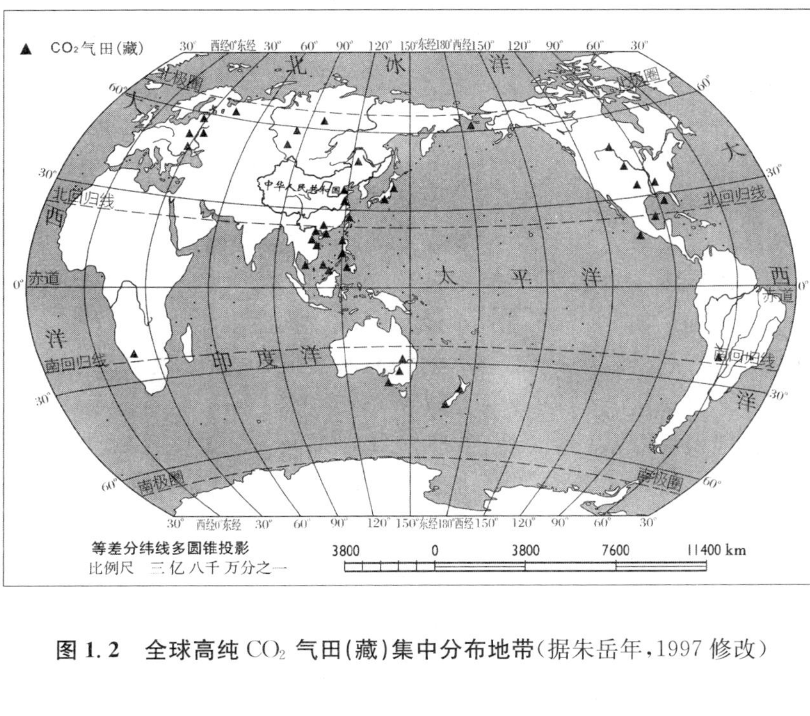

图 1.2　全球高纯 CO_2 气田(藏)集中分布地带(据朱岳年，1997 修改)

(2) CO_2生成带与火山岩浆活动带有关。目前,世界上已发现的CO_2气藏大多分布在地史上或现代的火山活动地带。著名的墨西哥坦皮哥、美国洛基山东麓、意大利西西里岛和我国的东部中-新生代陆相盆地发现的高含CO_2气藏区,均是岩浆活动区。已发现的CO_2气藏和古火山口或巨大的岩浆侵入体距离很近。有的气藏下面就是侵入体,有的则距火山口仅几公里远。

(3) CO_2气的聚集与深大断裂带的展布关系密切。CO_2气的聚集明显地受控于区域性大断裂。断裂作用对CO_2气藏的控制作用可以体现在为CO_2母质提供热力和动力、为CO_2运移提供通道、为CO_2气聚集提供封闭条件三个方面。亚利桑纳黑弥撒盆地的CO_2气田中CO_2气的母源为深部火山岩,其排脱的CO_2就是沿北西向断层运移来的。我国东部各含油气盆地中发现的CO_2气藏,其分布明显地受控于区域性的北北东向断裂。

(4) 高纯度CO_2气藏聚集区与地热流值较大和地温梯度较高的碳酸盐岩分布区及含煤盆地亦有密切关系。

2. 时间分布

从地质时间的角度来考察,迄今发现的CO_2气藏,CO_2气产出层位,多见于震旦-奥陶系(Z-O),志留系中统(S_2)、上统(S_3),泥盆系上统(D_3),石炭系中统(C_2)、上统(C_3),二叠系下统(P_1);三叠系下-中统(T_{1-2}),侏罗系(J),白垩系下统(K_1)、上统(K_2);古近系的古新统-始新统(E_{1-2})、始新统—渐新统(E_{2-3})及新近系(N)等,共10个系14个统,其中以Z-O、D、C、P、K、E为主。而已发现的绝大多数CO_2气藏形成于中、新生代,尤以新生代占多数。

二、我国CO_2气藏的时空分布

目前我国已发现CO_2的地区有江苏、吉林、广东、天津、山东、安徽、甘肃、湖北、河北、四川、辽宁、内蒙、陕西、云南、广西、台湾等16个省、市,共31个地区,其中以苏北黄桥地区的规模最大,预测地质储量超过$200\times10^8\ m^3$。

中国东部已发现的无机成因CO_2气藏、烷烃气藏、气苗及幔源氦(He)异常集中分布在松辽、渤海湾、苏北、三水盆地及部分现代构造岩浆活动区,如东北五大连池及长白山天池等,这些地带,构造活动强烈,断裂发育,新生代火成岩尤其是玄武岩发育;向西部无机成因气的显示明显减弱(戴金星等,1995)。至目前为止,在中国东部松辽盆地、渤海湾盆地、苏北盆地、三水盆地及大陆架珠江口盆地、莺歌海盆地和东海盆地中已发现了30多个无机成因CO_2气藏(图1.3),绝大多数呈线性产于郯庐断裂两侧盆地的边部;储集层位由古生界至新生界都有分布,其中以古生界碳酸盐岩地层和新生界古近系最为富集(表1.1)。从2000年起,我国已把无机成因CO_2储量列入天然气储量平衡表中,并已有4个CO_2气田(万金塔、黄桥、沙头圩和高青)被开发,收到了显著的经济效益。

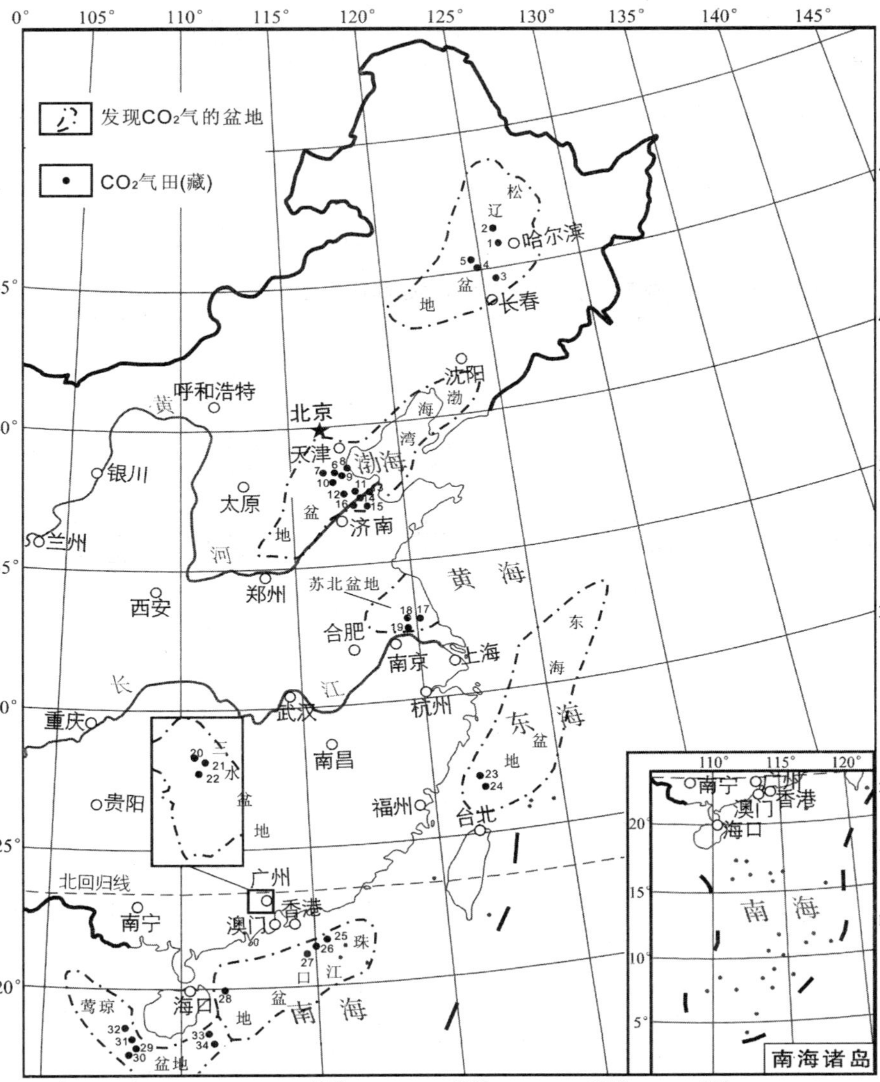

图 1.3 中国东部无机成因 CO_2 气藏分布图(据戴金星,2006)

注:1:农安村;2:昌德;3:乾安;4:万金塔;5:孤店;6:旺 21 井;7:旺古 1 井;8:友爱村;9:翟庄子;10:齐家务;11:阳 25 井;12:八里泊;13:平方王;14:平南;15:花沟;16:高 53 井;17:丁庄垛;18:纪 1 井;19:黄桥;20:南岗;21:沙头圩;22:坑田;23:石门潭;24:WZ1-13-1;25:惠州 18-1;26:惠州 22-1;27:番禺 28-2;28:WC15-1;29:乐东 15-1;30:乐东 21-1;31:乐东 8-1;32:东方 1-1;33:BD19-2;34:BD15-3

我国东部陆上晚中生代-古近纪盆地处于伸展发育期和北西西向玄武岩带活动期所形成的 CO_2 气藏，以及沿海海域古近纪-新近纪东海盆地、南海北部琼东南盆地、珠江口盆地中 CO_2 气藏和高含 CO_2 油气藏，其 CO_2 主要属幔源成因，具有偏重的负碳同位素系列（$\delta^{13}C_{CO_2} \geqslant 0‰ \sim -8‰$），且氦同位素值（$^3He/^4He$）偏高，$R/Ra \geqslant 2$。如松辽盆地的万金塔 CO_2 气藏、渤海湾盆地的翟庄子 CO_2 气藏、平方王 CO_2 气藏、平南潜山 CO_2 气顶气藏及花 17CO_2 气藏、苏北盆地的黄桥 CO_2 气藏以及三水盆地的宝月-沙头圩构造带 CO_2 气藏等。这些幔源-岩浆成因 CO_2 气藏与郯庐

表 1.1　中国东部无机成因 CO_2 气藏层位和储层岩性（据戴金星等，1995）

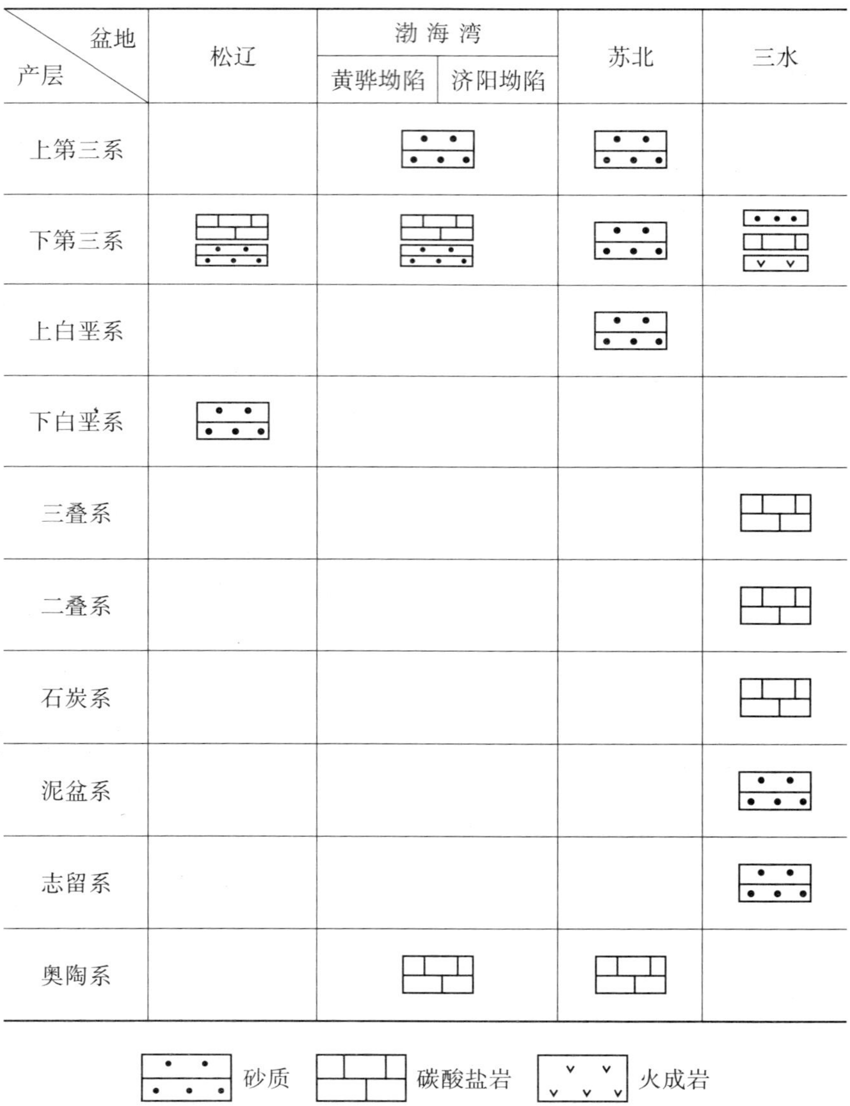

断裂关系密切(陈永见等,1999)。我国中西部陆上中生代及古生代诸盆地以及南海北部古近纪-新近纪莺歌海盆地目前勘探发现的 CO_2 气藏及高含 CO_2 的油气藏,其 CO_2 属壳源型及壳幔混合型成因类型,也具偏重的负碳同位素系列,且其 $\delta^{13}C_{CO_2}$ 值与幔源成因类型 CO_2 基本无差别,但氦同位素值($^3He/^4He$)偏低,$R/Ra \leqslant 2$。以莺歌海盆地莺歌海坳陷泥拱带 CO_2 气藏为代表。这些无机成因 CO_2 气主要是由地幔和岩浆脱气及碳酸盐岩热分解、热变质作用形成的,其分布与断裂、岩浆活动及碳酸盐岩发育密切相关。具体特征归纳为四方面:① CO_2 气藏处于高热-热构造区;② CO_2 气藏分布在火山活动区和深大断裂发育区;③ CO_2 气藏的 CO_2 含量随与断裂距离的增加而减少;④ CO_2 气藏富集区深部具有地幔隆起和低速、高导异常体。

1. CO_2 气藏处于高热-热构造区

一个盆地或地区的热状态是深部物质对浅部入侵状态的直接反映,是量度无机成因气是否发育的一个标志(戴金星等, 1995)。无机天然气聚集构造区热状态或热活动在很大程度上取决于所在构造区幔源热活动作用的强度,即地幔热源的热度及规模大小。同时它也间接地反映出区域岩浆活动的强弱,并共同构成对所在构造区的热影响。

热流值大于 1.3 HFU、地温梯度大于 25 ℃/km 的高热-热构造区是无机成因气发育有利区(戴金星等, 1995)。中国东部伸展盆地平均地温梯度是 34 ℃/km,热流值>60 mW/m^2。其中松辽盆地的地温梯度为 38 ℃/km,渤海湾盆地为 35 ℃/km,苏北盆地为 30 ℃/km,三水盆地为 33 ℃/km;松辽盆地热流值为 68.6 mW/m^2,渤海湾盆地为 61.5 mW/m^2,苏北盆地为 69 mW/m^2,三水盆地为 69.9 mW/m^2。按照冯福闿等(1995)的定义:热盆地温梯度为 3 ℃～6 ℃/100m,热流值 62.7～85 mW/m^2,则东部伸展盆地隶属于热盆类型。根据 HFU 标准估算,松辽盆地平均为 2.24 HFU,渤海湾盆地为 1.96 HFU,苏北盆地为 1.83 HFU,三水盆地为 1.80 HFU,与这些盆地产出幔源岩浆成因 CO_2 气藏(井)的事实相吻合。

2. CO_2 气藏分布在火山活动区和深大断裂发育带

无机成因的 CO_2 气田(藏)或其附近均有岩浆活动,有的甚至在火山口附近。在整个中国东部,已发现的无机成因 CO_2 气藏、烷烃气藏、气苗及幔源氦异常,在空间上与新近纪至第四纪北西西向玄武岩浆活动带展布相一致。中国东部自北向南分布着九条北西西向新近纪至第四纪玄武岩,与无机成因 CO_2 气藏(田)、烷烃气藏、气苗及幔源氦异常带的分布关系(戴金星等, 1995)为:①鸡西-佳木斯-小兴安岭呼玛带分布有五大连池幔源-岩浆气苗;②长白山-伊通-双辽-大兴安岭中南部带分布有松辽盆地的万金塔、乾安等二氧化碳气藏、幔源氦异常和长白山天池幔源-岩浆气苗;(3)宽甸-西辽河上游-达尔湖-阿巴嘎旗带分布有辽河坳陷界 3 井等幔源氦异常;④蓬莱-无棣-张北-集宁带分布有渤海湾盆地济阳、黄骅、冀中坳陷的众多二氧化碳气藏和幔源氦异常;⑤嵊县-溧阳-嘉山带分布有苏北 CO_2 和氦气藏；⑥台北大屯-松溪带在大陆上尚未发现无机成因气释出，但在台湾岛北端台北地区发现大量 CO_2 气苗；⑦火烧岛-澎湖列岛-厦门-长汀带分布有广东平远县鹧鸪窿幔源-岩浆气苗；⑧广州湾-广东南海带分布有三水盆地的 CO_2 和幔源氦异常，其东南延伸方向海上珠江口盆地惠州凹陷发现 2 口无机成因 CO_2 气井；⑨琼州海峡两边的玄武岩和火山带尚未发现无机成因气。

无机成因的 CO_2 气田（藏）均发现在较大断裂附近的圈闭中，CO_2 气与深大断裂有着密切的联系，严格说是分布在断裂的交汇带。幔源-岩浆 CO_2 气较集中分布在郯庐断裂带两侧的中、新生代伸展盆地，甚至直接处于断裂带范围内，这些气藏（田）沿北北东向构造绵延数千公里（图 1.3）。

可以认为，岩浆活动为幔源型 CO_2 成藏提供了主力气源，深大断裂为 CO_2 提供了运聚的通道和赋存的空间。下面简单介绍几个典型盆地中 CO_2 气藏与火山岩和断裂之间的关系。

（1）松辽盆地

松辽盆地已发现了万金塔气田、乾安气藏、孤店气藏和昌德东气藏四个 CO_2 气田（藏）。深大断裂带控制着盆地内火山岩的分布，CO_2 和 He 异常的探井分布在这些大断裂带的附近（图 1.4）。例如昌德东 CO_2 气藏、孤店 CO_2 气藏和乾安 CO_2 气藏受松辽中部的孙吴-双辽深大断裂的控制；万金塔 CO_2 气藏受哈尔滨-四平深断裂的控制；依舒地堑汤原断陷的新城 CO_2 气藏是受依-舒东缘大断裂的控制。显示 He 异常的来 63 井、来 27 井以及江 37-5 井，分布在嫩江岩石圈断裂附近；显示 CO_2 异常的英 80 井、大 428 井以及显示 He 异常的李 3 井、古 106 井、古 130 井、古 139 井等分布在松辽中央大断裂附近。

松辽盆地及其周边露头区现已发现的无机成因气藏、气苗及幔源 He 异常，在空间上与玄武岩浆活动带展布有一定的联系。例如，盆地的北部和南部有两条北西西向新近纪至第四纪玄武岩带，北部的鸡西-佳木斯-小兴安岭玄武岩浆分布带存在有五大连池幔源-岩浆气苗；南部的长白山-伊通-双江-大兴安岭玄武岩浆分布带存在有松辽盆地的万金塔、乾安等 CO_2 气藏。松辽盆地徐家围子地区无机成因烷烃气显示也位于本带附近。此外，在松辽盆地的许多探井中也钻到了玄武岩。如在乾 124 井青三段发现了玄武岩，厚 69 m，正好是在乾安和孤店 CO_2 气藏区（图 1.4）；齐家地区的金 6 井、金 65 井也在青山口组地层中发现了玄武岩。

（2）济阳坳陷

济阳坳陷是渤海湾盆地发现无机气最多的区域，已发现的有平方王潜山披覆背斜型气藏，平南断块山气顶型气藏，八里泊残丘气藏，花 17 断块型气藏、复合型 CO_2 气藏以及花沟地层超覆型 CO_2 气藏。

济阳坳陷 CO_2 气藏的分布受古近纪和新近纪碱性系列玄武岩发育区控制，沿犁式断层呈带状展布。中生代及新生代早期火山岩和侵入岩岩脉在济阳坳陷南北均有分布，与 CO_2 气藏（田）关系不大；新近纪火山岩主要受北西向、北东向和近东西向断裂控制，新生代中晚期（Es^3 以后）火山岩和侵入岩岩脉，尤其新近纪馆陶期（Ng）和明化镇期（Nm）的火山岩均分布在济阳坳陷南部的惠民凹陷和东营凹陷西部，该区恰恰是 CO_2 气藏（田）的富集区（图 1.5）。已发现的几个 CO_2 气藏中，阳 5 气藏、阳 25 气藏和高 53 气藏等在空间上与火成岩直接相关，都分布于火成岩发育区（图 1.5），火成岩分布于气藏的顶、底位置，有时火成岩还能直接成为气藏的储集岩；花沟－高青气田 CO_2 气藏正处于青城凸起西部发育的上新世－中新世玄武岩分布区内，而东部的烃类气藏则处于玄武岩分布区之外。

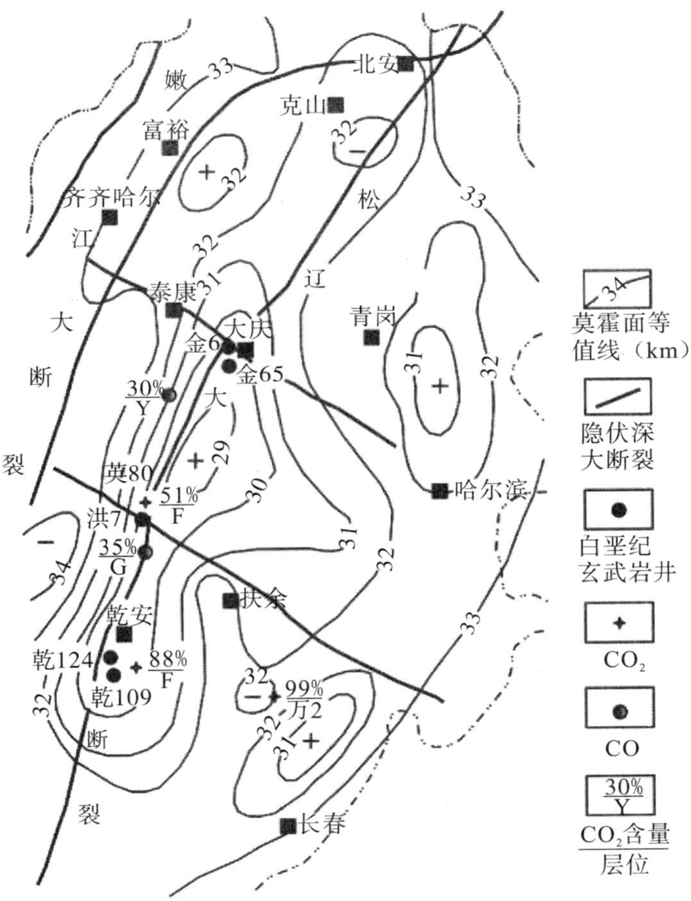

图 1.4　松辽盆地莫霍面深度、大断裂与玄岩及无机气分布关系图（据侯启军和杨玉峰，2002）

八里泊、平方王、平南、梁古 1 等 CO_2 气田均分布在大断裂附近，并且主要分布在北东向、近东西向和北西向断裂的交汇处（图 1.5），沿北东向高青－平南区域伸展犁式断层自北向南展布平南王亚 CO_2 气藏、平南 CO_2 气藏、花 17CO_2 气藏，花沟西 CO_2 气藏；沿北东向埕南区域伸展犁式断层分布八里泊阳 2、阳 5 井 CO_2 气藏；沿北西向平方王至滨县区域伸展犁式断层展布阳 25 井 CO_2 气藏。

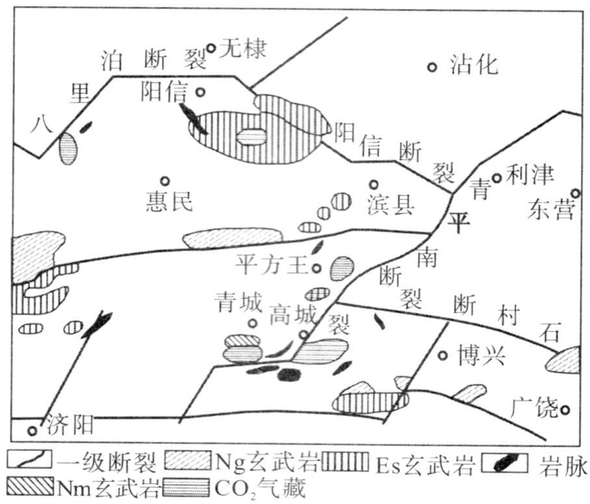

图 1.5　济阳坳陷 CO_2 气田、火山岩与断裂分布示意图(据侯贵廷等，1996)

（3）黄骅坳陷

黄骅坳陷已发现的 CO_2 气藏有翟庄子气藏、友爱村气藏、大中旺气藏和齐家务气藏，主要位于北大港断裂带西段及沈青庄-大中旺地区。幔源-岩浆成因 CO_2 气藏和幔源 He 氦异常分布于北东及北东东向新生代伸展断裂与北西向走滑断裂交汇带，与新生代断裂活动、岩浆活动和高地温梯度带的分布相一致(戴金星等，1995)。港西断裂和港东断裂是无机成因 CO_2 的主要分布带，港西断裂和徐庄子断裂交汇部位幔源-岩浆成因 CO_2 释放强烈。例如，在从无机成因 CO_2 最集中的北大港-大中旺地区，大中旺 CO_2 富集区与徐庄子、中旺断裂和同居断裂的交汇有关；港西-霍庄子二氧化碳富集区与北大港断裂和徐庄子断裂的交汇有关；港东滨海区富 CO_2 气井则与北大港断裂与增福台-滨海断裂的交汇有关。

（4）苏北盆地

苏北盆地除零星分布的 CO_2 气外，目前已发现了 1 个 CO_2 气田(黄桥二氧化碳气田)、2 个 CO_2 气藏或含气构造(丁庄垛和纪 1 井)及 1 个氦气藏(溪侨)，分布在盆地东南部黄桥斜坡带、溱潼凹陷和高邮凹陷断阶带。无机成因气田(藏)或含气构造都分布在北东向和北西向两组断裂的交汇点附近(图 1.6)。例如，黄桥气田和溪桥氦气藏基底位于两条活动性断裂的交汇处，一条是北西向的嘉山-崇明断裂，是近代活动的基底断裂，沿江多次发生的地震都与此断裂有关；另一条是北东向的断裂。喜马拉雅期的张性断裂及早期构造有强烈的再造作用，同时控制了岩浆活动和岩浆岩的分布。本区新生代岩浆活动频繁，主要发育期为古近纪和新近纪。区内各凹陷都发现有古近纪和新近纪岩浆岩，主要为玄武岩和辉绿岩，其中玄武岩分布最为广泛。岩浆岩分布明显沿北东向相、北西向两组断裂分布，并且在二者交汇处最为发育（图 1.6）。

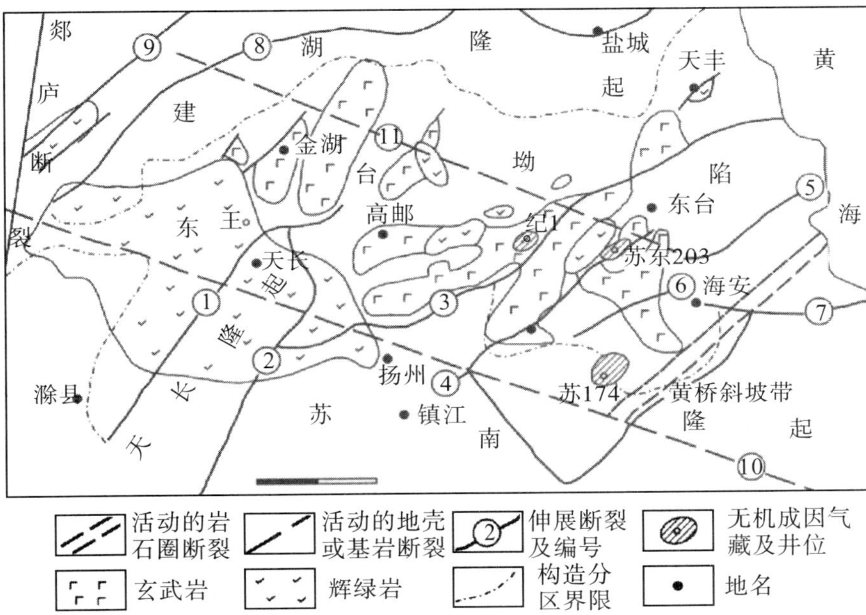

图 1.6　苏北盆地主要断裂、无机成因气藏和古近系及新近系岩浆岩分布（据戴金星等，1995 综合）

（5）三水盆地

三水盆地位于广州西北部，被夹持于郯庐断裂带的两条分支断裂带之间。盆内断裂极发育，将沉积层切割为一系列的"堑、垒"式断块结构而具张性裂谷盆地的构造特征。三水盆地内 CO_2 气分布广泛，目前发现有沙头圩、坑田、高岗 CO_2 气藏，气显示非常丰富。已发现的无机成因 CO_2 气藏和幔源 He 异常分布受区域性北西向断层控制，与盆地中央展布的火山岩带密切相关（戴金星等，1995），水深 9 井 CO_2 气藏和南 7 井 CO_2 气藏均位于古近纪火山强烈活动区，水深 2 井 CO_2 气藏直接产于流纹岩裂隙带中。CO_2 含量大于 15% 的气样均分布于断裂带或靠近断裂带，局部异常位于断裂交汇带；CO_2 气呈环带状分布，由盆地内部火山岩发育区向四周，CO_2 含量逐渐降低。

3. CO_2 气藏的 CO_2 含量随与断裂距离的增加而减少

CO_2 气藏（田）不但沿深大断裂分布，而且 CO_2 含量随与断裂距离的增加而逐渐减少。在横穿港西断层的天然气地球化学剖面上(图 1.7),在港西断层处出现 CO_2 丰度、CH_4 和 C_2H_6 碳同位素值、R/Ra 值同步增高的现象。松辽盆地孤店 CO_2 气藏,从孙吴－双辽深大断裂向东,CO_2 含量逐渐减少(图 1.8);西部的乾安地区也遵循此规律。

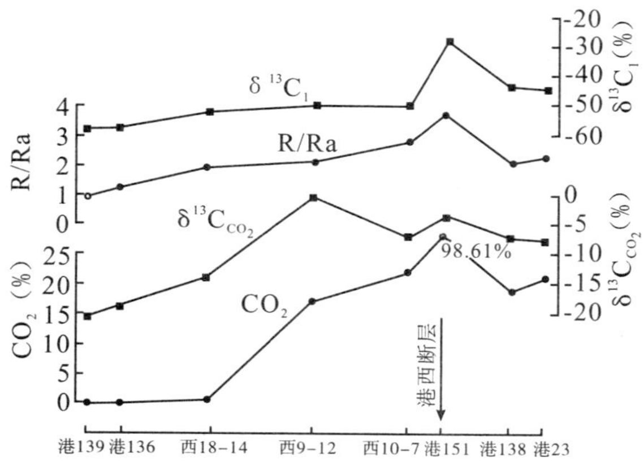

图 1.7　横穿港西断层天然气地球化学剖面(据杨池银, 2004)

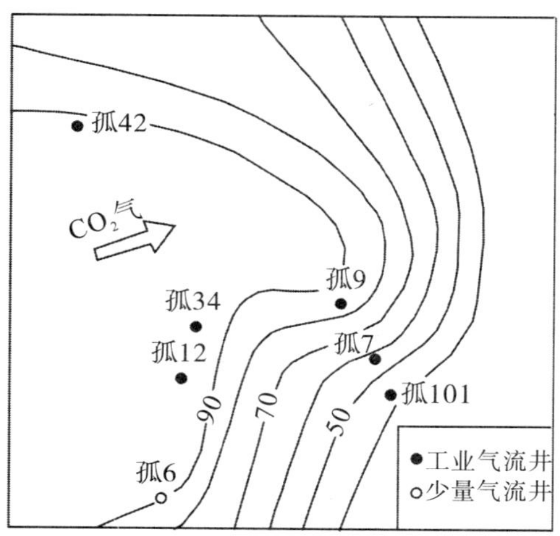

图 1.8　孤店油气田扶一、二组天然气 CO_2 百分含量等值线图(据邵明礼等, 2000)

4. CO_2 气藏富集区深部存在地幔隆起和低速、高导异常体

在我国东部,CO_2 气藏富集的地区普遍具有地幔隆起和超壳断裂活动的特征;在地幔隆起的上方,上地壳或中地壳范围内存在低速、高导异常体。

例如,松辽盆地,其存在大型的软流圈隆起和莫霍面隆起。深部地球物理资料表明埋深 18～20 km 处,存在一密度为 2.45×10^3 kg/m^3 的低密度层、纵波速度为

6.3～6.7 km/s 的低速度层，而电阻率仅有 3～8 Ω·m 的高导层(郭占谦等，2000)。6 条长 1 354.6 km 深反射地震剖面的 15 s 深部的进一步综合解释发现，松辽盆地深部一定深度(15 km 左右)之下的整个深部地壳均显示为电阻率为几欧姆·米的高导层(杨宝俊等，2001)。依据大地电磁测深剖面的综合解释(杨光等，2001)，松辽盆地深部一定深度(15 km 左右)之下的整个深度地壳均显示为电阻率几欧姆·米的高导，此种下地壳的普遍高导性是由于强烈韧性变形所造成的，韧性变形带的顶界面应当是脆性韧性变形过渡带，即拆离带发育的位置。深部构造显示出壳内低速、高导层和其下部的上地幔隆起以及其上部发现的无机成因高纯 CO_2 气藏的徐家围子断陷有垂向的对应关系(杨光等，2001)。

又例如，济阳坳陷，地球物理资料揭示渤海湾盆地的以及构造单元与深部壳-幔起伏有明显的镜像关系，即幔隆起区对应着中新生代坳陷区，而壳幔坳陷区则对应着浅部隆起区；济阳坳陷地区上地壳底部和中地壳均存在低速异常体(李趁义等，2004)，且呈上下叠置关系，上地壳低速体位于中部王判镇-里则镇一带，分布面积约 300 km^2，顶界埋深为 13 km，厚 5～6 km；中地壳低速体厚约 6 km，垂直凹陷方向的分布范围约 60 km。区内的 CO_2 气藏或幔源 He 异常均分布在上地壳低速体的周围，上地壳低速体发育区附近，天然气中 CO_2 的含量为 14.56%～99.96%，CO_2 气体 $\delta^{13}C$ 值(−7.5‰～−3.4‰)偏重，$^3He/^4He$ 值为 $(2.80\sim5.22)\times10^{-6}$，R/Ra 值为 2.00～3.73。远离上地壳低速体的区域(东营凹陷的东部、沾化凹陷等地区)，天然气中 CO_2 含量为 0.04%～4.46%，CO_2 气体 $\delta^{13}C$ 值为−13.9‰～−6.29‰，$^3He/^4He$ 值为 $(0.10\sim0.75)\times10^{-6}$，R/Ra 值为 0.07～0.54。另外，上地壳低速体发育区附近，古近纪和新近纪特别是新近纪火山岩非常发育。

上地幔隆起与地幔热柱的活动有关，地幔热柱上升或软流圈对流上升的地幔物质对上覆岩石圈进行加热，从而使岩石圈上隆、弱化和减薄，形成软流圈上隆，并导致岩石圈下部局部熔融形成幔源岩浆。中国东部软流圈顶部莫霍面等深线，自渤海湾向南北两侧的松辽盆地、苏北盆地、三水盆地等，以串珠状隆起带呈北北东向展布，其中渤海湾软流圈主隆起高点埋深最浅，约 28 km，向南北两侧埋深呈加深趋势变化，松辽盆地软流圈隆起高点埋深约 30 km，苏北盆地软流圈隆起高点埋深约 34 km，三水盆地软流圈隆起高点埋深 32～34 km(马杏垣，1987)。

地幔羽不断上升和软流圈物质对流的结果，最终在岩石圈不断减薄的基础上导致超壳断裂形成。深部物探成果证实：伸展盆地(如渤海湾及松辽盆地)存在上地幔断裂、深部热流和富含挥发分及不相容元素的化学活动性流体沿上地幔断裂上升，幔源岩浆亦沿上地幔断裂入侵地壳，强烈的同伸展幔源岩浆活动是诱发上地壳伸展的直接动力(戴春森等，1996)。超壳断裂沟通幔源岩浆，幔源岩浆一方面通过超壳断裂上涌，含 CO_2 流体以幔源岩浆为载体一同运移，在地壳浅层适当部位直接形成气藏，另一方面它通过超壳断裂入浸下地壳，在下地壳构成幔源岩浆垫和幔源岩浆气初始聚集区，成为幔源岩浆CO_2第二个主要来源(戴金星等，1995)。美国西部盆岭区同伸展幔源岩浆活动研究表明(Gans et al.，1989)，幔源岩浆的入侵量相当于从地面观察到的岩浆岩总量的10倍，且在下地壳形成幔源岩浆房。下地壳的幔源岩浆房在地物探测上表现为低速、高导异常体，其是壳内岩浆的发源地和高级变质作用的场所，是地幔流体中CO_2、He等气体的初始储集库(王伯长等，2005)。

超壳断裂是幔源-岩浆CO_2成生的必备条件，只有超壳断裂促成幔源岩浆活动，将幔源CO_2及其他气体直接或间接释放出来，才能最终形成有价值的CO_2气藏。其次，地幔柱上隆反映幔源岩浆活动和超壳断裂形成的一个侧面，具有一定的指示性，中国东部松辽盆地、渤海湾等盆地均存在上地幔隆起。中国北方亚热柱的活动从早第三纪的松辽、渤海湾一直延续到古近纪、新近纪及第四纪的长白山、五大连池(邓晋福等，1991)，明确地反映出地幔羽活动引起地幔上隆对幔源岩浆成因的CO_2成藏的重要性。

第四节　CO_2成藏成矿

一、CO_2成藏

目前国内外关于CO_2的成因成藏研究主要集中于CO_2地质地球化学特征及成因方面的研究，而对CO_2气藏形成机理、资源潜力、勘探技术及评价方法等方面研究较少，还没有形成较系统的针对CO_2气藏的勘探评价理论和方法体系(刘宝明等，2004a)。从国外学者研究情况来看，近年来应用气体地质地球化学、同位素地球化学研究CO_2成因较多。Cornides(1993)用$\delta^{13}C_{CO_2}$、$^3He/4He$的值证明中欧哈尔巴汗盆地的CO_2是幔源成因的。Wycherley等(1999)综述了研究沉积盆地中CO_2富集成因的大量观测资料，对碳同位素和惰性气体同位素判据进行了讨论。Ballentine等(2000，2001)对西特克萨斯州二叠纪盆地天然气中岩浆成因的CO_2作了研究，用$\delta^{13}C_{CO_2}$、$^3He/CO_2$判别CO_2的区域性母源和充填历史。

我国对CO_2研究起步较晚，1977年广州三水盆地水深九井发现我国第一口高产CO_2气井，我国CO_2成因成藏的研究才开始进行。到20世纪90年代我国无机成因天然气的研究，特别是非烃气的研究取得了重大进展(戴金星等，1995)，CO_2成因成藏规律的研究才有了开创性的突破。依据天然气中He、Ar稀有气体丰度及$^3He/^4He$和$^{40}Ar/^{36}Ar$同位素比值等地球化学方法并结合天然气成藏地质条件来探讨非烃气的成因以及成藏模式(迟元林等，2000；付晓飞和宋岩，2005；郭栋等，2006；郭占谦等，1997a；何家雄和刘全稳，2004；何家雄等，2005；赫英等，1997b；霍秋立等，2004；霍秋立等，1998；李趁义等，2004；李美俊等，2006；林松辉，2005；林治家等，2006；刘宝明等，2004b；罗小平等，2004；孙明良等，1996；陶明信等，1996；王兴谋等，2004；王振峰等，2004；魏喜等，2005；杨长清和姚俊祥，2004；杨池银，2004；杨方之等，2001；杨玉峰等，2000）；同时在气态烃和 CO_2 成因判别的地球化学标准研究方面取得了巨大的成就（Dai et al.，2005；戴金星，1992a；关效如，1990；李先奇和戴金星，1997；王先彬等，1997；王晓锋等，2006；徐永昌，1992；谈迎等，2006）。我国东部陆上早第三纪-晚中生代盆地处于伸展发育期和北西西向玄武岩带活动期所形成的 CO_2 气藏，和沿海海域第三纪东海盆地、南海北部琼东南盆地、珠江口盆地中 CO_2 气藏和高含 CO_2 油气藏，其 CO_2 主要属幔源成因，具有偏重的负碳同位素系列（$\delta^{13}C_{CO_2} \geqslant 0‰ \sim -8‰$），且氦同位素值（$^3He/^4He$）偏高，$R/Ra \geqslant 2$；我国中西部陆上中生代及古生代诸盆地以及南海北部第三纪莺歌海盆地目前勘探发现的 CO_2 气藏及高含 CO_2 的油气藏，其 CO_2 属壳源型及壳幔混合型成因类型，也具偏重的负碳同位素系列，且其 $\delta^{13}C_{CO_2}$ 值与幔源成因类型 CO_2 基本无差别，但氦同位素值（$^3He/^4He$）偏低，$R/Ra \leqslant 2$。

由于控制 CO_2 成因成藏的因素很多，研究 CO_2 成因成藏需要地质学、地球化学、地球物理等多学科的综合分析，CO_2 成因成藏研究中还有许多领域有待进一步深入探索。

总的来说，与 CO_2 作为资源的广泛应用以及 CO_2 对环境影响意义的研究相比较而言，CO_2 地质研究还处于刚刚起步的阶段，CO_2 地质研究的深入必将会对其他领域中 CO_2 的研究产生强劲的推动和深远的影响。

二、CO_2 与金属成矿

在各种地质流体中，CO_2 都占有重要的份额。与游离水不同的是，游离 CO_2 有随深度加大而含量增高的趋势。Smith 和 Ehrenberg（1989）论证了在各种沉积盆地中，天然气中 CO_2 含量随深度和温度而加大。随着变质程度的加深，气液包裹体中的 CO_2 也有增多的趋势。Roedder（1984）曾指出，富 H_2O 包裹体（$H_2O > 90\%$）到富 CO_2 包裹体（CO_2 10%～60%）的突变发生于十字石变质级，即相当浅到中级变质边界；在麻粒岩相变质岩中，包裹体主要甚至全部为 CO_2 充填。Dobrzhinetskaya 等(1995)报道了挪威西海岸高级变质及榴辉岩区，变质高峰流体为 N_2—CO_2 型。大别造山带超高压变质岩中流体包裹体的成分与变质程度及变质相带密切相关，变质程度越强，包裹体个体越大，流体中 CO_2 含量越高，而 H_2O 的含量相对较低，两者朝相反的方向变化；流体密度也呈有规律地变化，变质程度越高，流体密度也越大（陶士振等，2001b）。从已有的大量研究成果来看，H_2O 和 CO_2 是地幔流体的主要气相组分（毛景文和李晓峰，2004）。

在各种挥发分中，H_2O 与 CO_2 在成矿过程与之后的演化中均发挥了重要作用（涂光炽，1996）。成矿金属可呈配合物形式被搬运，少数金属呈碳酸盐配合物形式搬运，如铀可呈碳酸铀酰形式迁移。20 世纪 90 年代以来，国际上开始注意在岩浆去气过程中金属呈气相运移的重要性及其与二氧化碳的密切关系（赫英等，2001）。很多金属和金属络合物在岩浆条件下是高挥发性的，由于其浓度低，它们往往不形成独立的相，而是优先进入共存的气相中。例如，Lowenstern 等（1991）研究西西里一个火山岛石英中的岩浆包裹体，测得富 CO_2 和氯的气相中含铜比围岩高出 1000 倍，使地幔及其岩浆金属排气有了具体的证据；Yang 和 Scott（1996）对岩浆包裹体中富金、富 CO_2 气泡的研究，提供了在岩浆排出的富 CO_2 气相中金以气相形式存在的直接证据；在哥伦比亚 1993 年喷发的 Galeras 火山喷发物中发现一条金矿脉，其金品位高达 226.8 g/t，是现代火山岩浆去气形成金矿床的实例（Goff，1994）。

研究 CO_2 成因成藏的规律，可以从热液金属矿床及沉积矿产等的成矿机理研究中，寻找到 CO_2 分布、迁徙及对成矿作用影响、控制的许多素材。

第五节　CO_2 和 CH_4 天然气的成因

在 CO_2 地质研究中，研究者多从 CO_2 气源判别的角度将 CO_2 气藏分为无机成因、有机成因及混合成因等三种。众多学者研究发现松辽盆地深层既有有机成因气也有无机成因气（戴金星等，1989，1995，1997；谯汉生等，2002；郭占谦等，1994，1997a；裘松余等，1985；宋岩，1991；刘朝露等，2006；霍秋立等，1998；杨玉峰等，2000；侯启军等，2002；庞庆山等，2002；冯子辉等，2003，王连生等，2004）。有机成因气以烷烃气为主；无机成因气中有也烷烃气（郭占谦等，1994；戴金星，2002；戴金星等，2001），但更多的是二氧化碳气（戴金星等，1995，1997；郭占谦等，1997a；裘松余等，1985；宋岩，1991；霍秋立等，1998；杨玉峰等，2000；侯启军和杨玉峰，2002；庞庆山等，2002），这两种气都可形成工业性的气藏。因此，在勘探与研究松辽盆地深层气时，了解有机成因气和无机成因气判别指标及如何鉴别十分重要。

一、CO_2 和 CH_4 天然气无机成因假说

整个地球的碳含量非常高（Marty & Jambon，1987；Shcheka et al.，2006），在 1 000 ppmw① 量级甚至更高。地幔是地球最大的碳储库，估计整个地幔的碳含量是从 50 到 2 000 多 ppmw（Jambon，1994；Saal et al.，2002），其中亏损 MORB 源区的碳含量较低，为 20～1 000 ppmw（Saal et al.，2002；Shcheka et al.，

① ppmw，ppm 为非法计量单位，本书中 ppmw 和 ppm 均指“按质量计的百分比浓度”。1 ppm＝1×10^{-6} g/l，由于地球物理科学工作者习惯采用此单位，故未作法定计量单位转换。本书以下相同之处不再说明。

2006),而未亏损地幔的碳含量非常高(Keppler et al., 2003)。未亏损地幔在地球演化过程中几乎没有进行过脱气或组分分异,它保持着原始地幔的富气特征,其含气丰度约是脱气地幔含气丰度的99倍(Zhang & Zindler, 1989),因此,未脱气的幔源岩浆脱气作用成为含油气盆地 CO_2 的最主要来源。朱岳年等(1994,1998)认为全球已发现的高 CO_2 气藏气中,绝大部分 CO_2 是由未脱气地幔脱气作用贡献的。Taylor & McLennan(1995)认为原始地球中 72%的 CO_2 和 12%的 N_2 仍留存在地幔中。地幔中碳的存在方式有两个观点(Shcheka et al., 2006):①以碳酸盐岩、石墨、金刚石或者 C－H－O 流体的形式;②碳溶解在名义上无挥发分的硅酸盐中。最新的实验研究(Keppler et al., 2003; Shcheka et al., 2006)指出上地幔硅酸盐矿物仅仅溶解痕量的碳(0.1～12 ppmw);碳溶解度主要受压力影响,随压力的增加而增高。因此,地幔中有单独的富碳相,绝大多数碳分布在富碳相中(Keppler et al., 2003; Shcheka et al., 2006)。大量的实验研究证实地幔中富碳相最可能是碳酸盐岩(白云石和菱镁矿)以及富 CO_2 流体(Biellmann et al., 1993; Isshiki et al., 2004; Newton & Sharp, 1975; Skorodumova et al., 2005; Wang et al., 1996; Wyllie & Huang, 1976)。在强还原或高温条件下,金刚石(>50 kbar)和石墨也可能在地幔稳定存在(Lowenstern, 2001)。此外,依据油气无机成因理论,地球深部还存在大量的烃。在此,我们借鉴燃料化学和催化化学的研究成果,运用简化的地球化学模型来推演 CO_2 以及 CH_4 无机成因的热力学和动力学过程,探讨无机成因 CO_2 和 CH_4 形成的物理化学条件。

1. 无机成因假说的提出

18世纪70年代至今,对油气成因问题的认识,基本上可归纳为无机成因和有机成因。在两种成因说的发展过程中,都曾历经各自的辉煌与衰落时期(戴金星等,1995)。无机成因气不仅在地球上普遍存在,而且还可形成有工业价值的气藏(戴金星,2002)。国内外已发现的无机成因气藏绝大多数是 CO_2 气藏,并且高纯 CO_2 气藏以幔源成因为主,少数为碳酸盐岩变质成因。戴金星院士将主要的无机成因油气假说概括为五种:宇宙说、碳化说、岩浆说、变质说和核变说(戴金星,2000;戴金星等,1995);我国的一些学者(Weng et al.,1999;Xiao et al.,1999)强调了无机含碳矿物与水(或含水矿物)反应生烃机制;目前主流的无机成烃机制可以分成两种观点(张景廉,等,1998;Glasby, 2006),一是地幔脱气理论,即地球演化早期即已存在于地球内部的烃类气体,在合适的构造环境下从地球内部排出;二是无机反应成烃理论,即地球内部排出的烃类气体是在地球内部合适的物理化学环境条件下通过各种无机反应形成的,其中费-托反应无机合成说最为典型。这些理论对无机成因 CO_2 的研究有着重要的借鉴作用。

(1) 地幔脱气说

① Gold 的理论

Gold 和 Soter(1982)和 Gold(1984,1993)依据太阳系、地球形成演化的模型,

认为地球形成时深部封存了大量的甲烷及其他非烃资源，大量还原状态的碳是在地壳深部被加热而释放出来的。经过地质历史时期的种种变化，这些甲烷向上运移，并大量聚集在地壳深度 15 km 左右的地带。这种释放过程贯穿整个地质时期，但它有几个主要释放期。由地幔脱气作用释放出来的气体，大部分逸散到大气中，仅有部分形成了天然气藏。

大陆板块边缘褶皱带、大型地壳裂谷、地震活动带、活火山或死火山附近，以及已查明富集油气的线性带的外延部位均是无机成因气藏出现概率极高的地区。波斯湾就是一个实例，几十个油气田散布在一条 1 640 m 长的地带，占地球表面积不到 2%，却拥有世界可采储量的 50%以上。他曾提出过这样的假设，软流层顶面高点很可能聚集了上涌的流体，就像地势低洼处聚水一样。基于这种效应，油气就会聚积。相当均一和未破裂的阿拉伯半岛板块底界向上仰倾正对着波斯湾，所以油气大规模产出(Gold，1993)。

Gold 还探讨了深部气体向上运移的力学过程。高压下岩石孔隙中的水或气必定与岩石处于压力平衡状态。只要不存在较大的压力差，则地球中任一层位的脉体和裂隙都可以与岩石共存；如果产生了由加热岩石和排出挥发分造成的气体源，那么岩石就会破裂并产生裂隙，于是就产生了充满流体的区域。如果有更多气体供给，破裂本身就会继续向上扩展。当底部的孔隙瓦解时，顶部就会形成新的孔隙。如果气体源不断产生，那么流体域就会一个接一个地形成并向上运移，直至最终到达地表附近形成油气藏。

② 幔汁说和五个气圈假说

杜乐天通过对地幔流体及软流层地球化学多年系统的深入研究，在 1987 年提出幔汁说的基础上，于 1993 年提出了地球有 5 个的气圈的新假设(杜乐天，1993；杜乐天，1996)。该假说的基本概念是：地球是一个充气的球，其内部存在压力极大、温度和密度都很高的气体，这些气体构成了从地球表面一直到地核可分为 5 个气圈。其中地壳气圈(即气圈，位于地壳 8～10 km 以下)对于人类具有重大的意义，它蕴藏着可供人类大规模开发利用的巨大天然气资源。他认为岩浆作用、热液作用、变质作用、沉积作用及大地构造作用都是地球排气的种种表现方式。

③ 幔源油气

前苏联科学地质研究所极重视地球深源气的研究(张子枢，1992；张景廉等，1998)。他们根据理论以及实验模拟，并从大量的地球化学资料中论证了在强还原条件下形成的深源气是 H_2、各种烃类以及 H_2S。他们认为，上地幔的液气相是氢和烃的巨大储气库。地球深源气向地壳表层运移的脱气过程受构造控制，深断裂带、裂谷、地堑、坳拉谷等均是深源气垂直运移的通道，即“脱气作用管”。根据热力学计算，在压力为 65 kPa，温度为 1 700 ℃的条件下模拟表明：高压一方面可使烃类热分解得以抑制，另一方面则促使烃类的环化、聚合作用和凝析作用，从而向高分子的烃类演化。这为深源气合成油提供了实验依据。前苏联在波罗的海地盾科拉半岛上，于1975年5月开钻的SG-3井，在1983年12月钻达12 066 m，成为世界上最深的井。在7 000 m深处的太古界科拉群的片麻岩和角闪岩中，发现了沥青包裹体和含有高浓度氢、甲烷、氦、氮及卤水，确实证明了地壳深层有非生物成因的甲烷等。

（2）费-托地质合成（Fischer-Tropsch synthesis）说

油气无机合成说起源于1923年德国化学家Franz Fischer和Hans Tropsch创立的费-托法。费-托合成反应是工业上一种合成石油的技术，以CO、CO_2、H_2为反应物，以Fe、Ni、Co、V等过渡金属氧化物作催化剂，反应方程式为：

$$CO_2 + H_2 \xrightarrow[300\ ℃\sim400\ ℃]{Fe,Co,Ni,V} C_nH_m + H_2O + Q$$

对CO_2而言，费-托反应（F-T反应）有着同样重要的地质意义。因为这一反应表明了一定条件下烃类和CO_2之间的转化，反映了C-H-O体系多相间的物理化学平衡。当反应条件恰当时，便会发生完全的费-托反应，产物以烃类为主；但反应不完全发生时，则有CO_2与烃类共生的情况；当源区缺少H_2时，便有纯CO_2气藏产出的可能性。

费-托地质合成理论目前主要有两个学派：超基性岩底辟说（沃里沃夫斯基，1991；张景廉等，1998）和板块构造背景下的费-托合成说（Szatmari，1986；Szatmari，1989），简述如下：

① 超基性岩底辟说

陆壳的结晶部分不全是由高变质的层状结晶岩所构成，即在“花岗岩（花岗片麻岩）层”与“玄武岩层”中间侵入有可塑性的超基性蛇纹岩。在地壳发展早期是双层结构，后来由于可塑性的超基性岩的挤入使上下层分离，并发生破裂，即所谓的“超基性蛇纹岩底辟说”。这种超基性岩在地球物理上的显著特点是低速、高导性。地幔脱气生成的CO、CO_2、H_2沿玄武岩的破裂带上升到超基性的蛇纹岩带，发生了著名的费-托合成反应。费-托合成的烃类伴随着岩浆活动（如火山喷发）沿花岗岩缺失的“通道”上升，并运移到储集层形成油气藏。

② 板块构造背景下的费-托合成说

在大洋板块向大陆板块俯冲时，构成洋壳的玄武质岩，在俯冲到地幔中一定深度后（150～300 km），在高温高压下变成榴辉岩，并部分熔化成为岩浆。岩浆的无机脱碳作用所释放出的CO_2，与蛇纹石化作用产生的氢，在磁铁矿及赤铁矿作催化剂条件下合成甲烷。

2. 费-托反应的热力学

（1）F-T反应化学热力学模型

F-T反应研究的对象是地质环境下C-H-O体系的一个简化模型，其中包括CO、CO_2、H_2、O_2、$H_2O(g)$、CH_4等六种气相物质。体系内部各种物质之间的反应复杂多样，但研究其平衡状态只需其中的独立反应即可。体系独立反应共三个，其中一组如下：

(Ⅰ) $CO+3H_2 \longleftrightarrow CH_4+H_2O$

(Ⅱ) $2CO+O_2 \longleftrightarrow 2CO_2$

(Ⅲ) $2H_2+O_2 \longleftrightarrow 2H_2O$

同时，为了讨论的方便，还将考虑以下两个反应：

(Ⅳ) $CH_4+2O_2 \longleftrightarrow CO_2+2H_2O$

(Ⅴ) $CO+H_2O \longleftrightarrow CO_2+H_2$

对于任意的化学反应：

$$0 = \sum_B v_B B(*)$$

体系的热力学平衡常数：

$$K_f^0 = \prod_B \left(\frac{f_B}{P^0}\right)_e^{v_B} \tag{1.1}$$

式中，f_B 为物质的逸度，P^0 为标准大气压，下标 e 表示式中为平衡时的数据。

$$\Delta_r G_m^0(T) = \sum_B v_B \Delta_f G_{m,B}^0(T) \tag{1.2}$$

式中，$\Delta_f G_{m,B}^0$ 为物质 B 的标准摩尔生成吉布斯自由能。又

$$\Delta_r G_m^0(T) = -RT\ln K_f^0, \quad 且\ \Delta_f G_{m,B}^0 = -RT\ln K_{f,B}^0$$

将上两式代入式(1.2)可得：

$$K_f^0(T) = \prod_B (K_{f,B}^0(T))^{v_B} \tag{1.3}$$

$$\log K_f^0(T) = \sum_B v_B \log K_{f,B}^0(T) \tag{1.4}$$

由公式(1.3)可得，反应(Ⅰ)～(Ⅴ)的热力学平衡常数如下：

$$K_{f_1}^0(T) = \frac{K_{f,CH_4}^0 \cdot K_{f,H_2O}^0}{K_{f,CO}^0 \cdot (K_{f,H_2}^0)^3} \tag{1.5}$$

$$K_{f_2}^0(T) = \frac{(K_{f,CO_2}^0)^2}{(K_{f,CO}^0)^2 \cdot K_{f,O_2}^0} \tag{1.6}$$

$$K_{f_3}^0(T) = \frac{(K_{f,H_2O}^0)^2}{K_{f,O_2}^0 \cdot (K_{f,H_2}^0)^2} \tag{1.7}$$

$$K_{f_4}^0(T) = \frac{K_{f,CO_2}^0 \cdot (K_{f,H_2O}^0)^2}{K_{f,CH_4}^0 \cdot (K_{f,O_2}^0)^2} \tag{1.8}$$

$$K_{f_5}^0(T) = \frac{K_{f,CO_2}^0 \cdot K_{f,H_2}^0}{K_{f,CO}^0 \cdot K_{f,H_2O}^0} \tag{1.9}$$

由式(1.5)～(1.9)查表即可求得 $T=200 \sim 2\,000$ K 时，反应的 $K_f^0(T)$。

又根据式(1.1)可得：

$$K_{f_1}^0(T) = \frac{f_{CH_4} \cdot f_{H_2O}}{f_{CO} \cdot f_{H_2}^3} \tag{1.10}$$

$$K^0_{f_2}(T)=\frac{f^2}{f^2_{CO}\cdot f_{O_2}} \tag{1.11}$$

$$K^0_{f_3}(T)=\frac{f^2_{H_2O}}{f^2_{H_2}\cdot f_{O_2}} \tag{1.12}$$

$$K^0_{f_4}(T)=\frac{f_{CO_2}\cdot f^2_{H_2O}}{f_{CH_4}\cdot f^2_{O_2}}=\frac{(K^0_{f_2})^{1/2}\cdot(K^0_{f_3})^{3/2}}{K^0_{f_1}} \tag{1.13}$$

$$K^0_{f_5}(T)=\frac{f_{CO_2}\cdot f_{H_2}}{f_{CO}\cdot f_{H_2O}}=\frac{(K^0_{f_2})^{1/2}}{(K^0_{f_3})^{1/2}} \tag{1.14}$$

以上五式中 f_B 是以标准大气压($P^0=1$ atm)为单位的逸度值.

根据以上建立的理想化学反应模型和平衡常数，就可以从理论上对该反应的热力学和动力学条件进行讨论。

(2) F-T 反应的物理化学条件

下面，我们就几个物理化学因素对 CO_2 在体系中含量的影响进行一定的讨论。

① 氧逸度(f_{O_2})：考察直接影响 CO_2 含量的两个 $K^0_{f_4}$ 反应：反应(Ⅰ)、(Ⅱ)、(Ⅳ)、(Ⅴ)，在 T=200～2 000 K 的温度范围内，始终有 $K^0_{f_4}\gg K^0_{f_1}$，故体系中一旦有少量的 O_2 存在，反应(Ⅳ)将占绝对优势，CH_4 几乎不可能存在。下面，具体的讨论一下 f_{O_2} 对 CO_2、CH_4 稳定性的影响。

由式(1.13)可得：

$$\frac{f_{CH_4}}{f_{CO_2}}=\frac{1}{K^0_{f_4}(T)}\cdot\frac{f^2_{H_2O}}{f^2_{O_2}} \tag{1.15}$$

若把体系内部的 CH_4、CO_2 近似作为理想气体，则：

$$f_{CH_4}=\chi_{CH_4}\cdot P,\quad f_{CO_2}=\chi_{CO_2}\cdot P$$

其中，P 为体系总压强。代入式(1.15)可得：

$$\frac{\chi_{CH_4}}{\chi_{CO_2}}=\frac{1}{K^0_{f_4}(T)}\cdot\frac{f^2_{H_2O}}{f^2_{O_2}} \tag{1.16}$$

即，当 $f^2_{H_2O}$ 和 T 一定时 χ_{CH_4}/χ_{CO_2} 与 $f^2_{O_2}$ 的平方成反比。而且 $K^0_{f_4}$ 很大，所以 CH_4 在体系中能够以可观的数量存在的前提条件是 f_{O_2} 趋于零。

② 温度(T)：在还原条件下，系统反应简化为：

(Ⅰ) $CO+3H_2\longleftrightarrow CH_4+H_2O$

(Ⅴ) $CO+H_2O\longleftrightarrow CO_2+H_2$

这两个反应直接影响到体系中 CO_2、CH_4 的含量比例，计算可知，随着温度的升高 $K^0_{f_1}$、$K^0_{f_5}$ 都呈下降趋势。其中，$K^0_{f_1}$ 受温度影响较大，并在 T>1 000 K 时降至 $K^0_{f_1}\ll 1$；而 $K^0_{f_5}$ 受温度影响较小，并在 T>1 000 K 时。有 $K^0_{f_5}\gg K^0_{f_1}$。可见温度过高不利于 CH_4 形成，使碳主要以 CO_2 的形式存在。

③ 压强(P)：若将体系中各组分作为理想气体近似处理，则 $f_{B_4}=\chi_{B_4}\cdot P=P_B$。

考察影响 CO_2 含量反应(Ⅱ)、(Ⅳ)、(Ⅴ)有：

$$K^0_{f_2}(T)=\frac{f^2_{CO_2}}{f^2_{CO}\cdot f_{O_2}}=\frac{K_{x_1}}{P} \tag{1.17}$$

$$K^0_{f_4}(T)=\frac{f_{CO_2}\cdot f^2_{H_2O}}{f_{CH_4}\cdot f^2_{O_2}}=\frac{(K^0_{f_2})^{1/2}\cdot(K^0_{f_3})^{3/2}}{K^0_{f_1}}=K_{x_4} \tag{1.18}$$

$$K^0_{f_5}=\frac{f_{CO_2}\cdot f_{H_2}}{f_{CO}\cdot f_{H_2O}}=\frac{\chi_{CO_2}\cdot\chi_{H_2}}{\chi_{CO}\cdot\chi_{H_2O}}=K_{x_5} \tag{1.19}$$

K_x 表示了体系平衡时各物质的摩尔分数的关系，可见，(Ⅳ)、(Ⅴ)反应前后气体物质的量未发生变化，体系不受压强影响。CO_2 稳定性受压强的影响主要取决于反应(Ⅱ)，从式(1.17)可以看出体系压强越大，有利于 CO_2 的形成。

④ 其他物质浓度(χ_B)：从式(1.10)～(1.14)中可以看出，反应物 CO、O_2、H_2O 的浓度越高，越有利与 CO_2 的存在，H_2 的浓度高有利于 CH_4 的形成。

⑤ 催化剂：矿物岩石中的 Ni、Mo、Fe、Co、Ru 等元素都可起到催化剂作用，当然在地质环境中，它们的催化性能会有很大的降低，但是地质成藏作用可以经历很长的地质年代，这足以补偿催化性能及其他动力学条件的不足。

已有的许多实验也都印证了以上理论推导出的结论。

3. 无机成因假说的依据

关于烃类天然气体无机成因的地球化学依据，戴金星等(1995)考虑了气体死亡温度、热力学稳定性和幔源包裹体三个方面的证据；王先彬等(1997)考虑了宇宙化学依据、甲烷的热力学稳定性和地幔的氧化-还原条件三个方面的证据。更为重要的是，在地质条件下是否可以存在使 F-T 反应发生的热力学和动力学条件。

(1) 死亡温度

实验证明，CO_2 具有很高的热稳定性，只有温度超过 2 000 ℃时才分解为碳和氧(维索茨基，1986)。从甲烷至丁烷的烃类气在地层条件下的死亡温度从 700 ℃左右可渐降达 300 ℃(戴金星等，1995)。地壳深部变质作用过程、模拟实验结果、热力学研究表明(Burruss, 1993; Bai & Wang., 1998; 王先彬等，1997；王先彬等，2006)，在相当于陆壳 60 ～ 90 km 深度，即下地壳至上地幔的温压条件下，甲烷仍是稳定的，同时还生成了高碳数的烃类化合物分子，如 C_{15}^+；在与石墨平衡的 C-H-O体系中 CH_4 是占优势的成分。

(2) 热力学稳定性

通过上面对 C-H-O 体系的 CO、CO_2、H_2、O_2、$H_2O(g)$、CH_4 等六种气相物质 F-T 反应的热力学条件的讨论，我们可以看到烃和 CO_2 无机成因的可能性。许多相关体系的计算和实验也都证实了这种可能性。

French(1996)曾计算了各种流体在与氧缓冲矿物组合平衡体系中的比例及其稳定性。在铁方铁矿缓冲平衡条件下氧逸度低，在较低温度(<800 ℃)下，甲烷的

稳定性比 CO_2 和 H_2O 高，并能与硅酸盐共存于熔体中；而在高温（>800 ℃）稳定性出现变化，当温度至 1 200 ℃以下，则 CO_2 比 CH_4 稳定性高。在大陆地壳下可能存在的温度和压力条件下，在铁-方铁矿的还原环境中 CH_4 比 CO_2 稳定。

Holloway(1981)计算和研究了在石英-铁橄榄石磁铁矿（QFM）体系中，在温度低于 750 ℃，氧逸度值比铁-方铁矿体系高二个数量级状态下，C-S-O-H 体系流体的稳定性。其结果表明，即使在相对较氧化的条件下，在高压低温的环境中，CH_4 比 CO_2 的稳定。

Saxena 和 Fei(1987，1988a，1988b)的实验结果表明，在原始地球的化学物理条件下，代表碳质球粒陨石的 Fe-Mg-Si-C-H-O 体系中，平衡矿物组合为：橄榄石、辉石、铁和石墨（或金刚石）时，原始未分异的地幔流体成分将以 CH_4（≈90%）和 H_2（6%～8%）占优势。

王先彬等(1997)的实验结果表明，温度在 600 ℃～800 ℃、压力条件为 2 GPa～3 GPa，即下地壳部至上地幔的温压条件下，气相中 H_2、CO 和 CH_4 等烃类是占优势的。这说明地球深部的温压条件不仅有抑制烃类系列化合物热分解的作用，而且可以促进烃类的环化作用、聚合作用和凝析作用，并向着复杂烃类系列演变。

(3) 幔源包裹体证据

国内外超基性岩矿物包裹体气相组分表明，包裹体中气体组分特征基本一致（戴金星等，1995）。CO_2 占气相组分的 80%以上；在烷烃气中以 CH_4 为主，占 3%以上；H_2 的含量比 C_{2-4} 气体高。而且气体释放量相当大，仅以包裹体形式存在的气体，含量有时达 $n\times10^5$～$n\times10^6$ μL/kg。如果再考虑到存在于岩石矿物裂隙中的气体、吸附的气体，那么地幔流体中的气体量就相当大，完全可以将地幔流体作为无机成因气源来考虑。

热液矿床中，气体的主要组分是 CO_2、CO、CH_4、H_2 等，戴金星等(1995)指出这些气体主要来自地球内部的无机成因气。热液成矿作用往往与岩浆岩及深断裂活动有关，在岩浆作用下，热液矿床形成进的物理化学条件可以使得无机成因 CO_2 存在和形成。

(4) 费-托合成的地质条件

在大陆岩石圈中，不是所有地方均可产生费-托合成的。最适宜的部位是：俯冲板块的接触带、蛇绿岩推覆体中、裂谷作用所薄化的地壳中，具体地说，这种俯冲沉积岩含大量碳酸盐，而蛇绿岩仰冲到陆架碳酸盐之上（张景廉等，1998；张景廉，2001）。俯冲碳酸盐沉积物中所排出的 H_2O 和脱 C 作用所生成的 CO_2，将沿着上覆的地幔岩石圈及蛇绿岩的底面上升，为蛇纹石化和 H_2O、CO_2 的还原以及烃类的合成创造良好条件。

Klemme(1980)曾作过统计，发现世界油气的一半以上与板块俯冲及其相联系的各种断裂有关，并且在这些断裂发现大油气田的机会更多。例如，加拿大近海，北美东部、中部、西部,北海及沙特阿拉伯等含油气盆地的基底均存在与板块俯冲作用有关的深大断裂。拥有世界近三分之二油气储量的波斯湾地区,就分布在被推覆到碳酸盐岩之上的扎格罗斯(Zagros)碰撞带的蛇绿岩附近。加利福尼亚相当丰富的石油储量,也与海岸山脉的蛇绿岩在含有碳酸盐岩块体的弗朗西斯混杂岩之上的推覆有关(Szatmari,1989)。

二、CO_2 和 CH_4 天然气成因鉴别

烷烃气及 CO_2 都是天然气中出现频率高的组分,其形成工业性气藏的概率较大,因此鉴别有机成因的和无机成因的烷烃气及 CO_2 气有着重大的理论和实践意义。许多学者对烷烃气和 CO_2 气的成因鉴别做了很好研究(戴金星,1992a,1993,2002;戴金星等,2004,2008;李剑等,1998,1999a,1999b;徐永昌,1992,1994;沈平等,1991;张义纲等,1987,1991;吴小奇等,2008),现主要对无机成因烷烃气和 CO_2 气的判识简要综述如下。

1. 烷烃气成因的鉴别

对于无机成因烷烃气的判识,目前没有统一的标准指标,比较常用的是依靠碳、氢同位素以及氦同位素等比值(倪云燕,2009)。在综述对比分析了美国及其他地区大量的天然气地球化学特征后,Jenden 等(1993)提出了鉴别无机成因烷烃气的三个指标:(a) $\delta^{13}C_1>-25‰$;(b) $\delta^{13}C_1>\delta^{13}C_2>\delta^{13}C_3>\delta^{13}C_4$;(c) $R/Ra>0.1$。Lollar 等(2002)认为 C_1—C_4 正构烷烃气之间碳同位素为反序排列而氢同位素为正序排列,可以判定为无机成因烷烃气。在中国有机成因气(煤成气和油型气)及无机成因烷烃气(甲烷)碳同位素系列、R/Ra 以及 $CH_4/{}^3He$ 大量分析数据的基础上,结合美国、俄罗斯、德国和澳大利亚等国家相应项次众多的分析数据,经综合对比研究,戴金星等(2008)提出鉴别无机成因和有机成因烷烃气的 4 个指标:①无机成因甲烷碳同位素组成一般大于$-30‰$,有机成因甲烷碳同位素组成一般小于$-30‰$;②无机成因烷烃气具有负碳同位素系列($\delta^{13}C_1>\delta^{13}C_2>\delta^{13}C_3>\delta^{13}C_4$)和甲烷碳同位素组成一般大于$-30‰$的特征;③$R/Ra>0.5$ 和 $\delta^{13}C_1-\delta^{13}C_2>0$ 的天然气是无机成因烷烃气;④$CH_4/{}^3He\leqslant10^6$ 是无机成因烷烃气(甲烷),$CH_4/{}^3He\geqslant10^{11}$ 是有机成因烷烃气。

(1) 碳同位素识别烷烃气成因

碳有三个同位素,即 ${}^{12}C$、${}^{13}C$、${}^{14}C$,其中前两个是稳定的,${}^{14}C$ 属于放射性同位素。稳定同位素 ${}^{12}C$ 和 ${}^{13}C$ 的平均相对丰度分别为 98.892% 和 1.108%,但是它们的相对丰度会因为同位素分馏作用在不同的体系中发生变化。

稳定同位素相对丰度的度量可以用 ${}^{13}C/{}^{12}C$ 比值表示;通常用待测样品与标准样品相比较的 δ 值表示:

$$\delta^{13}C=\frac{({}^{13}C/{}^{12}C)_{样品}-({}^{13}C/{}^{12}C)_{标准}}{({}^{13}C/{}^{12}C)_{标准}}\times100\%$$

式中，$(^{13}C/^{12}C)_{样品}$ 为待测样品的 $^{13}C/^{12}C$ 比值；$(^{13}C/^{12}C)_{标准}$ 为标准样品的 $^{13}C/^{12}C$ 比值。为了便于对比，国际上一般采用统一的 PDB 标准，PDB 标准的 $^{13}C/^{12}C=1\,123.72\times10^{-5}$。

① $\delta^{13}C_1>-10$‰均是无机成因的甲烷：

目前世界上已知有机成因甲烷 $\delta^{13}C$ 值最重的均不大于 -10‰，有机成因 $\delta^{13}C_1$ 最重者均在煤层气中（戴金星等，1994，2004）；已报道的无机成因甲烷的 $\delta^{13}C_1>-10$‰，例如美国加利福尼亚州索尔顿湖区 $\delta^{13}C_1$ 值为 -0.6‰（Welhan，1988），俄罗斯希比尼地块 $\delta^{13}C_1$ 值为 -3.2‰（П М Зоръкин，1984），菲律宾三描礼士 $\delta^{13}C_1$，值为 -6.11‰至 -7.5‰（Abrajano et al.，1988）。

② 除高成熟和过成熟的煤成气外，$\delta^{13}C_1>-30$‰的甲烷皆是无机成因的甲烷；

除了高成熟和过成熟的煤成气和煤层气外，无机成因甲烷和有机成因甲烷 $\delta^{13}C$ 界限值有 -20‰（沈平等，1991；张义纲等，1991；徐永昌，1994）和 -30‰（Fuex，1977；戴金星，1992a）两种标准。考虑到 $\delta^{13}C_1$ 多数在 -20‰至 -30‰的地热区无机成因甲烷和 -10‰和 -20‰之间的煤层气，戴金星等（2004）认为划分无机成因和有机成因甲烷的 $\delta^{13}C_1$ 界限值 -30‰较合理与实用。区别 $\delta^{13}C_1$ 值 -10‰至 -30‰是有机成因还是无机成因，可根据地质构造背景，有机成因的总是出现在有煤系的地区，而在地热火山区的往往是无机成因的。

③ 有机成因烷烃气具有正碳同位素系列，无机成因烷烃气一般具有负碳同位素系列。

鉴别无机成因和有机成因烷烃气，烷烃气碳同位素系列有重要的意义（戴金星等，2004）。所谓烷烃气碳同位素系列是指依烷烃气分子碳数顺序递增，$\delta^{13}C$ 值依次递增或递减。递增者（$\delta^{13}C_1<\delta^{13}C_2<\delta^{13}C_3<\delta^{13}C_4$）称为正碳同位素系列，递减者（$\delta^{13}C_1>\delta^{13}C_2>\delta^{13}C_3>\delta^{13}C_4$）称为负碳同位素系列。有机成因烷烃气具有正碳同位素系列，无机成因烷烃气一般具有负碳同位素系列（戴金星等，1989，1992a；郭占谦和王先彬，1994；徐永昌，1994；张义纲等，1991）。在此必须指出，只有原生型负碳同位素系列的烷烃气才是无机成因，在负碳同位素系列中原生型占绝大多数。少部分次生型负碳同位素系列烷烃气并非无机成因，在某些地质条件下（Du et al.，2003）或由于运移过程中的混合、分馏和其他作用（Jenden et al.，1993；Prinzhofer & Huc，1994；Huang et al.，2004；Laughrey & Baldassar，1998；秦胜飞，1999），生物有机质生成的烷烃同系物也可具有负碳同位素特征。综合地质和地球化学分析是判别次生型负碳同位素系列的重要途径。

有机成因的天然气主要源于沉积物中分散有机质的分解。在生烃母质干酪根热降解生成烷烃气的过程中，由于 $^{12}C—^{12}C$ 键的键能低于 $^{13}C—^{12}C$ 键，因此生物成因天然气中甲烷及其同系物的碳同位素组成具有随碳数的增大而变重的分布特征，即 $\delta^{13}C_1<\delta^{13}C_2<\delta^{13}C_3<\delta^{13}C_4$，称为正碳同位素系列。这种分布特征几乎存在

于所有有机成因的天然气藏中，并被有机质热解成烃的模拟实验和理论推导所证实。沉积有机质成烃涉及加氢作用，其氢同位素组成亦受同位素动力学分馏效应制约。$^1H—^1H$ 键优先于 $^1H—^2H$ 键断裂，进入烷烃气体中，从而构成随烷烃气体分子量（碳数）增加、δ^2H 变重的分布特征。$\delta^{13}C$ 和 δ^2H 之间具有正相关关系，即随分子量（碳数）增加，$\delta^{13}C$ 和 δ^2H 值同时增大（Schoell，1983）。

对于无机成因的烷烃气来说，重烃气含量很少，而且主要是由简单含碳分子（CO，CO_2，CH_4）聚合形成。在由甲烷聚合形成高分子烃类或一氧化碳加氢合成烃类的过程中，受同位素动力学分馏效应的制约。由于 $^{13}C—^{12}C$ 键的键能低于 $^{12}C—^{12}C$ 键，使 ^{12}C 随分子量的增加而逐渐富集，从而形成甲烷同系物的碳同位素组成随碳数增大而变轻，为负碳同位素系列，即 $\delta^{13}C_1>\delta^{13}C_2>\delta^{13}C_3>\delta^{13}C_4$，与有机成因的正好相反。聚合反应中从低分子量烷烃形成较高分子量的同系物，$^{12}C—^1H$ 键较 $^{12}C—^2H$ 键弱将优先断裂。轻同位素（^1H）在聚合反应中优先被消耗，这样先生成的轻烷烃较后生成的重烷烃更富 ^1H 同位素。从而构成氢同位素 δ^2H 值的正序分布，与生物成因烷烃气体的氢同位素分布特征相似。非生物成因烷烃气体随分子量（碳数）增加，$\delta^{13}C$ 值变轻，δ^2H 值变重。$\delta^{13}C$ 和 δ^2H 值之间构成反相关关系（Lollar et al.，2002）。

（2）组分特征识别烷烃气成因（倪云燕，2009）

自然界无机成因烷烃气的化学组分变化较大。戴金星等（1995）对中国火山岩包裹体和温泉中的无机成因烷烃气做了一个很好的总结，发现这些无机成因气的成分主要以 CO_2 和/或 N_2 为主，CO_2 与 N_2 具有彼此消长的关系，以一种为主要成分，其含量可高达 99%以上，烷烃气含量一般都比较低，主要以甲烷为主，几乎不含重烃气（C_{2+}）。不过，国外 Khibiny 地块（Petersilie et al.，1961；Petersilie，1962；Petersilie and Sorensen，1970；Kogarko et al.，1987；Voytov，1992；Potter，2000）、Lovozero 地块（Petersilie and Sorensen，1970；Nivin et al.，1995；Potter，2000；Potter et al.，2004）、Ilimasussaq 杂岩体（Petersilie and Sorensen，1970；Konnerup-Madsen et al.，1979；Konnerup-Madsen and Rose-hansen，1982）和加拿大前寒武地盾（Lollar et al.，2002，2008）等火山岩中发现的无机成因烷烃气主要以甲烷为主，甲烷含量大部分在 60%以上，可高达 97%，只有一定量的 CO_2 和重烃气；CH_4 与重烃气之间比值（C_1/C_{2+}）比值较低，一般小于 100。来自 Oman 蛇绿岩的地下水中的无机成因气（Neal and Stanger，1983），其成分主要以 H_2 和 N_2 为主，甲烷含量较低，大部分几乎不含 C_{2+}。大洋中脊热液流体中的无机成因 CH_4 与重烃气之间比值远远高于各种热成因烷烃气（Proskurowski et al.，2008；Charlou et al.，1996，1998，2000；Jean-Baptiste et al.，1991；Lein et al.，2000；Welhan and Lupton，1987），绝大部分大于 800，可高达 8 000 左右。

实验室研究表明，在没有其他反应过程（如热裂解）存在情况下，F-T 合成产物的相对丰度随着烷基链中碳数的增加而呈对数线性递减的趋势，通常称为 Schulz-Flory 分布或者 Anderson-Schulz-Flory(ASF)分布(Anderson, 1984; Dry, 1981)。通常 F-T 合成产物中以轻的烃类为主，C_{n+1}/C_n 比值一般小于 0.6(Anderson, 1984; Szatmari, 1989)。随着催化剂不同，F-T 合成产物也呈现相应变化，某些催化剂倾向于形成短链产物，而某些则倾向于形成长链产物(Anderson, 1984; Dry, 1981)。在对数图上，长链产物与短链产物的分布不一样，大概在 C_{10} 出现转折点(Dictor and Bell, 1986; McCollom and Seewald, 2006; Satterfield et al., 1986)，这可能与长链产物的挥发性降低或者在不同催化位置形成有关(Konig et al., 1987; Patzlaff et al., 1999)。尽管 ASF 分布经常被用作烃类气体无机成因的一个判别依据，但是聚合物的降解过程也可能出现相似的分布(Flory, 1936; Giggenbach, 1997)，有时被称为 Kissin Slope(Kissin, 1998)。Giggenbach (1997)认为链的随机形成与断裂所导致的产物的分布模式相同的，并指出天然气中烃类的分布模式与合成气体之间的相似性并不能被用来判别 F-T 合成与有机质的热降解过程。

(3) $CH_4/^3He$、$\delta^{13}C_1$ 和 R/Ra 等参数综合识别烷烃气成因

自 20 世纪 60 年代发现东太平洋海隆 ^3He 异常(Craig, Lupton, 1981)以来，氦同位素已被广泛的用作幔源挥发分的一个指示剂。氦在自然界中有两种稳定的同位素：^3He 和 ^4He。^3He 是原始地球形成时宇宙星云中反应的产物，主要赋存在地幔中，即地幔氦是地球上 ^3He 的主要来源；^4He 是放射性成因的，是由铀和钍蜕变形成，主要来自于壳源含铀、钍的岩石和矿物。$^3He/^4He$ 比值(R)的高低反映其成因，低值与大陆地壳放射性成因的氦有关，表明区域内缺乏岩浆活动和构造活动，而高值与幔源氦有关。

天然气中氦的来源有 3 种：大气、壳源成因和幔源成因。地下水与大气平衡，有相同的惰性气体同位素丰度，其同位素丰度与壳源放射成因的和幔源成因的具有显著差异(Ballentine et al., 1996)。大气氦的 $^3He/^4He$ 比值(Ra)为$(1.39\sim1.4)\times10^{-6}$；上地幔成因氦的 $^3He/^4He$ 的正常值为$(1.1\sim1.4)\times10^{-5}$；地壳中放射性成因氦的 $^3He/^4He$ 随岩石类型不同有很大变化，值域为 $10^{-7}\sim10^{-9}$，其典型值为$(1\sim3)\times10^{-8}$。Jenden (1993)指出当 R/Ra>0.1 时可指示有幔源氦的存在。戴金星等(2008)系统研究了中国东部裂谷型含油气盆地(渤海湾盆地、松辽盆地、苏北盆地、莺-琼盆地、珠江口盆地和东海盆地)大量井 R/Ra 值与 $\delta^{13}C_1<\delta^{13}C_2<\delta^{13}C_3<\delta^{13}C_4$ 及 $\delta^{13}C_1>\delta^{13}C_2>\delta^{13}C_3>\delta^{13}C_4$ 关系，发现 R/Ra>0.5，$\delta^{13}C_1-\delta^{13}C_2>0$ 时烷烃气才是无机成因的；R/Ra>0.5，甚至达到 8.8，$\delta^{13}C_1-\delta^{13}C_2<0$ 时，烷烃气均是有机成因的。由此得出结论：单独以 R/Ra 值判断烷烃气成因的是困难的，只有把 R/Ra 与 $\delta^{13}C_1-\delta^{13}C_2$ 组合配套应用时，才能正确判断烷烃气成因。

$CH_4/^3He$ 比值也被用于研究烷烃气的成因(Dai et al., 2005; Jenden et al., 1993; Giggenbach, 1995; Lyon et al., 1996)。来自东太平洋海隆和大西洋中脊的热

液流体中 $CH_4/^3He$ 比值分别是(1.4～1.7)×10^6 和 2.4×10^6，并认为是幔源的(Jean-Baptiste et al.，1991；Welhan & Craig，1983)。戴金星等(2008)综合世界许多地区 $CH_4/^3He$、$\delta^{13}C_1$ 值和 $\delta^{13}C_1<\delta^{13}C_2<\delta^{13}C_3<\delta^{13}C_4$ 的组合关系，得出当 $CH_4/^3He$ 比值 ≤10^6 时，是无机成因烷烃气甲烷；$CH_4/^3He$≥10^{11} 是有机成因烷烃气。

此外，许多学者(Welhan & Craig，1979；Sano et al.，1985；Des Marais et al.，1981；戴金星等，1997，2004)曾研究指出：当 $CH_4/^3He$ 为 10^5 至 10^7 量级，$\delta^{13}C_1$>－30‰，R/Ra>1 时，甲烷为幔源型无机成因。

2. CO_2 气的成因鉴别

目前，对于 CO_2 成因的判识是基于碳同位素的统计分类，同时还结合其他相关的参数进行分析判断，包括 CO_2 丰度，碳、氦、氩同位素，$CO_2/^3He$ 比率，伴生烷烃气体成因等，并编制了相应的判别图解。$\delta^{13}C_{CO_2}$、伴生甲烷同系物的碳同位素系列两个指标可以有效的区分有机和无机成因两大类的 CO_2。因平均幔源碳的同位素 $\delta^{13}C$ 和总体地壳碳同位素 $\delta^{13}C$ 具有很大的重叠范围(－3‰～－8‰ PDB)，难以通过碳同位素特征区分其来源(Lollar et al.，1997)。地幔、地壳、大气等不同的地球化学储库中的稀有气体含量和同位素组成差异显著，因此碳同位素值与惰性气体同位素联合解析，能够更好地确定 CO_2 的来源。

(1) CO_2 浓度和碳同位素值

唐忠驭(1980)在三水盆地 CO_2 成因研究中，统计了达到工业品位各种成因来源的天然气样品中 CO_2 气的百分含量：有机成因的 CO_2 含量上限值为 0.03%～15.93%，壳源 CO_2 含量下限值为 3.65%～47.53%，幔源气 CO_2 含量的上限值为 52.24%～93.47%。这组数据虽然区间交叉较大，但有一定的参考价值。据国内外 CO_2 气藏和气苗中 CO_2 含量统计结果，无机成因 CO_2 气藏中 CO_2 所占百分含量一般都很高(50%～100%)。

在自然界天然物质中碳同位素的分布情况(Wycherley et al.，1999；郑永飞和陈江峰，2000)已十分清楚，二氧化碳碳同位素($\delta^{13}C_{CO_2}$)是一种鉴别有机成因和无机成因 CO_2 的有效指标。有机源 CO_2 的 $\delta^{13}C$ 值小于－9‰，而以幔源岩浆为母源的 CO_2 的 $\delta^{13}C$ 值主要分布在－4‰～－8‰，而由碳酸盐岩受热分解产生的 CO_2 由于继承母源的碳同位素组成，$\delta^{13}C$ 值一般多为－3.5‰～3.5‰(Pankina，1978)。戴金星等(Dai et al.，1996；戴金星等，1997，2001)综合大量有关 $\delta^{13}C_{CO_2}$ 的研究归总为：有机成因 CO_2 比无机成因 CO_2 轻；有机成因的 $\delta^{13}C_{CO_2}$ 值<－10‰，主要在－10‰～－30‰区间，无机成因的 $\delta^{13}C_{CO_2}$ 值>－8‰，主要在－8‰～＋3‰区间；在无机成因 CO_2 中，碳酸盐变质成因 CO_2 的 $\delta^{13}C_{CO_2}$ 值接近于碳酸盐的 $\delta^{13}C$ 值，在 0±3‰，岩浆-幔源成因的 CO_2 的 $\delta^{13}C_{CO_2}$ 值大多在－6‰±2‰。

根据中国不同成因的 212 个气样的 CO_2 含量及对应 $\delta^{13}C_{CO_2}$ 值，同时还利用了澳大利亚、泰国、新西兰、菲律宾、加拿大、日本和俄罗斯各种成因 100 多个样品的二氧

化碳含量及对应 $\delta^{13}C_{CO_2}$ 值资料，编绘了不同成因 CO_2 鉴别图（戴金星，1992a；戴金星等，1997）（图 1.9）。其中，Ⅰ区为有机成因 CO_2，Ⅱ区为无机成因 CO_2，Ⅲ区为有机成因和无机成因 CO_2 共存区，Ⅳ区为有机成因和无机成因 CO_2 混合气区。在气组分中，当 CO_2 含量达 60％或更高，该 CO_2 是无机成因的；多数情况下，CO_2 含量＜15％，该 CO_2 是有机成因的；在 $\delta^{13}C_{CO_2}$ 值上，当 $\delta^{13}C_{CO_2}>-8‰$，该 CO_2 为无机成因的，当 $\delta^{13}C_{CO_2}$ 值 $<-10‰$，该 CO_2 为有机成因的，而 $-10‰<\delta^{13}C_{CO_2}<-8‰$ 的是有机成因气、无机成因气、有机成因和无机成因混合气的共存区。该鉴别图编制以来，中国发现了大量有机成因和无机成因的 CO_2，取得的数据应用与该鉴别图吻合度很好。

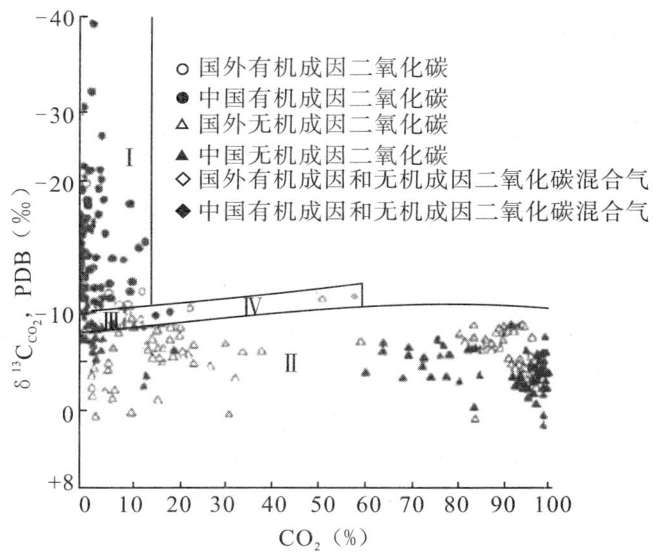

Ⅰ:有机成因二氧化碳区；Ⅱ:无机成因二氧化碳区；
Ⅲ:有机成因与无机成因二氧化碳共存区；
Ⅳ:无机成因和有机成因二氧化碳混合气

图 1.9　有机与无机成因二氧化碳的鉴别图（据戴金星等，1997）

伴生烷烃气的成因也可间接说明 CO_2 气的成因，有机成因烷烃气具有正碳同位素系列，无机成因烷烃气般具有负碳同位素系列。但是生物有机质生成的烷烃同系物也可形成次生型负碳同位素特征。此外，McCollom 和 Seewald（2006）实验研究证实，在热液条件下无机合成的有机物亏损 ^{13}C，亏损程度接近典型的有机成因。因此，仅仅依靠碳同位素特征，有时不能有效地区分有机和无机成因气。

（2）伴生惰性气体同位素比值

除 CH_4 及其同系物、CO_2 的碳同位素组成特征可作为判别标志以外，与其伴生的稀有气体同位素同样具有其成因特性。地幔、地壳、大气等不同的地球化学储库中的稀有气体含量和同位素组成差异显著，因此碳同位素值与惰性气体同位素联合解析，能够更好地的确定 CO_2 的来源。经常使用的伴生惰性气体是 He，此外，

$^{40}Ar/^{36}Ar$及$^{20}Ne/^{22}Ne$也已有应用。

廖永胜等(2001)应用碳、氦、氩同位素探讨济阳坳陷二氧化碳气成因时认为，幔源为主无机型$^{40}Ar/^{36}Ar$为770～2 000，无机、有机混合型$^{40}Ar/^{36}Ar$为292～2 790，有机为主型$^{40}Ar/^{36}Ar$为249～529。

(3) $CO_2/^3He$比值

因平均幔源碳的同位素$\delta^{13}C$和总体地壳碳同位素$\delta^{13}C$具有很大的重叠范围(−3‰～−8‰ PDB)，难以通过碳同位素特征区分其来源。同时，CO_2又是活性气体，易于在地壳中转化成其他物质而损失，或者被地壳中生成的大量CO_2所混合及稀释。对此，一些学者试图寻找幔源稀有气体与幔源挥发分的主要成分CO_2之间的联系，来标定幔源碳的通量及其在地壳中可能发生的一些变化。

Marty和Jambon(1987)最先注意到，全球范围内洋中脊玄武岩中玄武岩玻璃和气泡中的气体成分具有基本一致的$CO_2/^3He$比率(CO_2与^3He的摩尔数比)，在10^9数量级上为常数(约2×10^9)。他们认为，此稳定的$CO_2/^3He$比率反映的是通过洋中脊释放的幔源气体的成分特征，并且该比率并非是MORB岩浆活动造成的，2×10^9可以代表全球范围内上地幔中生成的原始岩浆所具有的CO_2与^3He的关系。MORB气体的$CO_2/^3He$比率$(2\sim7)\times10^9$(许多等，1999)，洋岛地幔岩石包体(Trull et al.，1993)和大陆地区地幔岩石包体(Porcelli et al.，1992)研究发现其$CO_2/^3He$与MORB处于同一值域内。岛弧地区70余个$^3He/4He$大于7×10^{-6}的火山气体资料表明，其$CO_2/^3He$为$(3\sim130)\times10^9$，平均高达20×10^9(Marty和Jambon，1987)。新西兰地区是印澳-太平洋板块汇聚边界的一部分，Giggenbach(1993)对该区140多个火山射气和地下泉水中的气体成分和He同位素组成的分析，详细讨论了俯冲带地区不同构造环境下的地幔脱气，结果表明，在现代岛弧火山活动区，其$CO_2/^3He$高达40×10^9，但是随着远离岛弧火山活动区以及向弧后地壳拉张减薄构造活动区的逐步接近，气体样品的$CO_2/^3He$比率逐步减小，在远离岛弧并完全由地壳拉张减薄作用所控制的构造活动区域，其火山气体的$CO_2/^3He$比率为$2\times10^9\sim9\times10^9$。这些研究表明，陆壳拉张地区释放的幔源气体，具有与通过大洋中脊体系释放的幔源气体一致的$CO_2/^3He$比，$CO_2/^3He$比率能够为幔源气体的鉴别提供很好的约束条件。

三、松辽盆地深层天然气成因鉴别

松辽盆地主要是中生代中晚期发育起来的大型含油气陆相沉积盆地，位于东经119°84′～128°24′与北纬42°25′～49°23′之间，总面积约26×10^4 km^2。盆地内部地势平坦，四周为山地所环绕(图1.10)，西侧为大兴安岭，北部和东部是小兴安岭、张广才岭和老爷岭。在本书中，松辽盆地深层指泉一段、泉二段以及以下地层(表1.2，表1.3)。松辽盆地深层天然气的勘探始于20世纪70年代末，已发现丰富的天然气资源，特别是在徐家围子断陷区，萧德铭等(2001)指出以有机成因煤成气为主，兼有无机成因气。王先彬等(2009)指出松辽盆地徐家围子断陷和莺山-庙台子断陷的 26 口商业天然气井具非生物成因特征，储量超过 $500\times10^8\ m^3$。倪云燕等(2009)利用各种图版和多项判别指标分析徐家围子断陷内天然气成因类型，指出徐家围子断陷内存在煤成气、油型气、无机成因气以及混合气；在昌德和兴城地区存在无机成因烷烃气；利用混源模拟计算方法计算发现无机成因烷烃气贡献率可达 80%以上。已发现的无机 CO_2 和无机烷烃气均被认为是幔源成因的(Li et al.，2004；付晓飞和宋岩，2005；郭占谦等，1997a；候启军和杨玉峰，2002；杨玉峰等，2000)，与深大断裂有着密切的关系(图 1.10)。

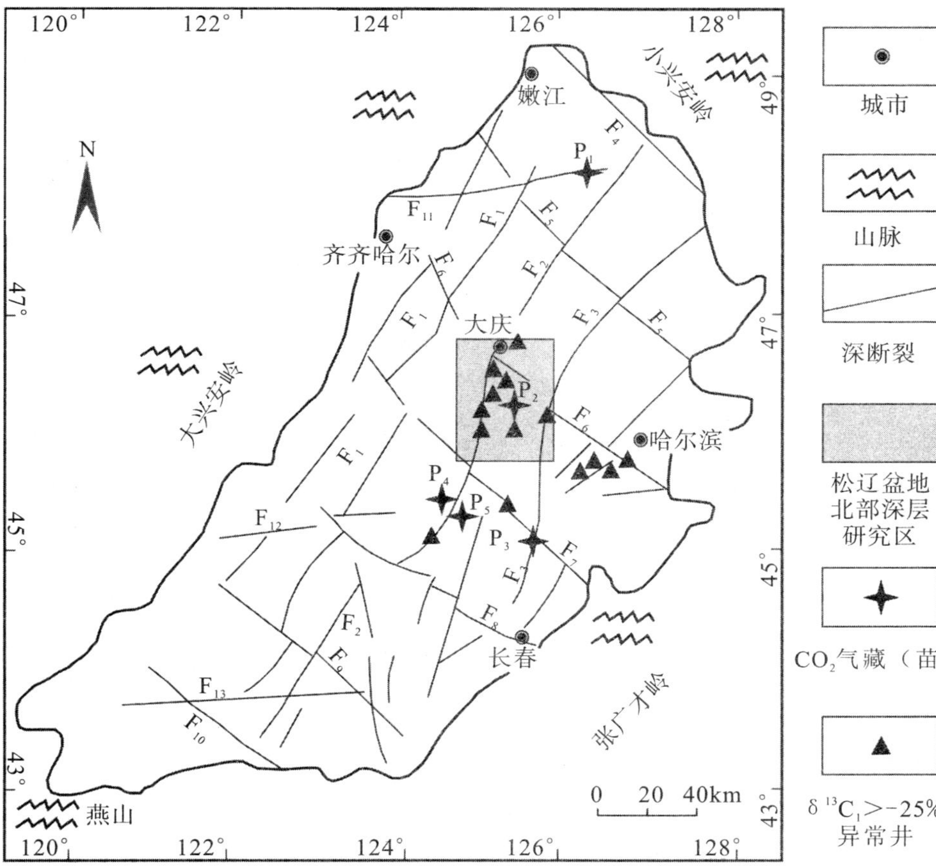

图 1.10　松辽盆地无机成因气和深大断裂分布图(据付晓飞等，2005 修改)

注：F_1：嫩江断裂带；F_2：孙吴－双辽断裂带；F_3：哈尔滨－四平断裂带；F_4：加格达奇－鸡西断裂；F_5：讷河绥化断裂；F_6：滨州断裂；F_7：扎赉特－吉林断裂；F_8：科右前旗－伊通断裂；F_9：突泉－四平断裂；F_{10}：扎鲁特－开原断裂；F_{11}：讷莫尔河断裂；F_{12}：哈拉木图断裂；F_{13}：西拉木伦断裂；F_{14}：康平－通榆断裂。P_1：五大连池 CO_2 气苗；P_2：昌德东 CO_2 气藏；P_3：万金塔 CO_2 气藏；P_4：红岗 CO_2 气藏；P_5：乾安 CO_2 气藏。

表 1.2　松辽盆地地层岩性简表（据大庆油田科学研究设计院资料汇编）

统	组		厚度(m)	岩性描述	沉积相	水体环境
第四系	Q		0～143	粘土、砂砾层和喷发的玄武岩层	洪积相	
新近系	泰康	Nt	0～165	黄、灰绿色泥岩，砂砾层		
	大安	Nd	0～123	灰色泥岩、页岩，砂砾层		
古近系	依安	Ey	0～260	灰绿色泥岩、粉砂岩，砂砾岩，夹煤层		
上白垩统	明水	K_2m	0～529	灰绿、棕红色泥岩和砂岩	滨浅湖-河流相	淡水
	四方台	K_2s	0～413	棕红色杂色砂泥岩，夹红色砂岩、砂砾岩		
	嫩江	K_2n	120～1 220	上部灰绿、灰黑色泥岩和砂岩互层；下部灰黑色泥岩、页岩，少量油页岩	深湖相	半咸水
	姚家	K_2y	23～210	灰绿、棕红色泥岩和砂岩为主	滨浅湖相	微咸水
	青山口	K_2q^n	78～615	灰黑色泥岩、页岩，夹少量砂岩	三角洲相	半咸水
下白垩统	泉头	K_1q	0～1 437	褐色、紫红色泥岩与灰色砂岩互层	河流泛滥相	微咸水
	登娄库	K_1d	0～1 547	灰褐、灰黑色泥岩，杂灰色砂岩，含砾岩	河流相	淡水
	营城	K_1y	100～1 200	中酸性火山岩、火山碎屑岩及其他沉积岩	河流沼泽相	淡水
	沙河子	K_1sh	150～1 150	灰黑色泥页岩夹砂砾岩及凝灰质岩系		
上侏罗统	火石岭	J_3h	0～1 000	中酸性火山岩、凝灰岩为主	喷发相	淡水

表 1.3　松辽盆地北部深层地层综合柱状图(参阅大庆油田等资料综合编制)

地层		厚度（m）	段	岩性剖面	岩性
	泉头组	400-600	K_1q^2		泥岩夹薄层砂岩
			K_1q^4		中上部泥岩夹薄层砂岩，底部中-薄层砂岩夹泥岩
下白垩统（K_1）	登娄库组	400-600	K_1d^4		厚层泥岩夹中-薄层砂岩
			K_1d^3		厚层砂岩夹薄层泥岩
			K_1d^2		厚层泥岩夹薄层泥岩
			K_1d^1		厚层砾岩夹火山岩
	营城组	100-1 200	K_1y^4		凝灰质砾岩夹泥岩
			K_1y^3		中、基性火山岩夹酸性火山岩
			K_1y^2		凝灰质砾岩、砂岩和泥岩互层
			K_1y^1		厚层流纹岩和英安岩
	沙河子组	150-1 150	K_1s^2		泥岩和砂岩互层，含煤层
			K_1s^1		厚层砾质砂岩夹泥岩和煤层
侏罗系（J_3）	火石岭组	0-1 000	J_3h		厚层中基性火山岩夹砾岩、泥岩
古生界和前寒武系基底					板岩，千枚岩，片麻岩，碳酸盐岩，花岗岩等

整合　平行不整合　角度不整合　火山岩

泥岩　砂岩　煤　砾岩

花岗岩　碳酸盐岩　板岩和千枚岩　片麻岩

1. 有机成因气

松辽盆地北部深层可划分为沙河子组、营城组-登二段和登二段-泉一、泉二段及沙河子组、营城组-泉一、泉二段3个含气系统(付广和康德江,2006),其气源岩主要是火石岭组、沙河子组上段和下段和营城组的四套河流沼泽与湖沼相煤系沉积(戴金星,2005)。在松辽盆地深层已发现了煤成气,例如汪家屯气田泉一、登三、登四段煤成气(谯汉生等,2002)、升平气田的煤成气等,同时也发现许多井的烷烃气具有煤成气和无机成因烷烃气混合的特征(表1.4)。

表1.4　松辽盆地煤成气和无机成因气形成的混合气(据戴金星,2005)

井号	层位	$\delta^{13}C_1$(‰)	$\delta^{13}C_2$(‰)	$\delta^{13}C_3$(‰)	$\delta^{13}C_4$(‰)
肇深1	基岩	−25.59	−31.39	−28.74	−31.31
升61	K_1q^{3-4}	−28.69	−24.80	−27.08	−24.2
升66	K_1q^4	−27.88	−24.33	−24.01	−27.34
五深1	K_1d	−28.10	−28.11	−27.11	−28.83
四深1	K_1d	−28.10	−34.37	−34.08	−33.45
芳深7	3 482.0～3 380.2	−28.72	−31.32	−31.92	−29.46

2. 无机成因烷烃气

昌德气藏是目前世界上发现唯有充分地球化学依据的以产烷烃气为主的无机成因气藏(戴金星,2000,2002,2005)。该气藏位于黑龙江省大庆市大同区大青山乡青山村和安达市昌德乡薛海田屯一带,在松辽盆地徐家围子断陷西缘安达肇州背斜带中部的昌德-大青山构造。昌德-大青山构造是在变质岩基底隆起上发育起来的背斜(图1.11),该构造上有17条近南北及北东向断层(高瑞祺和冯子辉,1993),断层断距上小下大,向上消失于泉头组(K_1q)泥岩段中,对圈闭不构成破坏作用,断距50～100 m,但向下断距增大,在基岩面断距可达500 m以上。大青山背斜的芳深1、芳深2、芳深3、芳深4、芳深5井三个岩性构造气藏统称为昌德气田,其中芳深1和芳深2井称为昌德气藏。该气藏主要储层为登娄库组三、四段(K_1d^{3-4})河流相中砂岩和砂砾岩,横向延展较差;储层总厚130 m左右,单层厚35 m;气层厚19～26 m,埋深2 700～3 100 m,气层温度121 ℃～132.8 ℃。芳深1、芳深2和芳深4井区域盖层为泉头组(K_1q)下部稳定泥岩及登娄库组(K_1d)上部泥岩和致密砂岩层。

由于芳深1井、芳深2井具有负碳同位素系列特征(表1.4),而且所有$\delta^{13}C_1$均很重,从−16.4‰至−22.51‰,故许多学者认为昌德气藏烷烃气为无机成因的(Welhan & Craig,1979;戴金星等,2004;郭占谦和王先彬,1994;郭占谦等,1997a,1997b;郭占谦和彭威,1999)。但芳深2井$\delta^{13}C_{CO_2}$值−19.15‰(表1.5)具有有机成因特征，故昌德气藏不是纯无机成因的天然气。另外两个岩性构造气藏均具有无机和有机成因的甲烷混合气特征，戴金星等(2004)解释如下：对于芳深3和芳深4井岩性构造气藏，虽芳深4井基岩 $\delta^{13}C_1$ 值$-20.88‰$是无机成因的，但产于登娄库组二、三、四段气藏中 $\delta^{13}C_1$ 值$-30.51‰$和$-30.75‰$稍小于无机成因甲烷界限值$-30‰$，该气藏具有基岩无机成因甲烷和登娄库组二段烃源岩生成的有机成因甲烷的混合气的特征，这两种气是通过断裂向上运移混合的(图1.11)；芳深5井底部登娄库组二段(K_1d^2)天然气 $\delta^{13}C_1$ 值为$-27.54‰$，具有基岩无机成因甲烷迹象，但登娄库组三、四段天然气 $\delta^{13}C_1$ 值为34.40‰和36.10‰，表现有机成因气为主的特征，因为其与芳深3、芳深4井气藏相比，不仅有登二段源岩供给气，还有侏罗系源岩供应的气，即有有机成因双气源供气(图1.11)，因此，该气藏是以有机成因烷烃气为主。

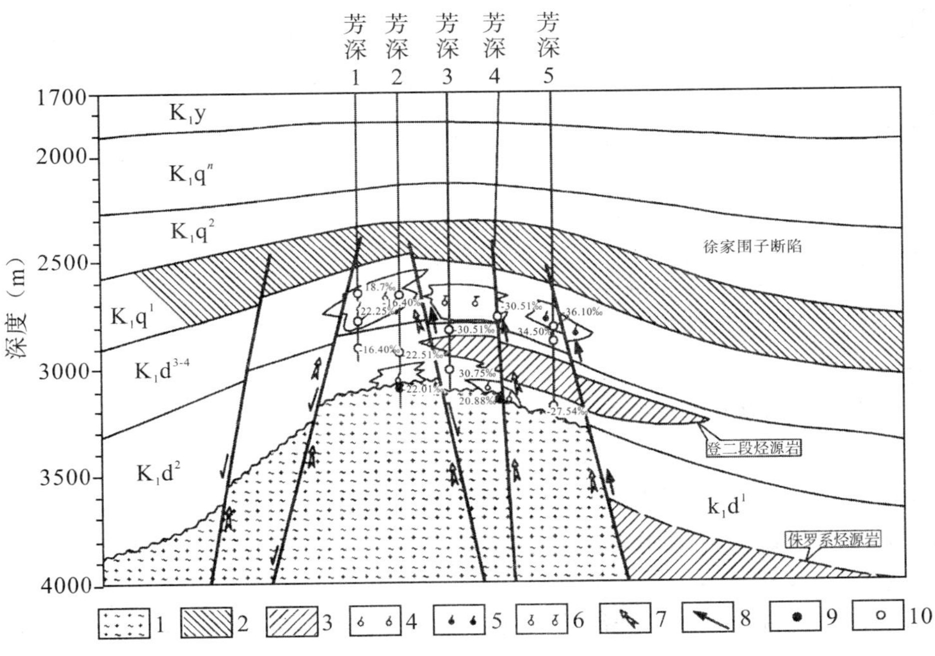

图1.11　昌德地区天然气运移聚集模式示意图(据戴金星，2005)

注：1：变质岩基底；2：泥岩盖层；3：烃源岩；4：无机成因为主气藏；5：有机成因为主气藏；6：有机成因和无机成因混合气藏；7：无机成因气运移方向；8：有机成因气运移方向；9：基岩中 $\delta^{13}C_1$ 值；10：登娄库组(K_1d)$\delta^{13}C_1$ 值

3. 无机成因 CO_2 气

松辽盆地目前发现4个 CO_2 气田(藏)(表1.6)，其中万金塔气田和农安村气藏属于深层气。

(1) 万金塔气田

万金塔气田位于吉林省农安县万金塔乡伊通畔，在松辽盆地德惠凹陷西缘。气田是古生界变质岩基础上的断块短轴背斜控制的多气藏的 CO_2 气田(图 1.12)。主要气藏位于下白垩统泉头组一、二、三段粉砂岩和细砂岩中，埋深分别为 1 069～1 072 m、948～1 009.8 m 和 774.5～843.8 m，泉三段为主要产层。气田盖层为泉三段上部和泉四段厚 150～200 m 的泥岩。气田储量在 $30\times10^8\ m^3$ 以上(陈荣书，1988)，已有 20 多年开采史，目前还在开发中。

表 1.5 昌德气藏天然气地球化学参数

井号	层位	井深(m)	气体主要成分(%)						$\delta^{13}C$(‰,PDB)					文献
			CH_4	C_2H_6	C_3H_8	C_4H_{10}	CO_2	N_2	$\delta^{13}C_1$	$\delta^{13}C_2$	$\delta^{13}C_3$	$\delta^{13}C_4$	$\delta^{13}C_{CO_2}$	
芳深1	K_1d^3	2 926.2～2 946.0	91.56	1.45	0.15	0.03	0.39	6.36	−18.63	−23.22			19.15	戴金星，1992
芳深1		2 317.0～2 869.0							−18.7	−22.4	−24.1	−28.2		郭占谦等，1997a，1999
芳深2	K_1d								−18.90	−19.90	−34.10			郭占谦等，1994
芳深2	K_1d	2 991.0～3 038.4							−16.7	−19.2	−24.3			郭占谦等，1999
芳深2	K_1d	2 309～3 105	93.87						−16.7	−19.2	−24.3			杨玉峰等，2000

万金塔气田各气藏的天然气中 CO_2 含量从 57.79% 至 99.77%，一般 CO_2 含量大于 90%(表 1.6)，是个典型的 CO_2 气田。由于 $\delta^{13}C_{CO_2}$ 值为 −4.04‰ 至 −8.83‰，平均值为 −5.35‰，处于岩浆幔源成因的 $\delta^{13}C_{CO_2}$ 值 −6‰±2‰ 范围值内，同时从与 CO_2 伴生的氦气 R/R_a 为 3.34 至 4.96，说明有高含量幔源氦(^3He)，进一步说明 CO_2 为岩浆-幔源成因。万 2 井和万 5 井从深层向浅层天然气中 CO_2 含量由高变低(表 1.6)，也说明气源是从深部来的。但各气层中烷烃气(主要是甲烷)的含量从 0.13% 至 34.56%，一般小于 10%，因为 $\delta^{13}C_1$ 值为 −38.66‰ 至 −45.37‰，轻于 −30‰ 的界限值，所以甲烷均为有机成因，并具有油型气的特征。岩浆-幔源成因的二氧化碳气中存在少量有机成因烷烃气，这是因为 CO_2 从深部向上运移进入沉积岩过程中，掺混了生油岩生成的有机成因的烷烃气所致。

万金塔地区在晚侏罗世处于火山口附近，这在地震剖面上特征明显，而且由万 1 井取心见 1.6 m 辉绿岩和玄武岩，万 5 井至少有三次火山活动的产物玄武岩、凝灰岩和角砾凝灰岩。现在下白垩统泉头组气藏，是由火山口附近来源的岩浆幔源的 CO_2 聚集在上侏罗统的原生 CO_2 气藏(图 1.12)，因晚侏罗世的构造运动影响，使

表 1.6 松辽盆地无机成因二氧化碳气藏(田)天然气的地球化学参数

气藏(田)	井号	深度(m)	层位	组分含量(%)					$\delta^{13}C$(‰,PDB)					氦同位素		$CO_2/^3He$	文献
				CO_2	CH_4	C_2^+	N_2	He	$\delta^{13}C_{CO_2}$	$\delta^{13}C_1$	$\delta^{13}C_2$	$\delta^{13}C_3$	$\delta^{13}C_4$	$^3He/^4He$	R/Ra		
万金塔	万 2	785	K_1q^3	57.79	34.56	0.45	6.67										戴金星等,1995
	万 2	778～809	K_1q^3	69.51	27.53	0.45	2.50										戴金星等,1995
	万 2	838.8～863.4	K_1q^3	99.02	0.61	0.37	−4.04							$(6.87\pm0.22)\times10^{-6}$	4.91		戴金星等,1995
	万 4	774.5～788.5	K_1q^3	89.92	9.69	0.39			−8.83	−45.37							戴金星等,1995
	万 5	740	K_1q^3	93.43	3.74		2.67		−4.95	−38.66				$(4.67\pm0.08)\times10^{-6}$	3.34		戴金星等,1995
	万 5	939～952	K_1q^3	97.95	0.13	2.12											戴金星等,1995
	万 5	1 011～1 072	K_1q^{2+1}	99.48	0.52				−4.60	−42.07							戴金星等,1995
	万 6	603	K_1q^3	99.77	1.39		0.77	−4.31	−40.14					$(6.94\pm0.20)\times10^{-6}$	4.96		戴金星等,1995
孤店	孤 12		K_1q^4	81.05	5.05	0.68	13.19		−5.74	−43.70				$(4.53\pm0.13)\times10-6$	3.24		戴金星等,1995
	孤 9	1 572.4～1 580.2	K_1q^4	97.05	2.65	0.20			−8.44	−43.97				$(4.51\pm0.14)\times10-6$	3.22		戴金星等,1995
乾安	乾深 10	2 176.2～2 185.2	K_1q^4	97.05	0.99	0.20	16.16		−3.73					$(4.43\pm0.08)\times10^{-6}$	3.16		戴金星等,1995
农安村	芳深 9	3 602～3 620	K_1ych	80.73	9.61	0.14	0.49	0.012	−4.06	−27.45	−32.11			3.9×10^{-6}		1.91×10^9	霍秋立等,1998
	芳深 9	3 602～3 623	K_1ych	88.67	10.93	0.16	0.22		−5.46	−27.25				4.5×10^{-6}	3.21	1.93×10^9	霍秋立等,1998
	芳深 9		K_1ych	84.20	15.11	0.23	0.45	−5.46	−23.77	−30.05	−30.50	−32.98					冯子辉等,2003
	芳深 9		K_1ych	84.20	15.11	0.23	2.435		−4.06	−27.11	−30.05	−30.52	−32.98		3.00		杨玉峰等,2000
	芳深 9	K_1ych	90.38	9.37	0.15	0.09		−5.46	−27.25								庞庆山等,2002
	芳深 7	3 380.2～3 482.0	K_1ych	39.95	57.68	1.24	1.07	0.006		−28.75	−31.32	−31.92	−29.46				霍秋立等,1998
	芳深 701	3 575.8～3 602.0	K_1ych	45.20	53.35	0.66	0.56	0.120									冯子辉等,2001
	芳深 6	2 755.4～3 409.1	K_1ych	15.32	81.79	1.43	1.36	0.007	−6.61	−23.6	−29.32						霍秋立等,1998
	芳深 6	2 755～3 409	K_1ych	6.61	89.73	2.32	1.21	0.03	−6.61	−23.60	−29.32						冯子辉等,2003

原生CO_2气藏遭受破坏，沿断裂向上运移聚集二次成藏的产物（宋岩，1991；戴金星等，1997）。

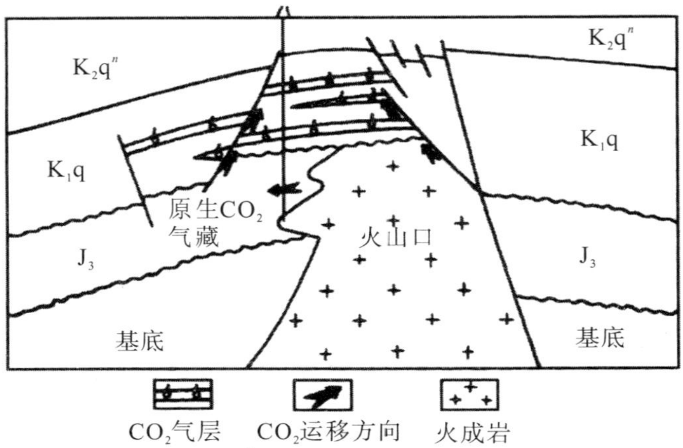

图 1.12 万金塔气田横剖面（据戴金星等，2005）

（2）昌德东气藏

昌德东气藏（又称为农安村气藏）位于黑龙江省肇州县榆树乡农安村孙家围子屯一带，在徐家围子断陷边界断裂附近，沿该断裂火山岩十分发育。该气藏属于地层超覆型气藏（图 1.13），其以登一段和营城组为主要储集层，天然气主要产于下白垩统营城组的凝灰岩和酸性溢流相流纹岩中，厚度 10～45 m，火山岩体呈纺锤形分布，边界与断层平行，最厚处（厚度超过 45 m）位于芳深 9 井以东；气藏的区域盖层为登二段（K_1d^2）暗色泥岩，砂岩总体上不发育，泥地比大于 70%。

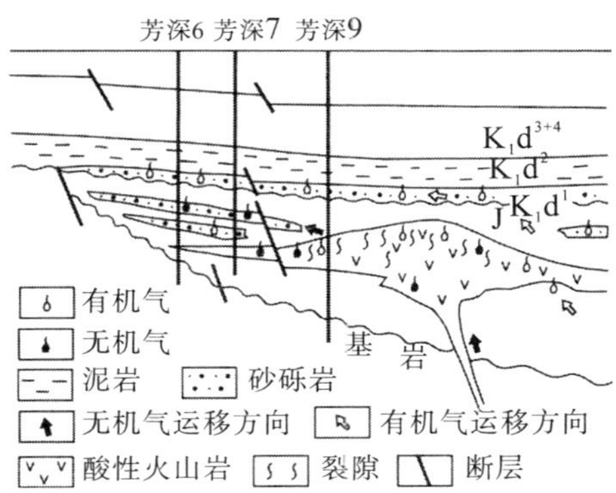

图 1.13 昌德东气藏横剖面示意图（据霍秋立等，1998）

昌德东CO_2气藏包括芳深 9 井、芳深 7 井、芳深 701 井和芳深 6 井（谯汉生，2002；霍秋立，1998；庞庆山，2002），只有芳深 9 井CO_2含量大于CO_2气藏标准

(60%)，是 CO_2 气层或气藏。由于该井位于肇州县榆树乡农安村带，故亦称为农安村气藏(田)。

昌德东气藏中芳深 9 井天然气中的 CO_2 含量最高(89%～90%)，其次为芳深 7 井(39%)和芳深 6 井(13%)。芳深 9 井的伴生气体中，烃类气体主要为甲烷(9.3%～9.6%)，含少量重烃气(0.15%)，非烃气中 N_2(0.49%)和 He(0.01%)的含量不高。芳深 9 井 CO_2 显然具有无机成因特征。

昌德东气藏 CO_2 的碳同位素值为−4.06‰～−6.61‰，在岩浆幔源 $\delta^{13}C_{CO_2}$ 值 −6±2‰范围内，重于松辽盆地油型气（−11.45‰～−21.65‰），亦明显重于我国有机成因气(−8‰～−39‰)(霍秋立等，1998)。将数据投影到 CO_2 组分含量及其碳同位素值双因素图(图 1.14)上，可见芳深 9 井、芳深 6 井均落于无机成因区。芳深 9 井伴生烃类同系物的碳同位素呈倒序排列(表 1.6)，具有无机成因气负碳同位素系列的特征。

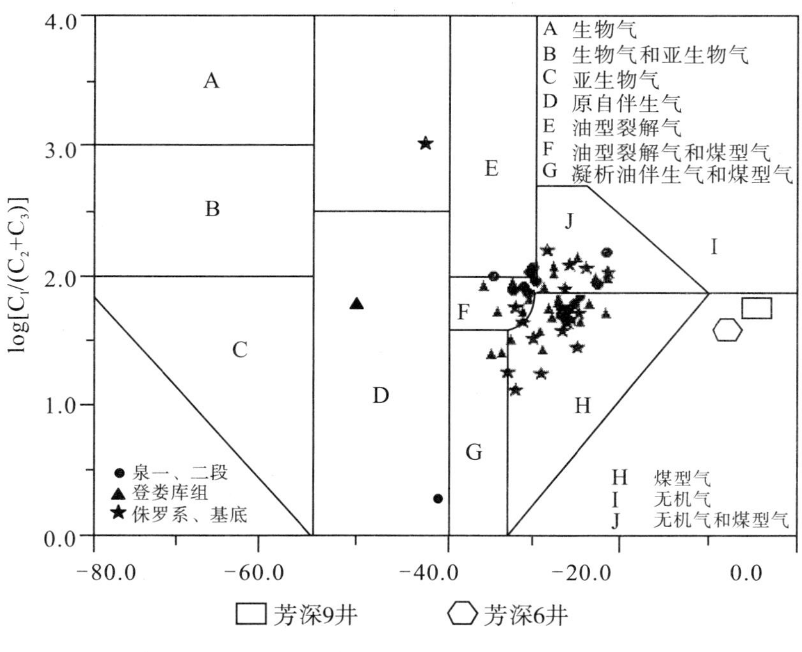

图 1.14　昌德东 CO_2 气藏伴生烃类含量和 $\delta^{13}C_{CH_4}$ 双因素图(据戴金星图版编制)

芳深 9 井天然气的 $^3He/^4He$ 值为 3.9×10^{-6} 和 4.5×10^{-6}，介于幔源与壳源之间。与松辽盆地南部万金塔气藏(6.8×10^{-6})、济阳坳陷火山幔源型 CO_2 气藏(3.55×10^{-6}～4.49×10^{-6})、云南腾冲幔源温泉气(4.72×10^{-6}～6.29×10^{-6})、五大连池火山群幔源泉水气(4.17×10^{-6})具有很好的一致性(霍秋立等，1998)。用二元复合模式估算芳深 9 井中壳源和幔源的所占份额，幔源氦混入量可达 34.89%(杨玉峰等，2000)。由此可断定昌德东气藏中 CO_2 以幔源-岩浆成因气为主。

芳深 9 井的 $CO_2/^3He$ 为 1.9×10^9。依据现代岛弧火山活动区 $CO_2/^3He$ 特征(Giggenbach,1993),昌德东气藏中 CO_2 气应该是上地幔脱气造成的,而且应该生成于远离岛弧火山活动区的构造活动区域中。

从 CO_2 的组分含量、碳同位素值($\delta^{13}C_{CO_2}$)、伴生惰性气体 $^3He/^4He$ 比、伴生甲烷同系物的碳同位素排列顺序、$CO_2/^3He$ 比等方面分析,昌德东 CO_2 气藏中 CO_2 气是幔源-岩浆成因的,应该生成于远离岛弧火山活动区的构造活动区域中。

第二章　CO_2脱气作用

CO_2的生排气作用很多，可归为内生动力作用和外生动力作用两种基本类型。内生动力作用主要包括：地幔作用、壳幔交互作用、火山岩浆作用、构造作用、变质作用等，如降压导致地幔上隆和岩浆上侵的脱排气地质作用，岩浆热交代变质和断裂热动力变质的生排气作用；外生动力作用主要指作用沉积作用、成岩作用中流体和矿物的反应，以及沉积有机质热解、降解、裂解、氧化的生排气作用等。

目前研究较多的有：地幔上隆和岩浆上侵脱气作用、接触变质脱气作用、断裂变质脱气作用、有机质降解氧化脱气作用。

第一节　地幔和岩浆脱气作用

一、地幔和岩浆脱气模式

岩浆是富含挥发分的高温高压流体，沿地壳薄弱处上升形成侵入岩、火山岩。这个过程中，随温度和压力的降低，而产生剧烈的脱CO_2作用。在各种岩浆、火山气体、温泉中，以及各类岩浆岩包裹体里都含有大量CO_2。在火山气体中CO_2含量仅次于水蒸气。例如，夏威夷夏基拉韦火山喷气中CO_2气含量达24%，从扎伊尔、西印度群岛、大洋洲、日本等火山喷气资料看，CO_2气含量也普遍高于10%，仅次于水蒸气（裘松余，1992）。一些现代火山喷出大量CO_2，如科托帕克西火山每年析出CO_2达10×10^8 m^3（维索茨基，1986）。中国一些火山期后的温泉中含有大量的CO_2，如云南省腾冲县澡塘河火山期后的沸泉和温泉中、黑龙江省五大连池科研泉和翻花泉中，以及吉林省长白山温泉中都有高含CO_2的天然气（戴金星等，1997）。对东南太平洋隆起区发现的巨大CH_4异常区的研究（McNutt & Judge，1990）表明，地幔流体目前仍以很高的速率从地球深部排出。此外，火山岩浆活动将提高盆地古今地温、热流值，促使接触带内的CO_2母源物质发生热化学作用而脱排CO_2气。

上地幔岩浆进入地壳的脱气作用有两种方式（朱岳年和吴新年，1994）：其一，是沿地壳张性深大断裂或裂谷带，在较高温度、较高氧逸度和较小压力条件下，上地幔岩浆上涌发生热脱气作用。这种方式脱出的气体主要成分为 CO_2。其二，是在地壳板块碰撞带或俯冲消减带，在较低温度、较低氧逸度和较大压力条件下，上地幔岩浆上涌发生的冷脱气作用。这种方式突出的气体成分主要是 CH_4 和 H_2。

岩浆中的 CO_2 和其他流体的分异大体相同，岩浆释放 CO_2 是伴随着岩浆结晶过程进行的。CO_2 气从岩浆中释放的速度取决于岩浆就位的方式、冷凝结晶的时间等（王兴谋等，2004）。火山岩通道相、次火山岩相和浅成侵入相是 CO_2 气大规模释放的相带，同时也是原生孔隙发育的岩浆岩相带，因此它们是火山机构中 CO_2 释放和聚集的有利单元，所释放的 CO_2 可以直接运移聚集成藏；喷溢相暴露于地表，所释放的气体绝大部分直接进入大气中，部分被吸附俘获。

二、松辽盆地的岩浆脱气模式

松辽盆地深部壳幔结构研究表明：松辽盆地深反射剖面纵向上具有明显的分层流变性，中地壳存在低速高导层，而且被热流底辟体上涌分开，具有“无花岗岩”盆地基底特征，是壳幔作用强烈、深部物质上涌的区域，盆地深部存在无机物质“储库”（付晓飞等，2005）。火山岩的岩石地球化学和流体包裹体研究证实该区火山岩浆是重要的 CO_2 母源之一，其脱气模式可能有三种（图 2.1）：①幔源气沿开启性深断裂（超岩石圈断裂）向浅部的直接排放，遇到盖层阻隔成藏；②幔源气以壳内低速高导层作为中继站，随后沿上地壳网状拆离带迂回曲折呈“之”字型向上运移至盆地基底，经大断裂垂向运移至盆地内部释放；③由于温度和压力降低，底辟岩浆发生脱气作用，脱出的天然气充注到临近的储集层中可直接形成气藏，也可沿其他断裂继续上运再聚集成藏。

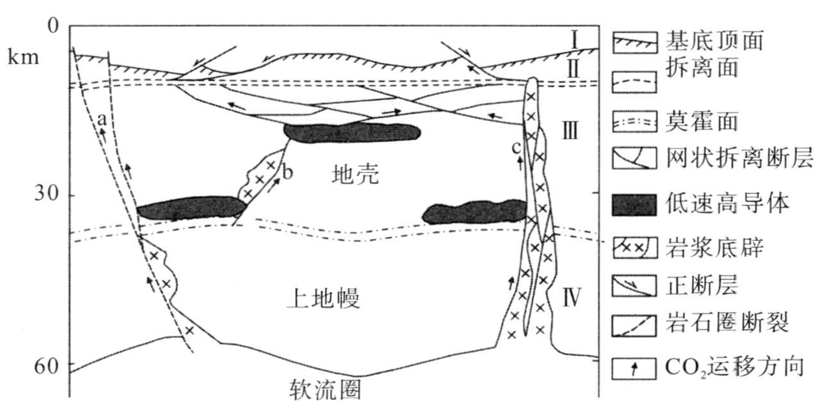

图 2.1　松辽盆地 CO_2 母源层次和幔源岩浆母源脱气示意图（据候启军和杨玉峰，2002 修改）

注：母源层次：①浅层次（Ⅰ），盆地沉积盖层的深部；②中层次（Ⅱ），盆地基底上部的“变质基底”；③深层次（Ⅲ）和更深层次（Ⅳ），于盆地基底下部的“结晶基底”

此外，岩浆喷逸地表后部分气脱去，部分气被岩浆岩吸附或封存聚集成藏。中国东部幔源-岩浆成因的 CO_2 气藏地区均发育幔源火山岩（戴金星等，1995），例如松辽盆地及其周边露头区现已发现的无机成因气藏、气苗及幔源 He 异常在空间上与玄武岩浆活动带展布有一定的联系（侯启军和杨玉峰，2002）；济阳坳陷气藏分布受古近纪和新近纪碱性玄武岩发育区控制，沿犁式断层呈带状展布（赫英等，1997a）。这说明来自幔源-岩浆而被火山岩吸附的 CO_2 气成藏具有现实的可能性。

第二节 接触变质脱气作用

一、接触变质脱气模式

接触交代变质作用通常被认为是由岩浆侵入引起热场改变而驱使热传输和物质发生交代的过程。接触变质作用条件下 CO_2 形成在于侵入体和围岩的相互作用导致含碳岩石分解释放 CO_2，同时在围岩中形成变质程度不同的接触变质带。由侵入岩体向外，接触变质带变质程度由高到低（图 2.2）。

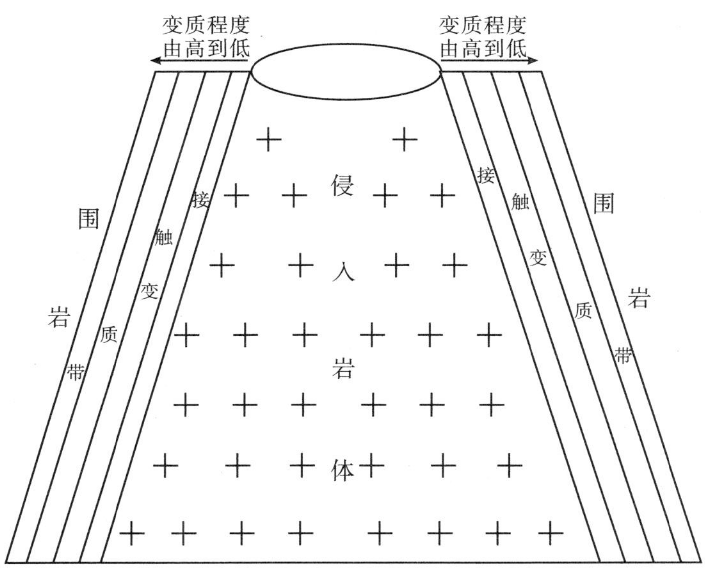

图 2.2 接触变质作用的简化模型（据杨晓勇等，2003）

实验研究表明，碳酸盐岩样品在无水条件下，分解温度在 425 ℃以上，其急剧分解的温度为 710 ℃～940 ℃，但 Clark 和 Hyne（1984）发现，在有水参加的情况下反应进程截然不同，碳酸盐岩在热水作用下很容易生成 CO_2，另外，大量实验研究也表明，在地下水参与时，碳酸盐分解所需的温度大大降低，一般在 70 ℃～220 ℃之间就可以大量分解生成 CO_2。碳酸盐岩的高温分解的化学反应可用下列反应来表示：

$$CaCO_3 \longrightarrow CaO + CO_2 \uparrow$$

$$CaMg(CO_3)_2 \longrightarrow CaO + MgO + 2CO_2 \uparrow$$

$$CaCO_3 + SiO_2 \longrightarrow CaSiO_3(\text{偏硅酸盐}) + CO_2 \uparrow$$

$$CaMg(CO_3)_2 + SiO_2 \longrightarrow CaMgSiO_4(\text{正硅酸盐}) + 2CO_2 \uparrow$$

美国四角地区、墨西哥、加拿大和巴基斯坦的一些高含 CO_2 气藏都被解释为这种成因。我国安徽天长、广东南海县和山东滨南等地区的高含 CO_2 气藏也属于这种成因类型。这几个地区 CO_2 气成藏的共同特点是：①含气层以下或含气层本身有大量碳酸盐岩存在；②地质历史中有岩浆侵入和火山喷发活动，提供了焙烧碳酸盐岩的热源。

除上述分解反应生成 CO_2 气外，在地热条件下或热液系统中白云石和高岭石反应形成绿泥石过程中可生成 CO_2，方解石和硅酸盐反应形成绿帘石过程中也可生成 CO_2，其反应式（宋岩和戴金星，1991）大致如下：

$$14MgCa(CO_3)_2(\text{白云石}) + 5Al_2Si_2O_5(OH)_4(\text{高岭石}) + 6H_2O + 6Fe^{2+} + 7O^{2-} \longrightarrow 2Mg_7Al_2Fe_3Si_2Al_3O_5(OH)_{16}(\text{绿泥石}) + 14CaCO_3(\text{方解石}) + 14CO_2$$

$$4CaCO_3(\text{方解石}) + K_2A_{14}Si_6O_2(OH)_4(\text{钾云母}) + 6SiO_2 + 2Fe^{2+} + O^{2-} \longrightarrow 2Ca_2Al_2FeSi_3O_{12}(OH)(\text{绿帘石}) + 2KALSi_3O_5(\text{钾长石}) + 4CO_2 + H_2O$$

Hutcheon 和 Abercrombie(1990)认为，硅酸盐（高岭石、蒙脱石和钾云母）的水解作用是碳酸盐岩矿物 $CaCO_3$、$MgCa(CO_3)$、$FeCO_3$ 分解生成 CO_2 气的动力源泉，也是成岩环境温度超过 100 ℃时，碎屑岩中产生大量 CO_2 气的唯一源泉。他们(1989)发现加拿大东海岸白垩系砂岩中的 Venture 油田所含 CO_2 气是由高岭石和碳酸盐矿物反应生成的：

$$5FeCO_3 + SiO_2 + Al_2Si_2O_5(OH)_4 + 2H_2O \longrightarrow Fe_5Al_2Si_3O_{10}(OH)_8 + 5CO_2$$

此外，水岩反应也可生成 CO_2。各种自然酸类（有机酸、硅酸和硫酸）作用于石灰岩和白云岩时生成 CO_2，这是地球沉积圈中普遍发生的最简单的过程之一。例如菱铁矿氧化是生成的酸性水，以及硫化氢在 150 ℃～200 ℃的温度条件下，作用于石灰岩时就可生成 CO_2。

二、松辽盆地的接触变质脱气模拟计算实例

模拟计算选择哈尔滨市宾县宾西乡孙家窑地区的接触变质带和紧邻的花岗岩

体为具体研究对象。该区出露的岩体主要是海西晚期和燕山早期的花岗岩，出露的地层有泥盆系、二叠系、侏罗系、白垩系、第三系和第四纪。采集的样品为燕山早期花岗岩与二叠系土门岭组碳酸盐岩接触变质产生的大理岩和矽卡岩，以及花岗岩（图 2.3）。

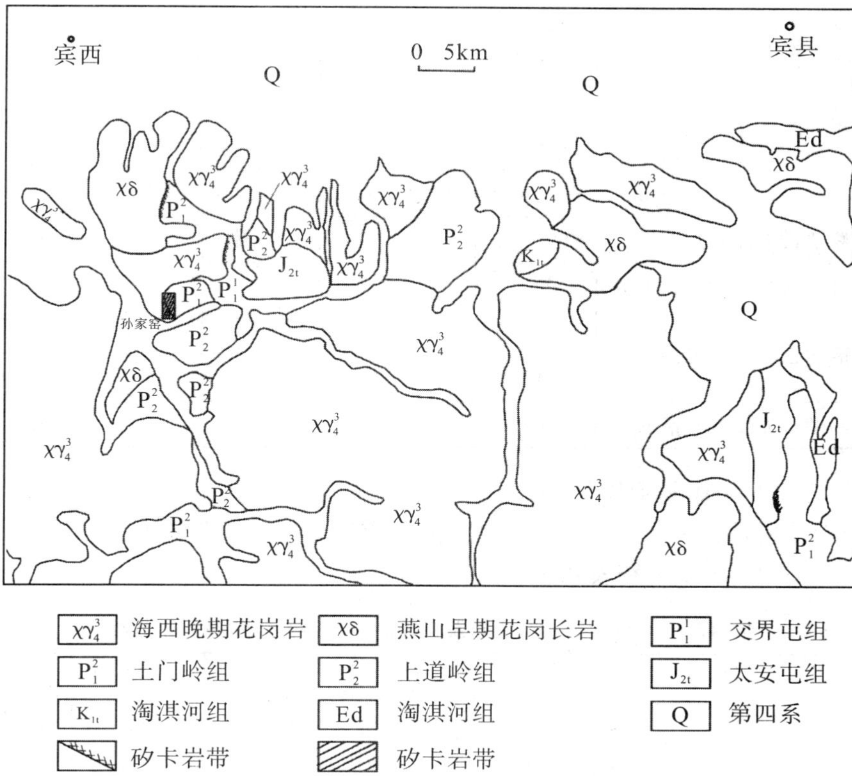

图 2.3　哈尔滨市宾县孙家窑地区地质略图（据 1∶200 000 宾县幅地质图（1967）修改）

1. *接触变质的矿物组合分带*

接触带变质碳酸盐岩中矿物主要是方解石，其次为白云石；但由于变质程度不同，岩石中分带出现石英、绿帘石、钙铝榴石、透闪石、蛇纹石、绿泥石等变质矿物（表 2.1）。按变质级别从低到高将宾西孙家窑地区接触变质带分为：绿帘石大理岩带、蛇纹石大理岩带、蛇纹石＋绿帘石大理岩带、钙铝榴石弱矽卡岩带和钙铝榴石强矽卡岩带。侵入岩的岩性为黑云母花岗岩，在岩体边部的部分岩石出现黄铁矿化和绿帘石化现象。

表 2.1　哈尔滨市宾县孙家窑接触变质区带及其变质矿物

变质区带	样号	石英	绿帘石	钙铝榴石	透闪石	蛇纹石	绿泥石
绿帘石大理岩带 R_1	SJY-03	+					
	SJY-05	+					
	SJY-01	+	+				
	SJY-07	+	+				
	SJY-09	+					
	SJY-10	+					
	SJY-12N	+					
蛇纹石大理岩带 R_2	SJY-13N	+				+	
蛇纹石+绿帘石大理岩带 R_3	SJY23	+	+			+	
钙铝榴石弱矽卡岩带 R_4	SJY-35		+	+	+	+	+
	SYJ-34		+	+	+	+	+
钙铝榴石强矽卡岩带 R_5	SJY-32		+	+	+	+	+

2. 接触变质的地球化学分带

全岩常量元素和稀土元素含量分析由地质矿产部安徽省中心实验室完成，测试数据分别列于表 2.2 和表 2.3。

表 2.2　哈尔滨市宾县孙家窑花岗岩及其接触变质带全岩常量元素分析(wt%)

		样号	SiO_2	Fe_2O_3	Al_2O_3	TiO_2	CaO	MgO	P_2O_5
接触变质带碳酸盐岩	R_1	SJY-03	1.16	0.15	0.44	0.025	54.69	0.33	0.029
		SJY-05	0.79	0.054	0.064	0.0074	55.28	0.17	0.021
		SJY-01	22.75	0.16	4.81	0.16	39.33	1.36	0.077
		SJY-07	1.17	0.12	0.39	0.020	54.43	0.43	0.029
		SJY-09	0.85	0.063	0.18	0.014	54.93	0.32	0.036
		SJY-10	0.67	0.050	0.20	0.0082	54.95	0.29	0.014
		SJY-12N	0.71	0.025	0.064	0.0086	54.78	0.35	0.037
	R_2	SJY-13N	1.42	0.047	0.13	0.0086	54.72	0.30	0.020
	R_3	SJY-23	12.48	0.30	1.11	0.052	47.10	0.35	0.20
	R_4	SJY-35	11.27	0.46	2.71	0.11	46.93	0.18	0.078
		SJY-34	19.27	0.61	4.75	0.20	39.70	3.83	0.097
	R_5	SJY-32	52.11	2.25	14.64	0.88	13.44	2.82	0.28

续表

		样号	SiO_2	Fe_2O_3	Al_2O_3	TiO_2	CaO	MgO	P_2O_5
花岗岩	边部	SJY-24	78.31	0.53	11.48	0.17	0.32	0.26	0.044
		SJY-25	76.20	0.66	12.68	0.18	0.53	0.25	0.041
		SJY-26	71.71	1.17	14.92	0.45	0.35	0.28	0.064
		SJY-27	71.88	1.04	14.49	0.44	0.63	0.29	0.059
		SJY-28	76.02	0.65	12.72	0.18	0.62	0.21	0.053
		SJY-29	64.84	3.52	16.32	0.63	1.18	1.25	0.24
		SJY-30	73.52	1.91	14.43	0.43	0.29	0.19	0.039
	内部	SJY-36	71.58	0.23	14.69	0.20	1.52	0.30	0.046
		样号	MnO	K_2O	Na_2O	FeO	烧失量	H_2O_+	TCO_2
接触变质带碳酸盐岩	R_1	SJY-03	0.20	0.14	0.014	0.077	42.58	0.12	40.72
		SJY-05	0.058	0.026	0.012	0.029	43.00	0.18	41.93
		SJY-01	0.099	1.65	0.87	1.03	27.01	0.84	24.85
		SJY-07	0.055	0.12	0.039	0.051	42.74	0.12	42.45
		SJY-09	0.063	0.056	0.020	0.051	42.88	0.12	41.76
		SJY-10	0.051	0.071	0.031	0.054	43.05	0.16	42.62
		SJY-12N	0.066	0.035	0.012	0.039	43.07	0.24	42.45
	R_2	SJY-13N	0.079	0.053	0.032	0.039	42.62	0.04	43.14
	R_3	SJY-23	0.084	0.46	0.032	0.13	36.91	0.50	34.16
	R_4	SJY-35	0.16	1.38	0.040	0.13	36.66	0.86	34.16
		SJY-34	0.21	1.53	0.16	0.55	28.80	1.18	24.33
	R_5	SJY-32	0.34	3.24	2.94	4.74	1.74	0.70	1.73
花岗岩	边部	SJY-24	0.024	3.52	3.93	0.58	0.28	0.30	1.01
		SJY-25	0.029	4.35	3.99	0.43	0.38	0.34	1.85
		SJY-26	0.031	3.96	5.49	0.80	0.40	0.34	1.38
		SJY-27	0.037	3.60	5.68	0.72	0.32	0.26	1.38
		SJY-28	0.055	4.46	3.75	0.41	0.17	0.10	1.04
		SJY-29	0.097	1.49	6.09	1.76	2.04	1.39	1.38
		SJY-30	0.0052	1.96	4.81	0.077	1.66	0.68	1.04
	内部	SJY-36	0.038	4.63	3.87	1.49	0.70	0.42	4.14

表 2.3　哈尔滨市宾县孙家窑花岗岩及其接触变质带稀土元素分析(ppm)

样号	La	Ce	Pr	Nd	Sm	Eu	Gd
SJY-03	13.8	13.3	1.47	5.40	0.94	0.21	0.79
SJY-05	9.2	5.4	0.98	3.34	0.60	0.12	0.52
SJY-01	18.6	26.0	3.23	10.50	2.26	0.49	1.77
SJY-07	7.9	7.5	0.77	3.23	0.57	0.13	0.48
SJY-09	8.6	7.8	1.00	3.27	0.74	0.15	0.47
SJY-10	7.9	5.6	0.90	3.05	0.65	0.09	0.56
SJY-12N	5.1	3.4	0.35	1.74	0.22	0.048	0.15
SJY-13N	6.3	3.8	0.27	1.83	0.32	0.065	0.20
SJY-23	8.3	8.8	1.23	4.44	0.90	0.15	0.80
SJY-35	17.3	24.2	3.03	11.92	1.98	0.43	1.61
SJY-34	20.6	30.6	4.17	13.20	2.76	0.65	2.57
SJY-32	23.5	40.8	5.68	22.07	4.51	1.36	4.69
SJY-24	18.3	39.7	4.78	14.25	3.12	0.46	2.74
SJY-25	17.5	39.7	5.17	15.03	3.43	0.53	3.36
SJY-26	39.0	86.1	10.26	38.38	7.49	1.73	6.11
SJY-27	32.8	76.9	9.69	30.40	7.08	1.59	6.24
SJY-28	27.4	49.9	6.46	17.08	3.63	0.53	3.33
SJY-29	19.3	46.4	5.73	21.26	4.20	0.85	3.91
SJY-30	38.4	88.1	9.49	29.79	6.04	1.28	4.98
SJY-36	30.3	74.5	8.08	26.60	5.00	0.67	4.02
SJY-03	0.12	0.75	0.17	0.50	0.078	0.47	0.080
SJY-05	0.066	0.40	0.1	0.24	0.041	0.28	0.042
SJY-01	0.25	1.43	0.24	0.95	0.15	0.85	0.13
SJY-07	0.061	0.35	0.064	0.20	0.032	0.16	0.027
SJY-09	0.068	0.36	0.074	0.18	0.026	0.14	0.024
SJY-10	0.098	0.59	0.15	0.44	0.074	0.57	0.098
SJY-12N	0.022	0.12	0.033	0.10	0.020	0.16	0.030
SJY-13N	0.029	0.21	0.067	0.30	0.052	0.33	0.051

续表

样号	La	Ce	Pr	Nd	Sm	Eu	Gd
SJY-23	0.11	0.61	0.14	0.41	0.068	0.42	0.056
SJY-35	0.24	1.29	0.30	0.90	0.13	0.86	0.14
SJY-34	0.36	1.99	0.45	1.28	0.21	1.41	0.20
SJY-32	0.67	3.61	0.79	2.16	0.40	2.36	0.37
SJY-24	0.41	2.66	0.64	1.76	0.32	2.10	0.35
SJY-25	0.57	3.88	0.96	2.77	0.50	3.16	0.55
SJY-26	0.85	5.19	1.05	3.01	0.51	3.14	0.52
SJY-27	0.91	5.23	1.16	3.12	0.50	3.03	0.53
SJY-28	0.57	3.39	0.85	2.39	0.44	2.83	0.51
SJY-29	0.65	3.77	0.90	2.38	0.40	2.64	0.42
SJY-30	0.77	4.36	1.02	2.80	0.46	2.78	0.48
SJY-36	0.63	3.80	0.82	2.29	0.36	2.30	0.38

3. 递进变质反应模拟计算

依据 Ferryet 等(1984,1988)及 Lêger 和 Ferry(1993)的递进变质反应式模拟计算了孙家窑接触变质带变质过程中挥发组分在变质反应前后数量得失的情况(李振生等,2004)。SJY-01 与同带其他样品比较,成分复杂,其化学组成有很大的差别,计算递进变质反应式时岩石平均成分未计。该方法有四个基本实施步骤:

(1) 各级变质带内样品中矿物含量的计算

依据矿物种类、矿物成分和全岩化学分析数据,采用一系列物质平衡方程式来计算现存矿物相(n_j)的数量,其形式为:

$$i/k = (\sum_j \alpha_{i,j} n_j)/(\sum_j \alpha_{k,j} n_j) \tag{2.1}$$

式中,i/k 为全岩中元素 i 对元素 k 的原子比;$\alpha_{i,j}$ 为矿物 j 中单位晶胞内元素 i 的原子数;n_j 为每升岩石中矿物 j 的摩尔数量。

并把岩石体积设为 1 升,则有:

$$(\sum_j V_j n_j) = 1\ 000 \tag{2.2}$$

式中,V_j 为矿物 j 的摩尔体积。

(2) 低级变质带(或相当原岩)内样品中矿物含量的估算

各级变质带假定的母岩是以递进变质带中相对低变质带作基础,由于接触变质反应是递进变化的,高级变质在低级变质基础上进行,所以可把高级变质带的变质反应看成是在低级变质带变质岩基础上的延续过程。相对母岩矿物含量计算依据下列方程:

$$i_T = \sum_j \alpha_{i,j'} n_{j'} \quad (2.3)$$

式中：i_T为岩石中元素 i 的总体数量（i=Ca，Si，Al，Fe，Mg+Mn）；$n_{j'}$为母岩中矿物 j'的摩尔数量；$\alpha_{i,j'}$为母岩中矿物 j'单位晶胞元素 i 的原子数量。

（3）用步骤（1）中计算的矿物含量减去步骤（2）中原岩相应矿物的含量，C 和 H 的变化用 CO_2、H_2O 来进行物质平衡。

（4）用等化学体系的质量平衡原则建立反应式。

计算过程中假设蛇纹石和绿泥石化学组成相同，Fe^{3+} 作为 Al^{3+} 处理，Fe^{2+} 作为 Mg^{2+} 处理。从计算结果（表 2.4）可以看出，以绿帘石大理岩带为相对母岩，碳酸盐岩接触变质释放大量的 CO_2（0.12～11.46 mol/l），CO_2 释放量与岩石体积比为 2.7～256.7。从而说明碳酸盐岩在受侵入体影响的热接触变质作用过程中可以释放大量 CO_2 的事实。

表 2.4　哈尔滨市宾县孙家窑接触变质带递进变质反应式

矿物分子式

方解石	白云石	绿帘石	石英	钙铝榴石	透闪石	蛇纹石	绿泥石
$CaCO_3$	$CaMg(CO_3)_2$	$Ca_2Al_3(Si_3O_{11})O(OH)$	SiO_2	$Ca_3Al_2(SiO_4)_3$	$Ca_2Mg_5(Si_4O_{11})_2(OH)_2$	$Mg_6(Si_4O_{10})(OH)_8$	

接触变质带现存矿物含量（mol/l）

	方解石	白云石	绿帘石	石英	钙铝榴石	透闪石	蛇纹石	绿泥石
绿帘石大理岩带 R_1	26.367	0.213	0.049	0.259				
蛇纹石大理岩带 R_2	26.440	0.098		0.563			0.020	
蛇纹石绿帘石大理岩带 R_3	20.848	1.128	0.204	3.427			0.235	
钙铝榴石弱矽卡岩带 R_4	10.390	0.820	1.585		1.978	0.564	0.196	
钙铝榴石强矽卡岩带 R_5	2.625	1.109	1.928		1.855	0.855	0.398	

接触变质带相对母岩含量（mol/l）

接触变质带	相对母岩带	方解石	白云石	绿帘石	石英
R_2	R1	26.320	0.218	0.000	0.643
R_3	R1	19.438	2.538	0.204	4.367
R_4	R1	10.819	4.816	2.904	7.274
R_5	R1	0.764	7.772	3.165	10.287

接触递进变质反应式

接触变质带	相对母岩带	递进变质反应式
R_2	R_1	−0.120 方解石+0.120 白云石+0.08 石英 =0.020 蛇纹石+0.120CO_2−0.080H_2O
R_3	R_1	−1.41 方解石+1.41 白云石+0.94 石英 =0.235 蛇纹石+1.141CO_2−0.470H_2O
R_4	R_1	0.429 方解石+3.996 白云石+1.319 绿帘石+7.274 石英 =1.978 钙铝榴石+0.564 透闪石+0.196 绿泥石+8.421CO_2−1.473H_2O
R_5	R_1	−1.861 方解石+6.663 白云石+1.237 绿帘石+10.287 石英 =1.855 钙铝榴石+0.855 透闪石+0.398 绿泥石+11.465CO_2−3.421H_2O

第三节　断裂变质脱气作用

一、断裂变质脱气模式

许多天然气藏与断裂作用有关。断裂作用为碳酸盐岩热变质排放CO_2提供热源。热源来自两个方面：①热流自深部沿断裂带上升。断裂带作为岩浆或高温热液的侵位通道，携带的巨大热能，致使岩石发生变质，碳酸盐岩发生分解而产生CO_2；②断裂作用产生的剪切热。在动力变质作用中，剪性、压剪性断裂作用的热效应使碳酸盐分解CO_2。压剪性、剪性断裂剪切热，使断裂带增温明显，但不利于深部热流上升；相反，张性、张剪性断裂为深部热流上升的良好通道，但断裂带本身的动力增温弱。

二、合肥盆地的断裂变质脱气模拟计算实例

合肥盆地东缘双山断裂，隶属于郯庐断裂系，为发育在变碳酸盐岩内的两条脆韧过渡性剪切带。F_1断裂为脆韧性断层，断裂走向320°，断面倾向南西，倾角70°；F_2断裂为韧脆性断层，走向60°，断面倾向南东，倾角55°。采集样品为双山断裂带断层蚀变岩，实测断裂剖面图和具体样品采集位置见图2.4。双山断裂带蚀变岩和原岩共7个样品的全岩分析和比重测量结果见表2.5。

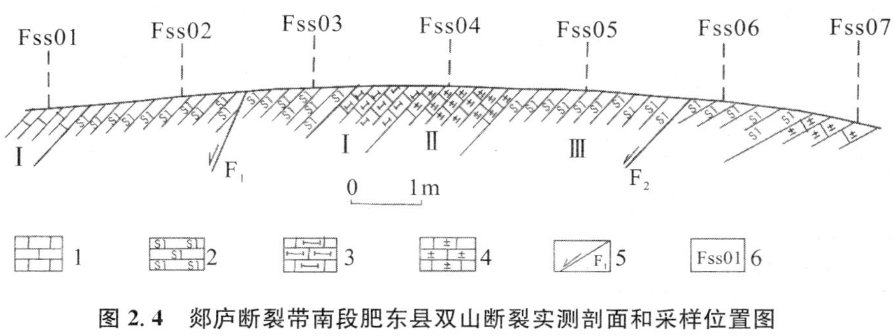

图2.4　郯庐断裂带南段肥东县双山断裂实测剖面和采样位置图

1：大理岩；2：硅化岩；3：透辉石带大理岩；4：绿高岭石大理岩；5：断裂；
6：采样位置及编号；Ⅰ：蚀变带原岩；Ⅱ：绿高岭石化带；Ⅲ：硅化带

蚀变过程中元素质量迁移计算使用Grant（1986）提出的作图方法-等地球化学浓度线法。等地球化学浓度线的斜率$K=M^O/M^A$，浓度变化$\Delta C_i^A=C_i^O\times[C_i^A/(KC_i^O)-1]$。其中，$M$代表质量，$C$代表浓度，上标$O$代表原岩，上标$A$代表

蚀变岩。根据断裂蚀变带划分和各样品点相互位置关系，我们选择 Fss01→Fss02，Fss01→Fss03，Fss04→Fss05，Fss04→Fss06，Fss07→Fss06 五个蚀变过程进行计算和分析。

表 2.5 郯庐断裂带南段肥东县双山断裂样品全岩分析数据表

样品		Fss01	Fss02	Fss03	Fss04	Fss05	Fss06	Fss07
元素含量(wt%)	SiO_2	10.97	73.14	77.31	21.66	66.66	69.32	22.02
	Al_2O_3	3.53	9.23	7.96	8.00	14.33	11.77	6.88
	TiO_2	0.38	0.43	0.47	0.49	0.79	0.58	0.36
	P_2O_5	0.06	0.14	0.10	0.07	0.19	0.11	0.06
	K_2O	1.08	2.97	2.40	3.18	3.00	3.24	0.32
	Na_2O	0.72	1.02	0.48	0.35	1.57	0.25	1.68
	Fe_2O_3	0.29	0.69	0.93	0.59	0.79	0.76	0.84
	FeO	1.65	1.56	1.55	1.53	2.39	2.02	2.79
	MnO	0.01	0.03	0.03	0.10	0.04	0.03	0.16
	CaO	42.71	1.17	0.50	32.32	3.00	0.11	36.82
	MgO	1.50	5.37	1.22	1.54	1.56	2.79	2.00
	CO_2	33.90	0.30	0.04	26.60	0.30	0.04	22.90
	H_2O^+	1.24	2.46	1.95	2.74	2.86	3.27	1.51
	S	0.013	0.33	0.70	0.015	0.43	0.80	0.007
	LOI	35.72	4.33	4.56	28.17	3.10	5.47	24.83
	TOTAL	98.05	98.84	95.64	99.19	97.91	95.09	98.35
	$T(Fe_2O_3)$	1.96	2.28	2.52	2.14	3.20	2.81	3.65
$\rho(g/cm^3)$		2.65	2.87	2.64	2.62	2.75	2.66	2.69

Ferry(1983)对石灰岩变质作用研究指出，变质作用元素迁移过程中惰性元素有 Al、Ti、Fe、Mg 等。O'hara 等(1989)和 Liu 等(1996)研究指出糜棱岩化过程中 TiO_2、Zr、Y、P_2O_5 和 MnO 是惰性元素。5 个构造蚀变变化过程的 C_i^A-C_i^O 图解(图 2.5)采用惰性组分 TiO_2、P_2O_5 和 MnO，并且参考了全铁。由于不同元素浓度数量级差别，作图时部分元素的原岩和蚀变岩浓度同时乘以一个系数，原则上同时乘以系数不影响到 K 值计算，但当所采用的惰性组分蚀变过程中有一定质量得失时，

可能有较小的影响。

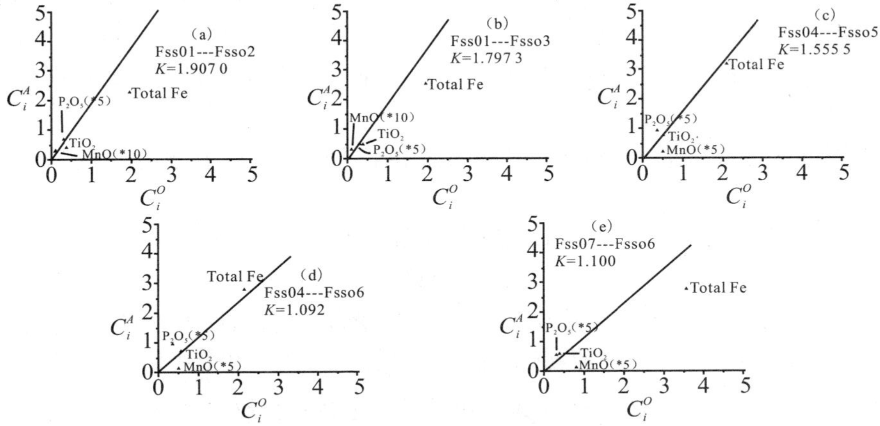

图 2.5　郯庐断裂带南段肥东县双山断裂蚀变岩惰性组分 $C_i^A-C_i^O$ 等浓度图解

由等地球化学浓度线斜率 K 求得组分在各蚀变带得失的绝对值，写出五个蚀变过程的质量平衡方程式(表 2.6)。

表 2.6　郯庐断裂带南段肥东县双山断裂带蚀变岩石各蚀变反应对的反应方程式

剪切带	蚀变反应对	K	质量平衡方程式
F_1	Fss01→Fss02	1.907 0	100g[Fss01]+27.43gSiO_2+3.0gAl_2O_3+0.48gK_2O−0.19gNa_2O−42.28gCaO−33.90gCO_2+1.32gMgO+0.05gH_2O=55.91g[Fss02]
	Fss01→Fss03	1.797 3	100g[Fss01]+32.03gSiO_2+0.88gAl_2O_3+0.26gK_2O−0.45gNa_2O−42.28gCaO−33.90gCO_2−0.83gMgO−0.16gH_2O=55.55g[Fss03]
F_2	Fss04→Fss05	1.555 5	100g[Fss04]+21.23gSiO_2+1.20gAl_2O_3−1.24gK_2O+0.66gNa_2O−30.38gCaO−26.33gCO_2−0.54gMgO−0.90gH_2O=63.70g[Fss05]
	Fss04→Fss06	1.092 0	100g[Fss04]+41.80gSiO_2+2.80gAl_2O_3−0.22gK_2O−0.12gNa_2O−32.32gCaO−26.26gCO_2+1.02gMgO+0.25gH_2O=86.61g[Fss06]
	Fss07→Fss06	1.100 0	100g[Fss07]+40.96gSiO_2+3.85gAl_2O_3+2.62gK_2O−1.44gNa_2O−36.82gCaO−22.90gCO_2+0.54gMgO+1.46gH_2O=88.27g[Fss06]

注：表中惰性组分其质量变化前后认为很小而省略；“－”表示减少；“＋”表示增加

双山断裂变质碳酸盐岩在脆韧性剪切作用下的构造活动蚀变过程中，表现为Na、Ca、CO_2亏损和K、Al和Si的富集。随着去Na、Ca和CO_2的进行，该过程伴随着K、Al和Si的加入和富集，而且SiO_2浓度富集值高达250%～300%。SiO_2和CO_2的得失值呈负相关，反映了脱碳反应和硅化之间存在着联系，即硅化越强，脱碳作用也越强。

断裂蚀变过程中岩石体变可以通过等浓度线斜率K值及岩石的密度计算出来：

$$K=M^O/M^A=V^O\rho^O/(V^A\rho^A)$$

$$V^A/V^O=\rho^O M^A/\rho^A M^O=\rho^O/(K\rho^A)$$

式中，V^A为蚀变岩体积；V^O为母岩体积；ρ^A为蚀变岩密度值；ρ^O为母岩密度值。

根据比重计算出V^A/V^O值，然后进一步可算出体积变化ΔV值（表2.7）。

表2.7 郯庐断裂带南段肥东县双山断裂蚀变岩体积变化

剪切带	蚀变反应对	V^A/V^O	$\Delta V/V^O$(%)	K
F_1	Fss01→Fss02	0.484	−51.6	1.907 0
	Fss01→Fss03	0.558	−44.2	1.797 3
F_2	Fss04→Fss05	0.612	−38.8	1.555 5
	Fss04→Fss06	0.902	−9.8	1.092 0
	Fss07→Fss06	0.919	−8.1	1.100 0

双山断裂原岩在动力蚀变过程中体积发生亏损，亏损量尤以F_1断层岩为最强，亏损可达到50%左右。这种体积亏损是与断裂性质和热液流体作用强度相适应的，剪切带体积亏损反映了断裂变质反应的强弱。F_1断裂较F_2断裂变质反应强，更能使得$CaCO_3$等大体积、小密度分子大量损失，而SiO_2等小体积、大密度分子大量聚集，导致在断裂中心形成密度相对较大的致密硅化岩，因而岩石体积发生较大的亏损，同时结构更加致密，封堵性能更好。

流体-岩石重量比模拟计算可通过质量守恒公式进行：

$$W_f/W_r= X_{Si}/\delta(1-S)$$

式中，W_f，W_r分别代表流体、岩石重量；X_{Si}为反应中SiO_2的变化量（Wt%）；δ为热水体系中SiO_2溶解度，300 ℃～500 ℃为0.3%；S为岩石在流体中的饱和度。

取饱和度S变化范围50%～90%（O'hara，1988），可求得各饱和度下流体与岩石重量比（表2.8）。断裂活动中流体-岩石重量比数量级变化范围在100～1 000之间。流体量在断裂带不同部位含量变化很大，靠近剪切带中心，流体-岩石重量比的数值较大，而在剪切带边部，比值相对较小。这说明流体作用的主体在断裂带中心部位，即断裂中心的剪切作用强度大，由此导致的流体活动数量及强度也相应变大。元素迁移定量计算表明中心位置的CO_2释放量相应大于边部位置，并且流体-岩石重量比与 SiO_2 的变化量成正相关关系，因此流体-岩石重量比与 CO_2 释放量之间存在正相关关系。

表 2.8　市场的功能

剪切带	蚀变反应对	饱和度(%)				
		50	60	70	80	90
F_1	Fss01→Fss02	183	229	305	457	914
	Fss01→Fss03	214	267	356	534	1 068
F_2	Fss04→Fss05	142	177	236	354	708
	Fss04→Fss06	279	348	465	697	1 394
	Fss07→Fss06	273	341	455	683	1 365

在断裂蚀变带形成过程中，不同部位所受构造动力和热力不同，以及压力温度等物理条件不同而引起地球化学条件不同，主元素的变化规律与变质强度成正相关关系。定量计算结果表明 100 g 碳酸质母岩在蚀变反应过程中，可释放 22.90～33.90 g CO_2 气体分子，其质量占到母岩的 1/4～1/3；SiO_2 和 CO_2 的变化量呈负相关，反映了脱碳反应和硅化之间存在着联系，即硅化越强，脱碳作用也越强。

碳酸质源岩释放 CO_2 的脱碳、脱挥发分反应的完全程度取决于参与反应的流体数量，即参与作用的流体量愈大，则反应生成 CO_2 量也相应增加。在双山断裂剪切带中心的流体作用量是其边缘部位的 3～4 倍，相应地，中心部位的 CO_2 释放计算值为 33.90 g，而边缘部位的计算值只为 22.90 g，两者之间有较明显的差别。所以流体作用量对于 CO_2 释放很重要。脆韧性剪切带由于中心部位岩石受应力作用而发生的应变和变形程度都比边缘部位强裂，易于形成更大的孔隙度和更好的连通性，因而使得流体的渗透扩散能力加强，导致流体过多集中在剪切带中心，同时造成 CO_2 的生成释放以中心带为主，中心带释放量比边缘带多。

CO_2 释放量与剪切带体积亏损之间存在直接对应性，体积亏损越大，生成释放 CO_2 也越多。剪切带体积亏损反映了流体作用与变质反应的强弱。双山断裂的计算情况是：单位为每百克源岩的 CO_2 释放量，在体积亏损率为 50%情况下，其释放量值是 33.90 g；亏损率为 10%时，其释放量值为 26.26 g 和 22.90 g。计算结果表明，两者之间确实存在正相关对应关系。

脆韧性剪切带中元素活化迁移(CO_2 释放量)、岩石体积亏损率、流体-岩石重量比和变质强度之间关系密切，它们之间具有很大的正相关性；变质碳酸盐岩岩石在剪切作用条件下释放 CO_2 的能力非常强大，这种背景和环境可以是寻找 CO_2 资源的有利地带和靶区。

第四节 有机质降解氧化脱气作用

一、降解氧化的机理

沉积有机质在成岩作用和热解作用以及烃类物质、煤在热解、氧化过程和微生物降解中都能生成 CO_2 气。

(1)有机质微生物降解作用生成 CO_2。在低温(<70 ℃)条件下,微生物对有机质或石油与天然气具有降解作用而生成部分 CO_2,由这种作用生成的 CO_2 在油气藏中占有较大的比例(Pankina, 1978)。

(2)有机质被氧化可产生 CO_2 气。地下含烃沉积层如与矿化水接触,则烃被氧化成 CO_2(Farmer,1965)。日本学者佐佐木诏雄(1986)认为泰国海湾普拉冬气田中的 CO_2 部分是由深部来源的矿化热水溶液作用于烃类储层生成的(朱岳年和吴新年,1994)。Barker 和 Takach(1992)通过热力学计算发现,随着地层埋深增加,赤铁矿和黄铁矿以及甲烷含量减少,而磁铁矿和二氧化碳含量大;认为地下矿化水中的赤铁矿(Fe_2O_3)与烃类(CH_4)反应生成 CO_2,其反应方程为:

$$6Fe_2O_3 + CH_4 = 4Fe_3O_4 + CO_2\uparrow + 2H_2\uparrow$$

另外,当油气和煤由于地壳抬升埋藏较浅或暴露地表时,则被氧化形成 CO_2,从而使烃类矿床经济价值降低或矿体完全解体(Pankina,1978)。

(3)有机质热降解可生成 CO_2 气。有机质,特别是腐植煤类,含氧官能团丰富,在热降解过程中 CO_2 的产率相当高。有机质在深成阶段(70 ℃~150 ℃之间)是热演化中生成 CO_2 量最大的阶段;特别是腐殖型有机质,在 120 ℃左右是 CO_2 的主成气阶段,所生成 CO_2 约占该阶段产气体积的 80%(Hunt,1979)。

植物纤维质在成煤过程中可析出 CO_2 气,其反应方程式可表示为:

$$2C_6H_{10}O_5 \longrightarrow 5CH_4\uparrow + 5CO_2\uparrow + 2C$$

$$4C_6H_{10}O_5 \longrightarrow 7CH_4\uparrow + 8CO_2\uparrow + 3H_2O + C_9H_6O(\text{类煤固体})$$

泥炭、褐煤转化为沥青煤和无烟煤的变质过程中,也产生 CO_2。Karwail(1969)用下列反应式表示:

$$C_{57}H_{56}O_{10}(\text{褐煤}) \longrightarrow C_{54}H_{42}O_5(\text{沥青煤}) + 2CH_4\uparrow + CO_2\uparrow + 3H_2O$$

据此计算,从褐煤到无烟煤的整个热演化过程中,1 kg 煤能生成 751 L 的 CO_2。Frade(1972)进行煤的干馏试验,得出 1 kg 煤可生成 200 L CH_4、751 L CO_2、10 L N_2、H_2O 和少量的重烃化合物。

另外，有机质在热降解过程中能产生大的挥发性脂肪酸根离子，而这些酸根离子在热力作用下可通过加氢而生成 CO_2：

$$CH_3COO^- \longrightarrow CH_4 + CO_2$$

(4)有机质裂解生成的 CO_2。烃源岩加水裂解实验(Cooles et al.,1987)和无水裂解实验(Harwood,1977)均证实烃源岩裂解可产生大量的 CO_2。Cooles 等(1987)将加水裂解的反应方程可大致表示如下：

$$CH_4 + 2H_2O = CO_2 + 4H_2$$

事实上，这一反应过程经历了许多复杂的化学作用。

二、降解氧化的实例

以有机物质为母源的 CO_2 气主要形成于成岩作用早期，但由于其极易被水溶解，大部分在压实过程中随流体(水)散失，因此至今罕见这类 CO_2 气藏。煤系产生的 CO_2，在合适条件下即能形成一定规模的高含 CO_2 气藏或作为气藏的部分参与者。

辽宁红阳煤田三井区气体成分的分带性是说明煤系氧化产生 CO_2 的极好的例子。该煤田含煤地层为下二叠统山西组-上石炭统太原组的海陆交互相含煤建造，与上伏晚侏罗世地层不整合接触，厚 500～800 m，东薄西厚。区内构造为一向东南倾伏的背斜。68 个气体实测资料表明，气体成分由西往东随距地质历史中煤层露头的远近呈明显的分带性，即接近煤层露头区以 CO_2 为主，CH_4 和 N_2 气很少，形成 CO_2 带；随着距离的增加变为 CO_2 和 CH_4 混生的过渡带；最后进入以 CH_4 为主的 CH_4 带。煤层上覆中生界地层西厚东薄，按一般道理推断，CH_4 含量应是西高东低。造成上述反常分布的原因，是由于二叠纪后，区内地壳上升，含煤地层遭受不同程度的剥蚀和氧化：西部接近地面，氧化强烈，产生的 CO_2 多；向东远离地面，煤层氧化减弱。后期的覆盖使这种地质历史中赋存的气体分布状况得以保存下来。

我国甘肃窑街煤田、吉林营城煤田也曾出现煤层 CO_2 气突出实例。甘肃窑街煤田位于祁连山系东南部、天王山和哈拉山之间的盆地中，为一复背斜构造。在侏罗系含煤层系中，有三层可采煤层。井田东北部的皮带斜井三采区 1 650 北大巷工作面顶部，1977 年 2 月曾发生一次伴有大量 CO_2 气的气体突出，气流逆风扩展 300 多米。约 10 分钟后，在四采区上部检查，以混入空气的喷出气体，其中 CO_2 含量仍在 24%左右。1977 年 4 月由于放炮又引起强烈的岩、煤和 CO_2 突出。突出点距地面垂深 288m，与第一次突出点水平距离约 100 m。估计突出岩煤 814 m^2。采样分析 CO_2 浓度最高达 96%。10 天以后 CO_2 涌出量仍保持在 3.5～4 m^3/分，表明深部 CO_2 气有充足的来源，能够持续向外涌出。CO_2 突出区的煤一层和主要开采层煤二层均位于或靠近自然烧变区，CO_2 的产生显然与煤层的烧变氧化有关。

吉林营城煤田与农安万金塔构造带相距约 70 km。侏罗系含煤，沉积基底为花岗岩和变质岩。区内构造线呈北东向，发育有宽缓的短轴背斜构造。断层发育，西部的 F_2 和 F_7 两条断层较大。沿 F_2 断层有厚 500 m 的酸性火山岩覆于侏罗系煤系地层之上，靠近 F_2 断层处曾发生 CO_2 突出。考虑到：①该地区储油气层之下，伏有最厚达 1 800 m 的侏罗系煤系地层，②侏罗系沉积后，存在一个区域性沉积间断，侏罗系煤系有可能遭到长期的氧化剥蚀；③区域内自侏罗纪以来岩浆活动频繁，加之该区地温梯度较高（3.8 ℃～4.4 ℃/100 m）和侏罗系埋藏较深（5 000 m），可能促进煤达到较高的变质程度；④气体组分上酸烷比（CO_2/CH_4）接近 1，推测该区的 CO_2 可能主要和煤系地层的热解氧化有关。此外，该区地层水中 HCO_3^- 离子浓度特高（16 000～28 000 ppm，$NaHCO_3$ 型水），其在高地温下释放出游离的 CO_2 气，可能成为该区 CO_2 气的另一个来源。

第三章　CO_2地质源库——以松辽盆地为例

对于CO_2气的来源与汇集，大气学家、环境学家和地质学家所关注的侧重面不同。大气学家、环境学家主要关心的是海洋和大气的相互作用，以及陆地生物圈内植物、土壤和人类的行为对碳循环的调节作用。地质学家、地球化学家则更多从地球的起源演化时间尺度考察全球CO_2的移聚，在地幔脱气作用、壳幔作用、岩浆作用、变质作用、沉积作用、风化作用等过程中CO_2的转移规律。

在CO_2地质研究中，CO_2的源库可分为有机物质库和无机物质库两大类，能形成高纯度工业气藏的CO_2以无机来源的为主。经综合地质分析认为，松辽盆地深层主要有幔源岩浆、火山岩、碳酸盐岩和有机质四种母源（李振生等，2006，2008；Li et al.，2008），大体布置在四个层次（图2.1）：①浅层次（Ⅰ），处于盆地沉积盖层的深部，由泉头组以下沉积岩系组成，其主力CO_2源岩是火山岩和碳酸盐化泥岩；②中层次（Ⅱ），处于盆地基底上部的“变质基底”，由前火石岭组古生界-晚前寒武系变质沉积岩系组成，其主力CO_2源岩是变质碳酸盐岩，为潜力很大的源岩；③深层次（Ⅲ）和更深层次（Ⅳ），处于盆地基底下部的“结晶基底”，亦即微陆块基底，由前中晚元古界片麻岩系组成，大体居于上地壳下部和中地壳，地幔岩浆是脱出CO_2的最大母源。

第一节　幔源-岩浆源库

目前已发现的高纯CO_2气藏以幔源-岩浆成因为主，少量的碳酸盐岩变质成因，已证明岩浆脱气是幔源-岩浆成因CO_2气形成的重要途径。岩浆起源于地幔，但是不同的地幔所形成的岩浆，其含气量是不一样的。岩浆挥发组分中含量最多的水和CO_2，其含气性随岩浆类型和演化阶段而不同（Lowenstern，2001；李福春等，2000；李振生等，2007）。

通过火山岩的岩石地球化学和流体包裹体研究，可以获得地幔-岩浆母源的特征及其演化信息。在松辽盆地深层的实例研究中，实验样品位于徐家围子断陷和古龙断陷，样品具体采样情况见图3.1和表3.1。样品采自登娄库组及以下的深部地层，以侏罗纪和白垩纪火山岩（包括火山碎屑岩）为主，也有基底样品。

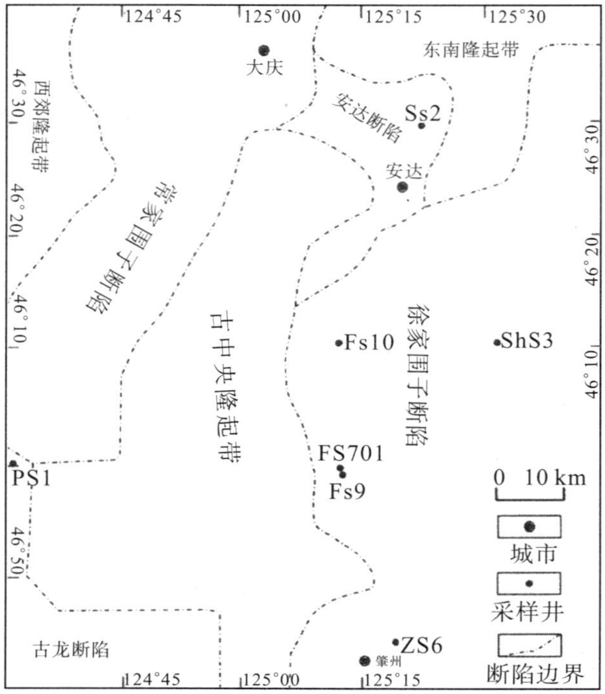

图 3.1　松辽盆地北部采样井位图（据大庆油田资料）

一、岩石地球化学特征

所采松辽盆地样品的全岩常量元素和稀土元素含量分析由地质矿产部安徽省中心实验室完成，分别采用湿化学法和 ICP-MS 分析，测试数据分别列于表 3.1 和表 3.2（见 71 页）。

在 TAS 判别图解（图 3.2，见 73 页）上，火山岩多落在中酸性岩区，隶属于亚碱性系列；基底样品则均为酸性的变质岩和侵入岩。在 Richwood（1989）和 Le Maitre 等（1989）的 K_2O-SiO_2 判别图解（图 3.3，见 73 页）上，除 FS701-2 和 S_6 外，均为高 K 钙碱性系列和钙碱性系列。此外，火石岭组火山岩以中性岩为主，而营城组火山岩则以酸性岩为主（Wang et al.，2003；杨懋新，2002）。

松辽盆地北部深层火山岩富碱，Na_2O+K_2O 值（ALK）和过碱指数（AKI）均偏高，分别是 4.74 wt%～8.00 wt%和 0.40～0.86；这些岩石也富铝，A/NKC=0.71～2.13。ALK=Na_2O+K_2O（wt%），AKI=(Na_2O+K_2O)/Al_2O_3（分子比），A/NKC=Al_2O_3/(Na_2O+K_2O+CaO)（分子比）。它们的总碳含量较高，在 0.24%～7.76%之间。在层段之间对比，总碳含量最高的层段是登娄库组和营城组（1.73%～7.76%），

表 3.1 松辽盆地深层岩石常量元素含量数据

样号	井号	深度	层位	岩性	SiO_2	TiO_2	Al_2O_3	Fe_2O_3	FeO	MnO	MgO	CaO	Na_2O	K_2O	P_2O_5	H_2O^+	CO_2	LOI
FS9-1	芳深9	2 970	Kd	安山岩	62.86	0.65	16.28	3.58	1.28	0.12	1.34	2.25	2.48	3.49	0.19	3.25	7.76	5.32
FS9-2	芳深9	3 074.51	Kd	英安岩	70.20	0.71	12.54	2.56	1.44	0.10	0.76	3.30	3.41	1.33	0.17	1.96	2.07	2.77
FS9-3	芳深9	3 162	Kd	蚀变闪长岩	64.77	0.73	15.88	2.08	2.65	0.13	1.33	1.72	3.12	2.92	0.26	2.53	5.87	4.01
P_7	葡1	4 481.04	Kd	暗色泥岩	66.05	0.92	16.06	0.64	3.32	0.087	1.09	1.45	3.47	2.69	0.22	2.01	2.68	2.79
FS9-4	芳深9	3 573.56	Ky	火山凝灰岩	60.15	0.42	18.01	4.77	1.82	0.10	0.99	1.04	1.04	6.02	0.041	2.85	2.76	4.61
FS9-5	芳深9	3 573.56	Ky	安山岩	63.03	0.39	18.29	2.52	1.61	0.088	0.91	0.91	1.24	5.83	0.035	2.95	1.73	4.15
FS9-6	芳深9	3 581.32	Ky	流纹岩	76.86	0.18	10.50	1.23	0.94	0.067	0.23	1.38	3.27	2.00	0.019	1.00	2.24	2.77
FS9-7	芳深9	3 610	Ky	霏细流纹岩	75.38	0.22	10.99	0.51	1.59	0.058	0.20	0.76	2.44	4.78	0.033	0.44	5.87	2.70
FS9-8	芳深9	3 632	Ky	钠闪碱流岩	74.13	0.21	11.44	0.53	2.16	0.045	0.22	0.68	3.16	4.26	0.031	0.88	4.14	2.19
P_6	葡1	4 659.99	Ky	凝灰岩	57.01	0.45	21.02	1.20	2.07	0.085	1.17	2.68	0.84	7.16	0.063	2.71	2.07	5.10
P_5	葡1	4 768.71	Ks	细砂岩	65.87	0.69	16:88	0.78	3.84	0.073	1.40	0.50	2.77	3.80	0.13	1.95	1.04	2.39
P_4	葡1	4 960.29	Ks	暗色泥岩	79.66	0.20	10.33	0.40	0.95	0.015	0.34	0.52	2.81	2.94	0.042	0.88	1.38	1.00
P_3	葡1	4 974.89	Ks	火山角砾岩	71.88	0.29	13.03	1.10	2.79	0.10	0.33	0.59	1.85	4.97	0.028	1.32	1.04	1.85
P_2	葡1	5 030.42	Ks	暗色泥岩	60.98	0.33	22.47	0.63	1.90	0.071	1.25	0.41	1.09	6.11	0.078	2.47	1.38	3.51
S_7	宋深2	2 962.73	J	凝灰岩	49.66	1.65	19.88	6.28	2.30	0.14	2.76	5.81	3.85	1.47	0.34	4.18	1.21	4.87
S_6	宋深2	2 985.97	J	玄武安山岩	56.25	1.62	17.51	8.81	0.66	0.10	2.50	2.79	1.62	3.96	0.19	2.71	1.38	3.93

续表

样号	井号	深度	层位	岩性	SiO_2	TiO_2	Al_2O_3	Fe_2O_3	FeO	MnO	MgO	CaO	Na_2O	K_2O	P_2O_5	H_2O^+	CO_2	LOI
S_5	宋深 2	3 159.96	J	碧玄岩	41.88	1.94	16.97	5.33	5.86	0.14	4.35	9.17	3.59	1.26	0.32	3.12	5.52	8.59
S_4	宋深 2	3 185.92	J	粗面安山岩	62.51	1.44	15.91	1.24	3.02	0.12	0.53	3.28	5.33	1.45	0.59	1.59	3.11	3.34
S_3	宋深 2	3 189.32	J	英安岩	65.57	1.43	15.63	0.83	4.88	0.076	0.44	2.60	3.74	2.31	0.58	1.73	2.42	2.86
S_2	宋深 2	3 203.9	J	安山岩	58.78	1.46	16.37	1.06	5.66	0.19	0.63	3.47	4.36	2.22	0.64	2.40	2.35	3.99
S_1	宋深 2	3 452.9	J	暗色泥岩	62.60	0.85	19.04	0.17	2.34	0.030	1.24	2.01	1.25	2.72	0.14	4.01	6.56	7.48
FS9－9	芳深 9	3 699.25	J	火山角砾岩	55.81	0.9	16.46	1.47	4.71	0.21	3.86	4.6	3.11	2.62	0.32	0.8	3.63	5.34
SH3－1	尚深 3	3 719.5	J	安山岩	58.4	1.01	16.3	2.86	2.97	0.13	4.14	3.55	4.02	2.29	0.4	2.07	1.06	3.39
FS701－1	芳深 701	3 838.99	J	石英细砂岩	64.81	0.73	18.35	0.38	3.29	0.034	1.37	0.75	2.36	3.1	0.18	3.33	0.79	4.32
ZS6－1	肇深 6	3 971.75	J	石英闪长岩	63.88	0.54	18.3	0.59	4.2	0.1	1.15	0.44	2.06	4.06	0.19	3.22	0.62	3.99
FS10－1	芳深 10	4 153.67	J	凝灰质角砾岩	74.66	0.2	12.69	0.8	0.46	0.031	0.32	1.43	4.47	2.39	0.04	0.8	0.85	1.86
P_1	葡 1	5 499	J	蚀变安山岩	58.33	1.06	15.52	6.19	1.00	0.085	2.63	3.64	3.63	2.82	0.41	2.05	2.07	3.77
FS9－10	芳深 9	3 898	基底	碎裂岩	65.73	0.50	15.74	1.48	1.90	0.074	1.04	1.80	3.22	3.60	0.13	0.98	4.49	3.08
FS701－2	芳深 701	3 901.45	基底	碎裂岩	75.17	0.24	12.54	1.03	1.48	0.078	0.6	0.92	3.73	2.7	0.036	1.02	—	0.9
FS9－11	芳深 9	3 905	基底	碎裂岩	75.17	0.36	11.86	0.16	1.84	0.057	0.55	1.97	3.95	0.98	0.35	1.12	1.17	2.58
ZS6－2	肇深 6	4 114.23	基底	闪长花岗岩	69.02	0.37	16.1	1.3	1.69	0.031	0.59	0.34	2.58	4.05	0.078	2.17	0.98	3.39
FS10－2	芳深 10	4 761.01	基底	碎砾岩	75.59	0.19	13.41	0.8	0.33	0.004	0.27	0.36	3.61	4.08	0.045	0.66	0.24	0.96

表 3.2 松辽盆地深层岩石稀土元素含量数据

样品	La	Ce	Pr	Nd	Sm	Eu	Gd	Tb	Dy	Ho	Er	Tm	Yb	Lu	REE	δEu
FS9-1	36.8	81.8	9.85	30.04	6.47	1.32	5.83	0.82	4.47	0.98	2.85	0.43	2.52	0.40	184.58	0.64
FS9-2	30.1	66.0	8.22	25.40	5.17	1.28	4.77	0.65	3.22	0.75	2.01	0.33	2.06	0.34	150.30	0.78
FS9-3	37.9	79.8	9.94	29.92	6.45	1.46	5.78	0.77	4.26	1.01	2.80	0.43	2.47	0.43	183.42	0.72
P_7	43.1	89.5	11.13	33.10	7.10	1.47	6.21	0.88	4.80	1.05	2.86	0.48	2.86	0.52	205.06	0.66
FS9-4	111.0	246.0	28.28	99.42	19.20	1.35	16.57	2.54	14.47	3.29	9.30	1.46	8.45	1.32	562.65	0.23
FS9-5	76.7	171.8	20.49	58.47	12.71	0.95	12.47	1.89	10.97	2.40	6.58	0.98	5.76	0.94	383.11	0.23
FS9-6	55.8	124.3	15.19	51.51	10.20	0.64	8.72	1.33	8.25	1.86	5.15	0.87	5.26	0.91	289.99	0.20
FS9-7	54.1	108.7	13.63	39.30	8.83	0.58	8.09	1.10	6.68	1.42	3.97	0.62	3.81	0.68	251.51	0.21
FS9-8	45.3	93.9	13.02	34.56	9.08	0.57	9.35	1.42	9.17	2.11	5.52	0.91	5.57	1.02	231.50	0.19
P_6	165.9	333.2	40.11	115.00	25.23	3.50	22.83	3.20	17.39	3.60	8.78	1.30	7.88	1.30	749.22	0.44
P_5	38.0	83.0	10.17	30.23	6.42	1.06	5.70	0.80	4.44	0.99	2.83	0.44	2.67	0.48	187.23	0.53
P_4	26.0	56.1	6.22	18.00	3.62	0.52	3.27	0.47	2.49	0.60	1.72	0.27	1.65	0.30	121.23	0.45
P_3	152.8	319.5	35.66	97.15	20.25	1.08	18.68	2.49	16.61	3.01	10.15	1.50	9.05	1.63	689.56	0.17
P_2	41.5	98.3	12.81	43.24	10.36	1.34	11.30	1.78	11.04	2.48	6.77	1.05	5.85	0.96	248.78	0.38
S_7	22.0	39.2	6.00	21.93	4.21	1.53	4.26	0.62	3.46	0.75	1.87	0.32	1.78	0.27	108.20	1.09
S_6	36.1	79.9	10.45	37.45	7.27	1.62	7.06	1.14	6.63	1.46	3.96	0.62	3.82	0.59	198.07	0.68

续表

样品	La	Ce	Pr	Nd	Sm	Eu	Gd	Tb	Dy	Ho	Er	Tm	Yb	Lu	REE	δEu
S_5	22.0	45.1	5.91	22.38	4.33	1.53	4.59	0.65	3.42	0.64	1.96	0.31	1.83	0.28	114.93	1.04
S_4	59.2	135.4	18.68	67.72	13.63	3.33	12.21	1.80	10.70	2.25	5.67	0.88	5.21	0.83	337.51	0.77
S_3	50.0	122.3	16.13	59.22	11.99	3.20	10.08	1.45	8.34	1.80	4.48	0.66	4.00	0.63	294.28	0.87
S_2	57.6	126.5	17.62	56.03	12.73	3.09	11.12	1.53	9.15	2.06	5.55	0.84	4.97	0.83	309.62	0.78
S_1	33.3	84.1	9.23	32.51	5.60	1.15	4.16	0.54	3.42	0.79	2.26	0.38	2.37	0.38	180.19	0.70
FS9-9	23.8	51.7	6.66	27.80	5.87	1.52	4.63	0.65	3.63	0.78	2.08	0.30	1.71	0.25	131.38	0.86
SH3-1	27.3	62.0	7.59	31.50	6.90	1.50	4.59	0.62	3.11	0.75	1.37	0.20	1.19	0.17	148.79	0.77
FS701-1	33.9	68.9	7.60	31.10	6.50	0.98	4.44	0.72	4.31	0.97	2.64	0.38	2.30	0.36	165.10	0.53
ZS6-1	28.9	60.4	6.87	25.50	5.44	1.01	4.40	0.66	3.79	0.85	2.27	0.37	2.15	0.33	142.94	0.61
FS10-1	21.4	43.7	4.49	16.70	2.40	0.44	2.44	0.38	2.44	0.58	1.60	0.28	1.72	0.27	98.84	0.55
P_1	21.5	49.3	6.96	22.33	5.07	1.22	5.12	0.71	3.61	0.79	2.11	0.30	1.82	0.29	121.13	0.73
FS9-10	29.3	63.6	7.81	22.88	5.24	0.98	4.62	0.64	3.66	0.82	2.22	0.33	2.10	0.34	144.54	0.60
FS701-2	22.1	48.6	5.16	23.50	5.18	0.71	4.86	0.85	5.50	1.30	3.46	0.52	3.32	0.48	125.54	0.43
FS9-11	20.9	46.5	5.38	21.20	4.06	1.21	3.39	0.49	2.75	0.58	1.47	0.25	1.53	0.23	109.94	0.97
ZS6-2	33.9	68.1	7.78	31.20	6.37	0.63	5.07	0.83	4.29	1.03	2.61	0.41	2.40	0.36	164.98	0.33
FS10-2	24.3	52.4	4.55	18.10	2.83	0.44	2.41	0.35	2.13	0.45	1.17	0.17	0.99	0.15	110.44	0.50

最低的层段是基底(0.24%～4.49%)；而火石岭组浅层总碳含量较高(1.21%～5.52%)，深层较低(0.62%～2.67%)。从芳深9井来看，作为 CO_2 主要产层的3 610 m、3 632 m 营城组流纹岩，以及3 162 m 登娄库组蚀变闪长岩的总碳含量明显高于其他层位，达到4.14 %～5.87 %。

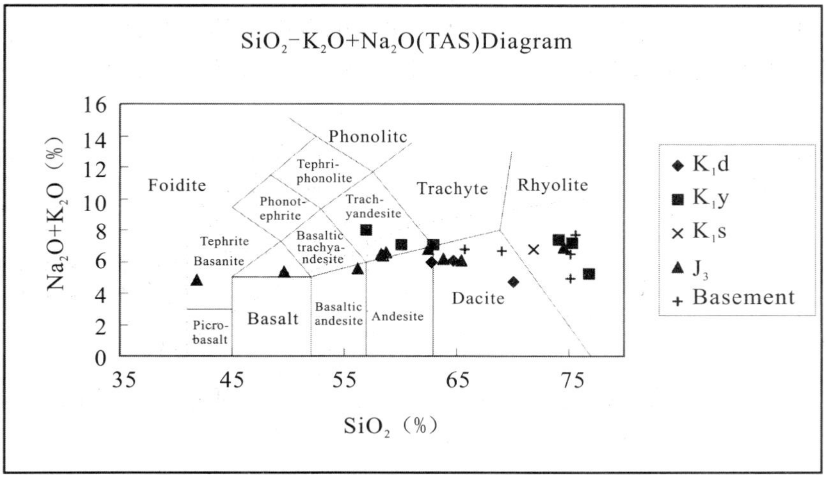

图 3.2　松辽盆地深层火山岩 TAS 判别图解(底图据 Le Maitre et al.，1989 和 Irvine & Baragar，1971)

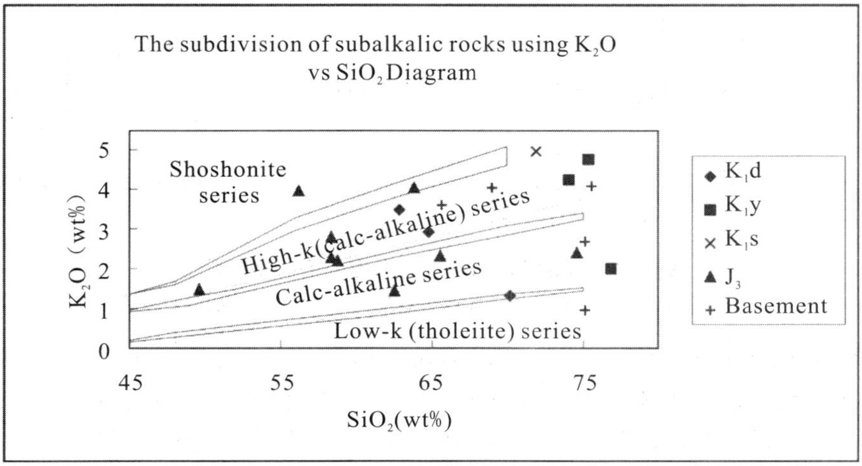

图 3.3　松辽盆地深层火山岩 K_2O-SiO_2 判别图解

岩石的稀土丰度比较高，总量($\sum$REE)在98.84～749.22 ppm；球粒陨石标准化曲线强烈右倾(图3.4)，为轻稀土强烈富集型、轻重稀土高度分异，铕元素负异常。球粒陨石标准化数据采用 Boynton(1984)的 CI 标准化数据。营城组和沙河子组火成岩的 REE 丰度最高,铕元素高负异常(图 3.4(b));在登娄库组火山岩(图 3.4(a))和火石岭组火山岩(图 3.4(c))铕元素低负异常,其中火石岭组 S_7 和 S_5 铕正异常。火山岩的稀土元素特征表明其经历了强烈的分馏过程。松辽盆地深层燕山期火成岩的 REE 型式明显分为两大类,这和杨懋新(2002)、Wang 等(2003)的观点一致,与周边出露的岩体所揭示的燕山期的两期火山活动是相一致的。基底变质岩和花岗岩(图 3.4(d))的铕元素异常变化较大,从 0.33～0.97。

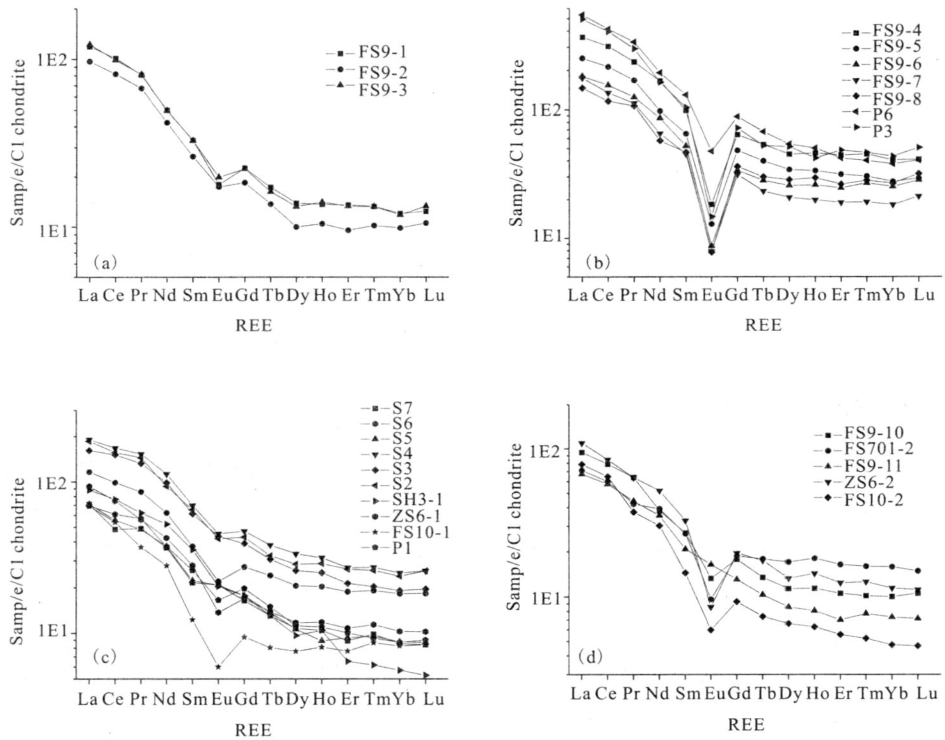

图 3.4　松辽盆地深层火山岩稀土元素分布型式

(a)登娄库组样品;(b)营城和沙河子组样品;(c)火石岭组样品;(d)基底样品

在 Rittmann(1973)的 $\lg\sigma—\lg\tau$ 构造环境判别图中,A 区为板内稳定环境,B 区为闭合边缘岛弧、活动陆缘、造山带环境,C 区为板内或造山带火山演化的碱性火山岩。本次以及以往数据(刘德来等,1994;张晓东等,2000a)落在 B 区(图 3.5),少量落入 C 区,揭示该区属岛弧及活动大陆边缘构造环境。松辽盆地南部中生代火山岩表现了非常典型的板块俯冲作用特征,属陆缘岩浆弧构造背景(闫全人等,2002)。整个东北地区火山岩从东向西显示明显的火山岩成分极性(刘德来等,1994;赵海玲等,1998),与俯冲作用有关,属岛弧及活动大陆边缘火山岩分布特征。综上所述认为,该区中生代火山岩的成因与俯冲作用有关。在晚侏罗-早白垩世，松辽盆地是陆内裂谷(Ren et al.，2002)，与伊佐奈崎(Izanagi)板块(古太平洋板块)向亚欧大陆板块(闫全人等，2002；赵海玲等，1998)或 Mongolia-Okhotsk oceanic plate 向 Mongolia-North China block(Wang et al.，2002)的俯冲作用密切相关。

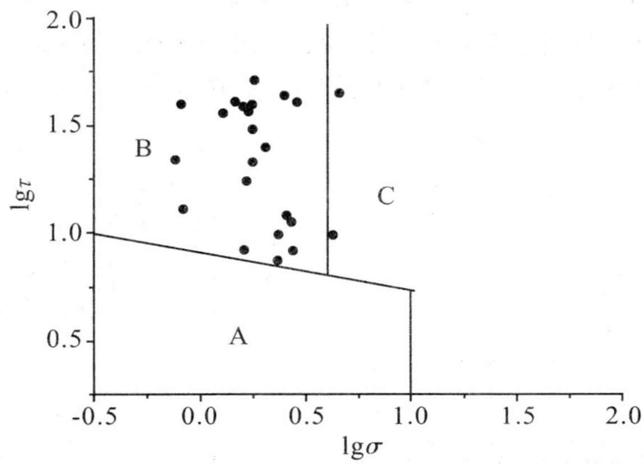

图 3.5 火山岩 lgσ—lgτ **构造环境判别图**(图版据 Rittmann，1973)

二、流体包裹体特征

流体包裹体是宿主矿物生长时捕获流体介质而形成的，其地球化学数据可以直接反映古流体的地球化学特征。火成岩中的流体包裹体被认为是岩浆活动晚期原始岩浆的保留物，是岩浆热液的最直接的标本。松辽盆地火成岩及基底的流体包裹体组分测试可获取与深层相关的热液活动及岩浆活动的信息。

1. 包裹体类型

根据包裹体宿主矿物的成因，可将观察到的松辽盆地深部岩石中的包裹体分为岩浆热液型和低温热液型两类。

岩浆热液型流体包裹体，形成于岩浆活动时期，有气、液、固三相和气液两相两种类型，其主要见于芳深 9 井、尚深 3 井、芳深 701 井侏罗系的中酸性火山岩中。尚深 3 井包裹体宿主矿物为安山岩中的石英斑晶，包裹体个体较大(5 μm)，以原生气液两相为主，见有气、液、固三相包体。芳深 9 井岩浆型包裹体宿主体多为中酸性角砾中的石英斑晶，分布在石英裂隙中，以假次生的气液两相包体为主，个体较大(5～6 μm)。

低温热液型包裹体，形成于后期的热液活动时期，其比岩浆型包裹体更加普遍而且丰富，见于芳深 9、芳深 701、芳深 10、尚深 3、肇深 6 等的基底和侏罗系各种岩石中，宿主体为岩石构造裂隙中的方解石脉、自生石英、碳酸盐胶结物以及充填气孔火山岩的胶结物中。这种低温热液型包裹体的存在反映了松辽盆地北部深层中火成岩、变质岩、沉积岩都曾经受过多期碳酸盐低温热液的作用。

2. 包裹体均一温度

本次测试所用仪器是英国产的 Lazi-Therm600 冷热台。样品选择了 5 个基底样品(FS10-2、FS701-2、FS9-9、FS9-11 和 ZS6-2)和 3 个火石岭组样品(FS10-1、ZS6-1 和 SH3-1);共测试了 60 个点,其中 12 个岩浆型包裹体,48 个低温热液型包裹体(表 3.3)。均一温度分布在 80 ℃～187 ℃区间中,频度最高的集中在 120 ℃～140 ℃,在 150 ℃～165 ℃直接存在一明显的温度间断(图 3.6,见 78 页)。其中沉积矿物、胶结物中包裹体的均一温度为 83 ℃～146 ℃,反映出低温热液(<200 ℃)流体的特征;岩浆型包裹体的均一温度在 113 ℃～187 ℃之间,反映了包裹体是在岩浆活动晚期的捕获的。冯子辉等(2003)归纳出火石岭组和营城组火山岩中低温热液型包裹体的均一温度分别为 100 ℃～170 ℃和 90 ℃～155 ℃;营城组火山岩中岩浆型包裹体的均一温度在 130 ℃～290 ℃之间,无明显的温度间断,有 150 ℃～180 ℃和 250 ℃～290 ℃两个明显的形成高峰温度段。

表 3.3 松辽盆地深层岩石包裹体特征参数

样号	主矿物名称	包体类型	大小(μm)	气液比(%)	均一温度(℃)
FS701-2	方解石	原生低温热液型	3	5	105
FS701-2	方解石	原生低温热液型	3	5	144
FS701-2	方解石	原生低温热液型	3	5	145
FS701-2	石英	原生岩浆型	3	5	135
FS701-2	石英	原生岩浆型	5	5	184
FS701-2	石英	原生岩浆型	5	5	178
FS701-2	石英	原生岩浆型	5	5	187
FS10-2	石英	原生低温热液型	5	5	139
FS10-2	石英	原生低温热液型	3	5	134
FS10-2	石英	原生低温热液型	3	5	106
FS10-2	石英	原生低温热液型	3	5	123
FS10-2	石英	原生低温热液型	5	5	127
FS10-2	石英	原生低温热液型	5	5	109
FS10-2	石英	原生低温热液型	5	5	123
FS10-2	石英	原生低温热液型	5	5	132
FS10-2	石英	原生低温热液型	3	5	141
FS9-9	石英裂隙	假次生岩浆型	6	10	125
FS9-9	石英裂隙	假次生岩浆型	6	10	133

续表

样号	主矿物名称	包体类型	大小(μm)	气液比(%)	均一温度(℃)
FS9-9	石英裂隙	假次生岩浆型	5	10	122
FS9-9	胶结物	原生低温热液型	5	5	113
FS9-9	胶结物	原生低温热液型	3	5	126
FS9-9	胶结物	原生低温热液型	5	5	133
FS9-9	胶结物	原生低温热液型	3	5	126
FS9-9	石英裂隙	假次生岩浆型	5	5	145
FS9-9	石英裂隙	假次生岩浆型	5	5	113
FS9-9	胶结物	原生低温热液型	3	5	124
FS9-9	胶结物	原生低温热液型	3	5	110
FS9-11	石英	原生低温热液型	6	10	166
FS9-11	石英	原生低温热液型	6	10	133
FS9-11	石英	原生低温热液型	3	5	124
FS9-11	石英	原生低温热液型	5	5	146
FS9-11	石英	原生低温热液型	5	5	137
FS9-11	石英	原生低温热液型	3	5	142
FS9-11	石英	原生低温热液型	3	5	119
FS9-11	石英	原生低温热液型	3	5	128
FS9-11	石英	原生低温热液型	5	5	134
ZS6-1	石英	原生低温热液型	3	5	98
ZS6-1	石英	原生低温热液型	3	5	105
ZS6-1	石英	原生低温热液型	4	5	124
ZS6-1	石英	原生低温热液型	4	5	118
FS10-1	石英裂隙	次生低温热液型	5	5	114
FS10-1	石英裂隙	次生低温热液型	5	5	123
FS10-1	石英裂隙	次生低温热液型	3	5	83
FS10-1	石英裂隙	次生低温热液型	5	5	132
FS10-1	石英裂隙	次生低温热液型	5	5	136
FS10-1	石英裂隙	次生低温热液型	4	5	131
FS10-1	石英裂隙	次生低温热液型	3	5	138
FS10-1	石英裂隙	次生低温热液型	3	5	143

续表

样号	主矿物名称	包体类型	大小(μm)	气液比(%)	均一温度(℃)
FS10-1	石英裂隙	次生低温热液型	5	5	135
FS10-1	石英裂隙	次生低温热液型	5	5	143
FS10-1	石英裂隙	次生低温热液型	5	5	122
SH3-1	石英	原生岩浆型	3	5	119
SH3-1	石英	原生岩浆型	3	5	124
SH3-1	石英	原生岩浆型	5	5	131
ZS6-2	石英	原生低温热液型	3	5	92
ZS6-2	石英	原生低温热液型	3	5	119
ZS6-2	石英	原生低温热液型	3	5	100
ZS6-2	石英	原生低温热液型	3	5	131
ZS6-2	石英	原生低温热液型	3	5	138
ZS6-2	石英	原生低温热液型	5	5	146

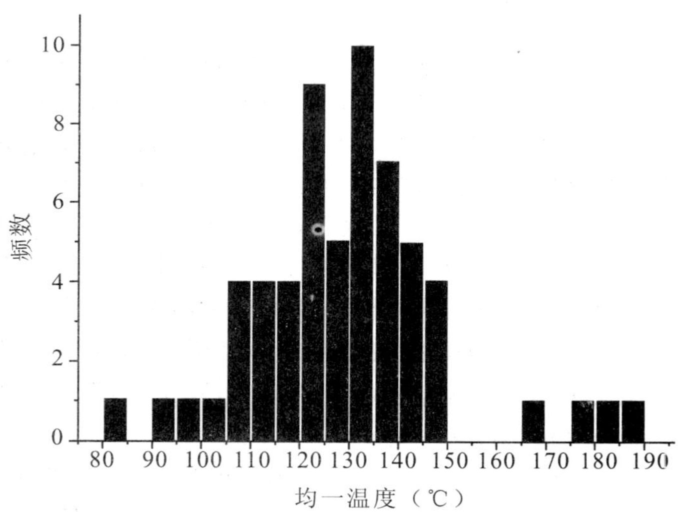

图 3.6 松辽盆地深层岩石包裹体均一温度分布直方图

3. 包裹体中CO_2富集度

共完成六个样品中14个包裹体的激光拉曼探针分析(表3.4)。测试仪器是MKI-1 000型激光拉曼光谱仪,测试环境:温度25 ℃、湿度56%,测试条件:激光波长514.5 nm、激光输出功率20 mw、狭缝宽度25 um。

表 3.4　松辽盆地深层火山岩包裹体的成分数据

编号	样号	类型	液相(%)			气相(%)				
			H_2O	CO_2	hydrocarbon	CH_4	C_2H_6	C_3H_8	CO_2	Other gases
L1	FS10-2	低温热液型	60	40					100	
L2	FS10-2	低温热液型	90							
L3	FS9-11	低温热液型	90		10					
L4	FS9-11	低温热液型	90		10					
L5	FS9-11	低温热液型	0		100					
L6	FS10-1	岩浆型	90	10						
L7	FS9-9	岩浆型	80			92.2			7.8	
L8	FS9-9	岩浆型				100				
L9	FS9-9	岩浆型				95.1	2.1	1.4		1.4
L10	FS9-9	岩浆型				89.5	4.4	1.6	2.4	2.1
L11	FS9-9	岩浆型	60	40					100	
L12	FS701-1	岩浆型	90	10						
L13	FS701-1	岩浆型	0		100					
L14	ZS6-2	岩浆型	60			95.8			4.2	

低温热液型包裹体的液相成分以水为主，5 个测点中有 3 个充填度达到 90%，有一个测点是液态烃；气相成分含量少，主要是 CO_2。岩浆热液型包裹体的液相成分也是以水为主，56%的测点含水，充填度 60%～90%，液态烃包裹体占 11%；气相成分中 56%的测点以 CH_4 为主，含量 89.5%～100%，其次是 CO_2，含量 2.4%～100%，频度 44%。芳深 9 井 FS9-9 样品火石岭组酸性火山角砾中的岩浆型流体包裹体中，则以气相成分为主，CO_2 出现的频度达 60%，平均含量 37%。

依据冯子辉等(2003)的测试数据(表 3.5)，营城组火山岩中包裹体的流体组成特征如下：①原生岩浆型包裹体的气相组成和液相组成基本稳定，其气相成分以水为主，摩尔含量 76.34%～99.28%，其次为二氧化碳，摩尔含量 0.16%～15.28%(一般小于 4%)，甲烷摩尔含量 0.1%～5.99%(一般小于 1%)，其他气体含量一般小于 1%；液相成分仍以水为主，摩尔含量 95.45%～98.8%；其次为氮气、一氧化碳和二氧化碳，摩尔含量一般都小于 1.5%；该包裹体阴离子以氯离子摩尔含量低为特征，一般小于 0.45%。②次生低温热液型包裹体的气相成分变化较大，水的摩尔含量在 3.98%～94.95%之间，甲烷摩尔含量在 0.12%～77.77%之间，二氧化碳摩尔含量在 2.29%～56.08%之间；液相成分以水为主，摩尔含量 98.27%～98.46%，有少量液态二氧化碳，但缺少原生包裹体的氮气和一氧化碳；阴离子以氯离子摩尔含量高为特征，一般大于 0.45%。

表 3.5　营城组火山岩包裹的成分

井号	深度(m)	编号	类型	气相(mol%)							
				H_2O	H_2	CH_4	C_2^+	H_2S	N_2	CO	CO_2
FS9	3 572.06	1	原生	76.34	0.36	5.99	0.11	0.32	1.0	0.68	15.18
		2	原生	95.15	0.14	0.70	0.10	0.10	0.28	0.19	3.45
		3	原生	87.86	0.72	3.69	0.10		2.42	2.93	2.26
		4	原生	99.28		0.15	0.10	0.10	0.26		0.16
FS9	3 572.06	1	次生	3.98		38.25	1.68				56.08
		2	原生	98.89	0.18	0.10				0.49	0.36
		3	原生	94.95	0.32	0.12	0.10	0.17		1.44	2.29
		4	原生			77.77	2.04	0.17	2.22	2.25	15.44

井号	深度(m)	编号	类型	液相(mol%)							
				H_2O	CH_4	N_2	CO	CO_2	Cl^-	HCO_3^-	SO_4^{2-}
FS9	3 572.06	1	原生	95.96	0.11	1.08	0.64	1.34	0.39	0.33	0.14
		2	原生	97.58	0.10	0.44	0.51	1.00	0.18	0.12	0.10
		3	原生	95.45	0.10	1.22	1.41	0.73	0.49	0.36	0.27
		4	原生	98.90	0.10		0.38	0.29	0.15	0.10	0.10
FS9	3 572.06	1	次生	98.46	0.10			0.51	0.60	0.21	0.13
		2	原生	97.87	0.10		1.10		0.45	0.37	0.19
		3	原生	98.27	0.10			0.62	0.45	0.34	0.26
		4	原生								

原生岩浆型流体包裹体的气相组成和液相组成基本稳定，液相以水为主；气相以 CH_4、H_2O 和 CO_2 为主，CO_2 含量 0.16%～100%。次生低温热液型流体包裹体的液相成分以水或烃为主，有少量液态二氧化碳；气相成分变化较大。这些反映了岩浆富含 CO_2，是良好的母源物质。此外，富甲烷（在气相中 CH_4 含量 89.5%～100%）的流体包裹体被检测到。Wang 等（2004）报道了在徐家围子断陷营城组储层火山岩（流纹岩）中的富甲烷包裹体，推断甲烷是幔源-岩浆成因的。

三、岩浆含气特征

该区岩浆富含 CO_2。在硅酸盐融体中，CO_2 以 CO_2 分子和 CO_3^{2-} 两种形态存在。玄武岩熔体中 CO_2 仅以碳酸盐基团的形态溶解，而在流纹岩熔体中仅发现分子 CO_2，过渡熔体中两种形式都存在（Lowenstern，2001；King & Holloway，2002；Behrens et al.，2004）。岩浆含 CO_2 差异性分析指出富碱、LREE、大离子亲石元素的岩浆富含 CO_2（Dixon，1997；Lowenstern，2001；赫英等，2001）。岩浆型包裹体中气相和液相成分基本上反映了岩浆源区的挥发分特征，且包裹体中含 CO_2 比例也可以大致反映该岩浆中 CO_2 气体的含量。本次工作和 Wang 等(2002，2003，2006)说明该区的火山岩富碱、富轻稀土，特别是营城组火山岩，反映其岩浆具有高 CO_2 含量。原生岩浆型流体包裹体的气相组成和液相组成基本稳定，富含 CO_2 气，且气相液相比液相更富集 CO_2 气。从徐家围子地区岩浆火山岩流体包裹体气液相成分来看，岩浆成分由基性变为酸性时，CO_2 有从少变多的趋势，CH_4 的变化趋势正好相反(杨玉峰等，2000)。分子 CO_2 的溶解度随温度的升高而降低，营城组的岩浆型流体包裹体的均一温度高于火石岭组的，因此营城组岩浆的气相将更富 CO_2。

此外，该区构造背景利于幔源岩浆成因 CO_2 气成藏。坳陷期火山岩形成于大陆板块内部，与古太平洋板块向亚欧大陆板块的俯冲作用相关。目前世界已发现的高纯 CO_2 气藏主要分布在环太平洋带，尤其是太平洋西岸，该带的构造背景是在远离岩浆弧并在大陆一侧发育起来的裂陷盆地。岩石圈的拆沉作用把俯冲板块或下地壳岩石带入地幔中，形成具有高 CO_2 含量的源区物质。岛弧火山气研究证实大约 80%的碳来源于俯冲板块(Marty & Tolstikhin，1998；Sano & Marty，1995；Sano & Williams，1996)。

第二节　岩石吸附气源库

通常认为喷出岩对 CO_2 气藏的贡献是非常有限的，但是我们测试分析研究表明，由于火山岩浆带有大量的挥发分，喷出地面冷却后仍可保有和俘获可观的挥发分，因此各种火成岩可以是 CO_2 重要的母源(刘德良等，2005a，2006a)。

一、低温脱气实验

脱气实验样品以火山岩为主，部分为沉积岩。实验温度是 250 ℃，低于碳酸盐分解温度，以避免碳酸盐化作用对所测 CO_2 脱出量数据的影响。所获得的挥发分数据，反映了低温条件下岩石中吸附气的含量和成分。脱气实验流程为：首先将火山岩样品破碎到 60～70 目，用天平称取一定量的样品，装入高温石英玻璃管中，用电热偶由室温加热 20 分钟，达到 250 ℃后恒温十分钟，释放的气体经液氮冷阱(约 −60 ℃)除去 H_2O 后，导入 MAT271 微量气体质谱仪测量气体的总量和气体组分。MAT271 微量气体质谱仪的质量范围为 1～700 amu，低分辨率为 0，高分辨率为 3 000，采用法拉第和离子计数器作接受器，两者相结合可测量 1 μ·atm 的气体主要成分及同位素比，质谱计离子源为为 EI 源，电子能量 86 eV，阱电压 150 V，在动态真空下工作。脱气实验在中国科学院兰州地质所进行，实验结果列于表 3.6

和表 3.7。

表 3.6　松辽盆地北部深层岩石的吸附气组成分含量(%)

样号	H_2	CH_4	H_2O	CO	N_2	C_2H_4	C_2H_6
F9-2	0.000 0	0.000 0	0.000 0	6.885 4	3.147 7	0.000 0	16.201 2
F9-4	0.271 0	2.979 6	0.205 0	2.691 8	3.535 3	0.000 0	9.905 0
F9-5	1.429 5	1.967 9	0.052 7	0.000 0	3.029 1	0.000 0	2.076 3
F701-1	4.230 9	25.069 7	0.006 1	0.576 7	48.373 3	0.000 0	2.016 4
S_1	1.236 9	1.729 1	0.163 2	4.420 4	2.203 4	0.000 0	4.078 6
S_2	1.553 6	2.504 9	0.009 1	3.741 8	1.925 4	0.000 0	1.128 1
S_3	0.933 9	3.449 0	0.012 2	3.026 3	3.119 1	0.000 0	2.619 7
S_4	0.899 8	7.450 0	0.296 6	2.199 6	2.935 2	0.000 0	3.102 1
S_5	1.570 5	0.000 0	0.022 1	0.600 8	1.399 1	0.000 0	6.826 4
S_6	0.507 8	0.000 0	0.030 7	0.688 2	1.501 9	0.000 0	14.082 5
S_7	0.852 6	0.000 0	0.000 0	1.730 0	2.087 5	0.000 0	11.920 1
P_1	3.178 1	0.000 0	0.000 0	8.265 5	1.933 6	0.000 0	0.212 0
P_2	1.643 0	0.000 0	0.000 0	4.670 9	2.902 5	0.628 7	0.634 4
P_3	1.838 4	0.000 0	0.253 7	4.770 1	1.809 4	0.000 0	0.156 6
P_4	1.786 0	0.033 0	0.182 1	8.149 3	11.677 9	0.000 0	0.454 7
P_5	1.539 2	0.000 0	0.000 0	7.837 1	1.798 3	0.000 0	0.763 9
P_6	2.159 8	0.000 0	0.000 0	1.422 7	1.209 3	0.525 9	1.186 0
P_7	2.025 3	2.124 4	0.000 0	4.825 1	9.644 6	0.000 0	1.868 8

样号	O_2	Ar	CO_2	C_3H_8	C_4H_{10}	SO_2
F9-2	0.323 6	0.356 8	72.967 8	0.000 0	0.000 0	0.117 6
F9-4	0.248 5	0.042 0	80.008 3	0.000 0	0.000 0	0.297 5
F9-5	0.244 1	0.024 8	91.175 2	0.000 0	0.000 0	0.000 0
F701-1	0.273 7	0.699 6	18.753 2	0.000 0	0.000 0	0.000 0
S_1	0.207 9	0.000 0	85.390 7	0.000 0	0.527 1	0.042 8
S_2	0.120 6	0.004 8	88.917 4	0.000 0	0.094 2	0.000 0
S_3	0.085 6	0.016 7	86.737 6	0.000 0	0.000 0	0.000 0
S_4	0.214 1	0.000 0	80.276 3	2.123 4	0.349 8	0.144 1
S_5	0.082 1	0.000 0	89.396 6	0.000 0	0.042 4	0.060 0
S_6	0.171 2	0.000 0	82.083 5	0.000 0	0.598 9	0.335 2
S_7	0.144 0	0.009 3	82.413 3	0.000 0	0.660 0	0.183 3
P_1	0.041 9	0.007 9	86.291 6	0.000 0	0.069 5	0.000 0
P_2	0.122 0	0.000 0	89.238 3	0.000 0	0.160 0	0.000 0
P_3	0.103 0	0.030 6	90.945 6	0.000 0	0.092 5	0.000 0
P_4	0.657 8	0.092 5	76.595 9	0.000 0	0.263 7	0.110 2
P_5	0.050 8	0.005 2	88.005 5	0.000 0	0.000 0	0.000 0
P_6	0.050 7	0.000 0	93.427 3	0.000 0	0.000 0	0.018 3
P_7	0.135 2	0.095 6	79.281 1	0.000 0	0.000 0	0.000 0

表 3.7　松辽盆地北部深层岩石的吸附气含量数据

样号	近样量(g)	吸附气总量(ml)	吸附气含量($ml \cdot g^{-1}$)	CO_2 脱出量(wt%)	CO_2 脱出率(%)
F9-2	1	0.029 9	0.030	0.429	20.72
F9-4	1	0.035 7	0.036	0.561	25.04
F9-5	1.15	0.045	0.039	0.701	25.40
F701-1	1.16	0.074 7	0.064	0.237	
S_1	1.37	0.081	0.059	0.992	
S_2	1.39	0.077	0.055	0.968	41.20
S_3	1.19	0.061	0.051	0.873	36.07
S_4	1.55	0.075	0.048	0.763	24.53
S_5	1.38	0.109	0.079	1.387	25.13
S_6	1.3	0.06	0.046	0.744	53.91
S_7	0.97	0.042	0.043	0.701	57.93
P_1	1.44	0.066	0.046	0.777	37.54
P_2	1.24	0.054	0.044	0.763	
P_3	1.43	0.052	0.036	0.650	62.50
P_4	1.48	0.021	0.014	0.213	
P_5	1.38	0.076	0.055	0.952	
P_6	1.47	0.109	0.074	1.361	65.70
P_7	1.42	0.077	0.054	0.844	

二、实验结果

松辽盆地北部深层岩石含有大量的挥发分，挥发分含量为 0.014～0.079 ml/g，其中 CO_2脱出量为 0.213 wt%～1.387 wt%。挥发组分以 CO_2 为主，其次是 N_2 气，同时存在 H_2、CO、CH_4 等还原性气体，以及少量低碳烷烃。

对于火成岩而言，脱出挥发分总量为 0.030～0.079 ml/g，其中 CO_2脱出量为 0.429 wt%～1.387 wt%。本次测试结果与国内外有关研究相一致。前苏联 A. Гогье 加热玄武岩发现逸出气体体积为岩石体积的 7.36 倍，酸性岩的为 0.87 倍（关效如，1990）。我国三水盆地喷出岩中挥发分含量很高，玄武岩的平均为 5.34%，最高可达 15.7%；流纹岩的平均为 3.8%，最高 7.8%；粗面岩的平均含量为 3.05%，最高 8.8%（关效如，1990）。济阳坳陷喷出岩亦有较高的挥发分，含量为 3.33%～11.47%，平均为 7.0%（关效如，1990）。从挥发组分可见，CO_2是主要的，N_2气含量较高，同时存在 H_2、CO、CH_4 等还原性气体，以及少量低碳烷烃。此与现代火山喷出的挥发分(Ferreira & Oskarsson，1999；Wardell et al.，2001)和火山岩流体包裹体的成分(Andersen & Neumann，2001；杨晓勇等，1999)相似，说明该火山岩区 CO_2 气可能来自于火山岩浆冷凝残存和俘获的吸附气。本次所测各种火山岩挥发分中 CO_2 含量与 CO_2 脱出量和烃呈反比关系(图 3.7)。

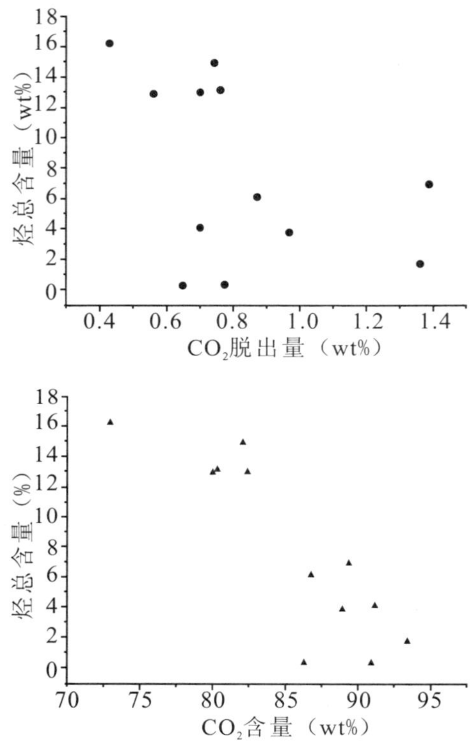

图 3.7　松辽盆地深层火山岩中吸附 CO_2 与总烃的关系图

基性岩石的 CO_2 脱出量高于中、酸性岩石的(图 3.8(a))。葡深 1 井营城组深灰绿色玄武质凝灰岩(样号 P_6)，CO_2 脱出量 1.36%。所测安山岩样品的 CO_2 脱出量变化很小，为 0.7%～0.9%。芳深 9 井三个火山岩样品(F_1、F_2、F_3)CO_2 脱出量相对稍低，但总的来说地区性差异不大。李志鹄(1980)所测火山岩的挥发组分(表 3.8)，也以 CO_2 为主，并且火山岩中 CO_2 气的含量高于侵入岩的，而基性火山岩 CO_2 气含量又高于酸性火山岩的(关效如，1990)。同时，基性岩石的 CO_2 脱出率亦高于中、酸性岩石的(图 3.8(b))；CO_2 脱出量与岩石碱性正相关(图 3.8(c))，岩石富碱，其 CO_2 脱出量大，表明吸附 CO_2 气含量在碱性火山岩中高。宋深 2 井火石岭组样品 S_5 的 SiO_2 含量为 41.88%，为超基性岩，其在图 3.8 中表现为明显的异常点。因为超基性岩是很容易蚀变的，因此 S_5 的异常可能与后期蚀变作用有关。

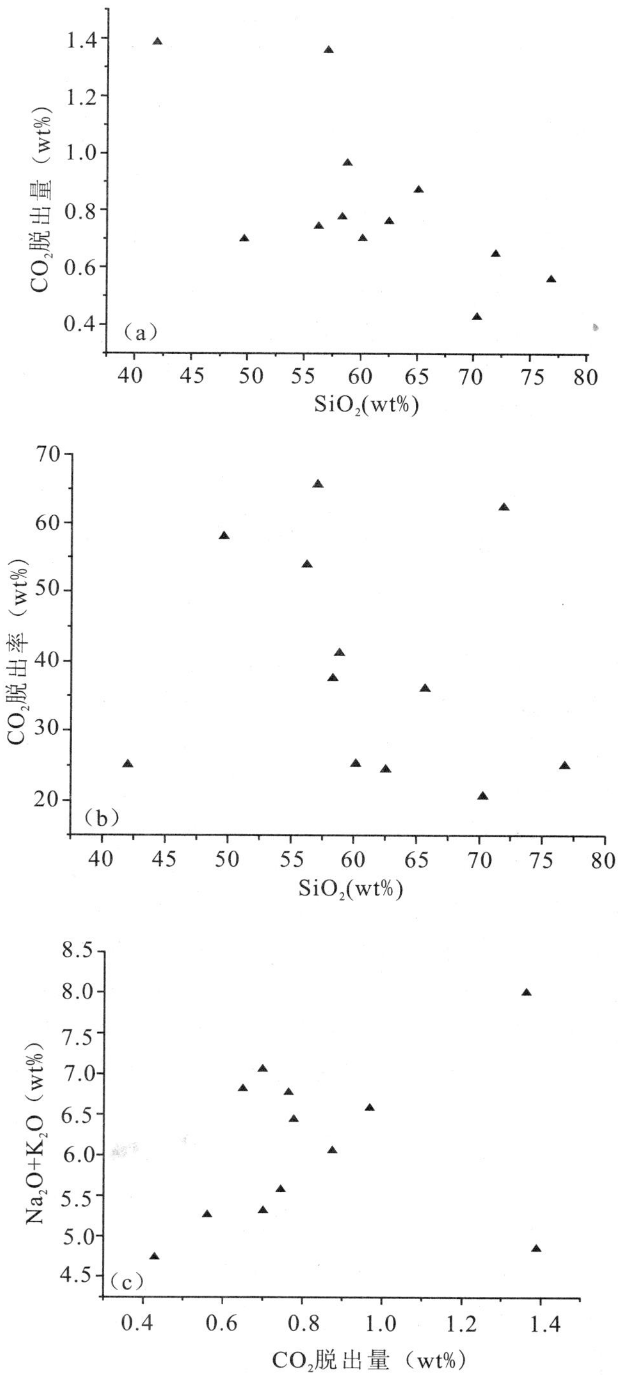

图 3.8　松辽盆地深层火山岩中吸附 CO_2 气与岩性的关系图

表 3.8 不同火成岩中气体含量(据关效如,1990)

岩石类型	气体组成平均值(%)				石类型	气体组成平均值(%)			
	CO_2	H_2O	CO	CH_4		CO_2	H_2O	CO	CH_4
喷出岩	66.0	19.4	12.3	2.3	辉长岩	16.6	77.4	3.7	2.3
玄武岩	64.6	19.9	13.8	2.5	闪长岩	12.0	80.6	3.2	4.3
安山岩	74.6	13.6	10.6	2.2	花岗岩	33.4	59.5	5.2	2.3
流纹岩	57.1	30.6	12.3		辉绿岩	44.7	50.7	3.2	1.9
侵入岩	25.5	67.6	4.5	2.5	全部岩石	47.5	42.0	8.0	2.5

各层段暗色泥岩的 CO_2 脱出量都较高,在 0.8%~1%之间;而砂岩的 CO_2 脱出量明显低于其他岩石,芳深 701 井火石岭组细砂岩(FS701-1)和葡深 1 井沙河子组暗色砂岩(P_4)的脱出量只略大于 0.2%。

第三节 碳酸盐岩源库

海相碳酸盐岩是地壳沉积岩层中碳的最主要储藏库,约占沉积碳的 73%(Rubey,1955)。松辽盆地北部的碳酸盐岩地层主要集中在寒武系、泥盆系和二叠系(黑龙江省地质矿产局,1993;冯子辉等,2005)。据黑龙江省地质志(1993)统计,寒武系碳酸盐岩地层总厚度大于 250 m,泥盆系总厚度 103 m,二叠系总厚度 518 m。此外值得注意的是,从芳深 9 井和宋深 2 井样品薄片的镜下观察可以看到,从基底的变质岩、火石岭组的暗色泥岩、玄武岩、安山岩到营城组的流纹岩、火山角砾、登娄库组的蚀变闪长岩中,碳酸盐化现象都很普遍。暗色泥岩和变质岩裂隙中多见方解石脉。火山岩气孔结构中方解石结晶、基质中的碳酸盐胶结现象非常丰富。这些碳酸盐矿物受热分解或变质蚀变时,就可以成为良好的 CO_2 母源物质。

依据哈尔滨市宾县宾西乡孙家窑地区的接触变质带的测试数据(表 2.2,表 2.3),我们分析一下松辽盆地基底碳酸盐岩在接触变质作用下的元素迁移规律。

一、常量元素

在各种热液条件下,常见岩石中 Al、Ti 和 P 一般是不活泼的(MacGeehan & MacLean, 1980; Burcher-Nurminen, 1981; Ferry, 1983; Mottl, 1983;Nesbitt & Yong, 1989),从常量元素与 Ti 的比值(i/Ti)的图解(图 3.9)可以看出各常量元素的变化趋势。由于所有分析样品的 C 来源于 Ca - Fe - Mg - Mn 变碳酸盐岩系统,因此这里变质岩中 C 含量变化的反映选择 C/(Ca+Fe+Mg+Mn)原子数量比。该接触变质带的变质过程是一个脱碳反应的过程,Ti、K 和 Na 是相对不活泼的元素,Al 是活泼元素,C 随变质程度的加深逐渐减少,其他元素的活化迁移与接触变质程度无对应关系。接触变质带随变质程度加深，元素变化主要表现为硅的富集和钙、碳的亏损；钙和硅的含量呈非常好的负线性关系(图 3.10)，拟和方程为：

$$CaO(wt\%)=55.82-0.80\times SiO_2\quad (wt\%)$$

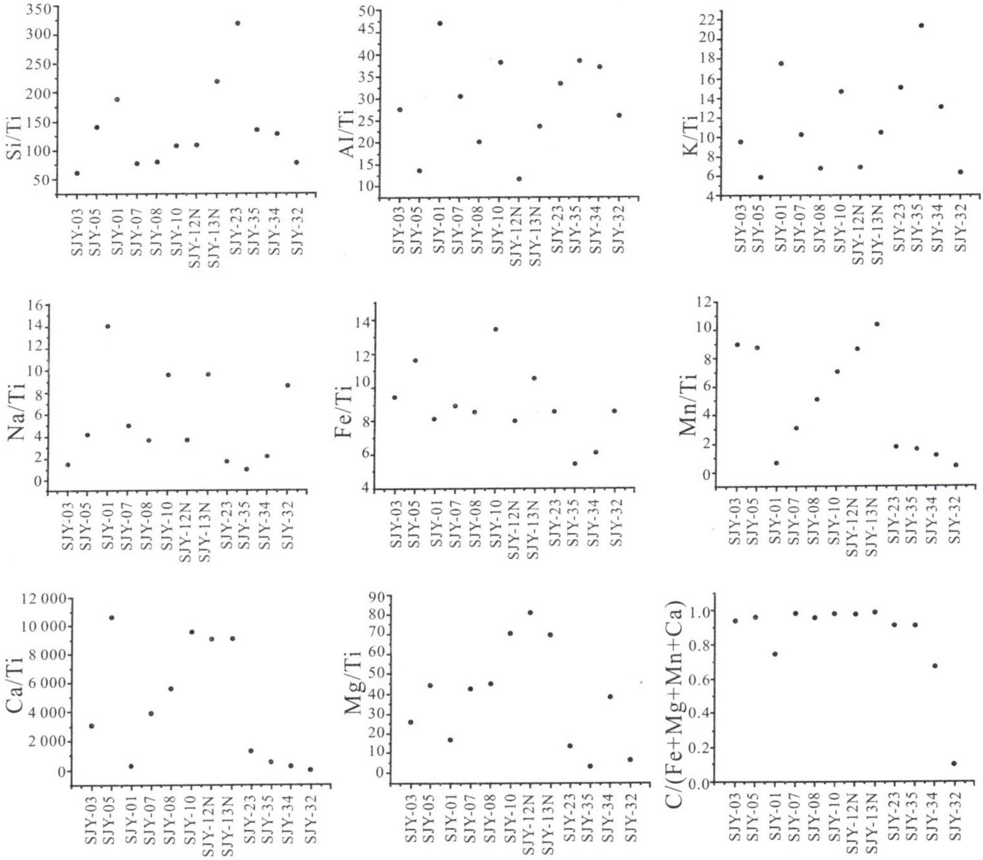

图 3.9 哈尔滨市宾县孙家窑接触变质带及花岗岩(横坐标 SJY-36 为标本号)中 i/Ti 比

二、稀土总量(∑ REE)

花岗岩样品稀土总量(∑ REE)为 91～203 ppm；接触变质带内碳酸盐岩的稀土总量为 20～113 ppm，并且显示出总量随变质程度先微小的下降，随后迅速上升，但是比花岗岩平均含量要低(图 3.11)。

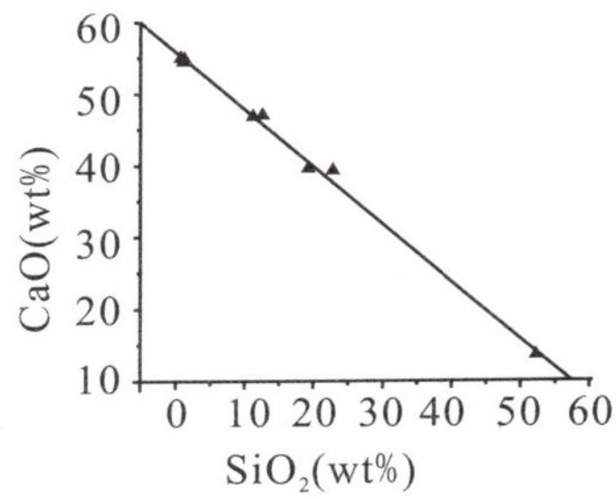

图 3.10 哈尔滨市宾县孙家窑接触变质带 CaO-SiO₂ 图解

接触变质带内的碳酸盐岩接触变质过程中变化的主要元素是钙、碳和硅，反映了不同变质程度下元素的迁移规律，从CaO与稀土总量的协变图解（图3.12）可以看出，它们呈负线性关系，拟和方程为：

$$\sum REE(ppm)=155.52-2.39\times CaO\quad (wt\%)\qquad (2)$$

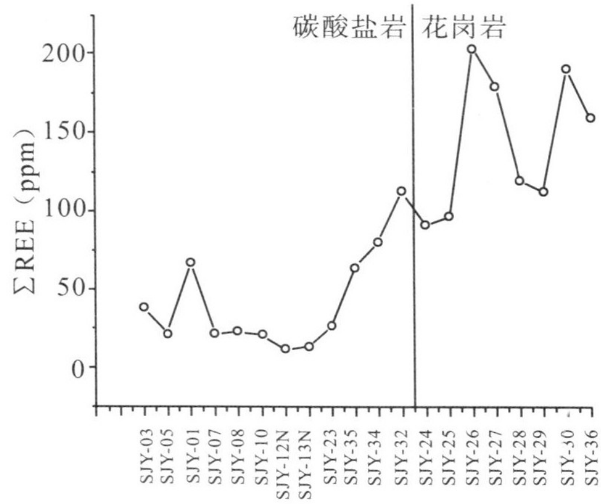

图3.11　哈尔滨市宾县孙家窑接触变质带和花岗岩稀土总量变化图解

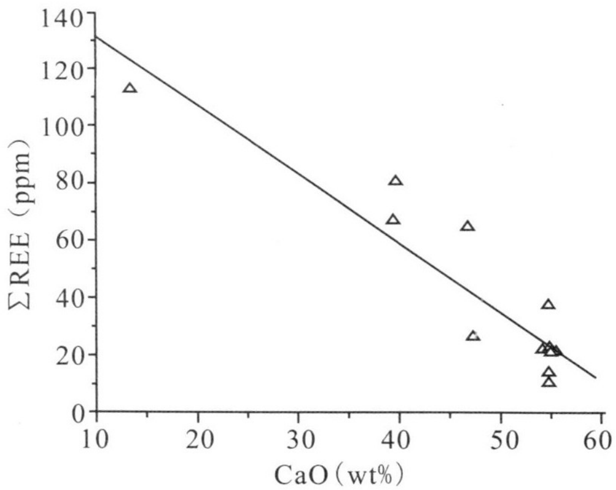

图3.12　哈尔滨市宾县孙家窑接触变质带内CaO与稀土总量的关系图解

三、轻重稀土分馏(LREE/HREE)

接触变质带内碳酸盐岩样品LREE/HREE为6～18，La/Yb为9～62，Ce/Yb为9～56，La/Lu为63～293，La/Sm为5～24；花岗岩样品LREE/HREE为5～10，

La/Yb 为 5～14，Ce/Yb 为 12～33，La/Lu 为 31～81，La/Sm 为 4～8。总体来说，碳酸盐岩中这些比值略大于花岗岩中的这些比值(图 3.13)。

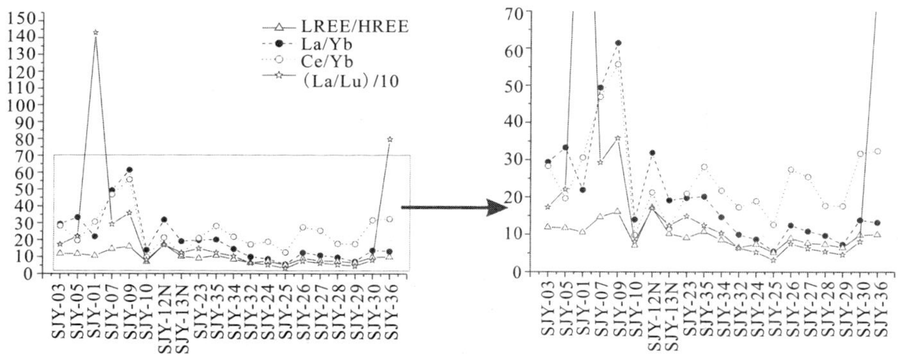

图 3.13　哈尔滨市宾县孙家窑接触变质带和花岗岩轻重稀土元素比值

这些比值反映了稀土元素的分馏程度，本区岩石表现为轻稀土富集、重稀土相对亏损；(LREE/HREE)、La/Yb、La/Lu 和 La/Sm 都表现接触变质程度加强，稀土元素分馏程度减弱的趋势，最后与花岗岩的相仿。

四、球粒陨石标准化图解

在球粒陨石标准化图解(图 3.14，图 3.15)中，花岗岩样品 SJY-36 远离接触带，可以认为没有受到的同化混染，代表整个花岗岩体与接触变质带碳酸盐岩比较。球粒陨石标准化数据采用 Boynton(1984)的 CI 标准化数据。

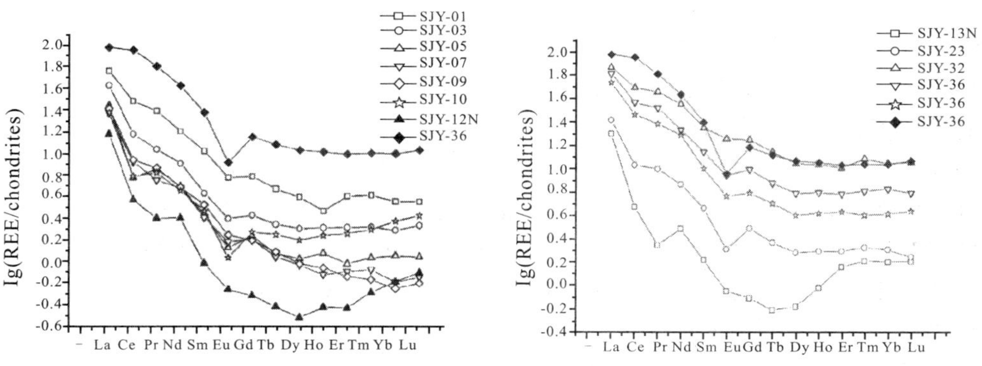

图 3.14　哈尔滨市宾县孙家窑接触变质带碳酸盐岩球粒陨石标准化图解

不同接触变质带碳酸盐岩样品与花岗岩样品(SJY-36)的稀土元素对比，碳酸盐岩样品稀土元素含量较低，接触变质带稀土含量也大致体现为随变质程度加深，含量升高的趋势。

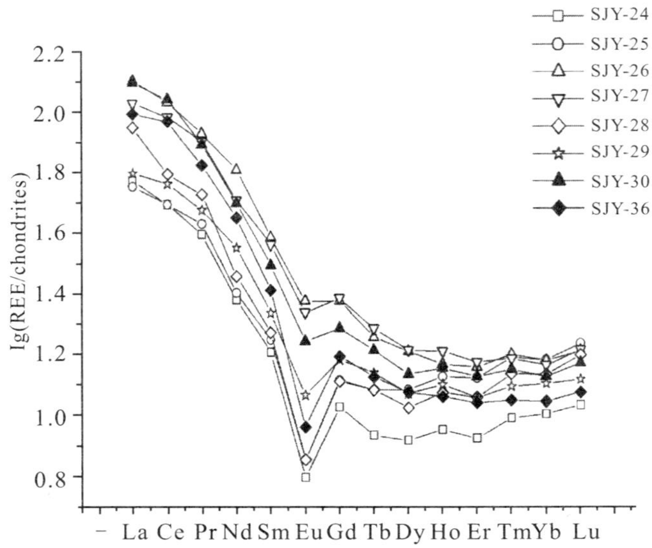

图 3.15 哈尔滨市宾县孙家窑花岗岩球粒陨石标准化图解

除个别样品(SJY-12N、SJY-13N)外，稀土元素的分布型式几乎相同，特别是重稀土部分，表现为轻稀土富集和 Eu 亏损，但是 SJY-36Eu 亏损大于大部分碳酸盐岩样品。花岗岩体边部蚀变矿化样品(SJY-26、SJY-27、SJY-29、SJY-30)Eu 亏损也较其他样品小。接触变质带体现为 Ce 的微弱负异常，而花岗岩样品表现为微弱的正异常。

接触变质带主元素和稀土元素的变化趋势是变质程度越高，元素含量、稀土元素的分布型式和分馏程度越趋向花岗岩；钙铝榴石强矽卡岩带与其他接触变质带相比，更加显著的趋向花岗岩。这些反映了碳酸盐岩与侵入流体的混染作用，流体通量计算表明接触变质作用中富水岩浆水大量加入侵入岩体围岩内侧(Ferry & Dipple, 1991; Lêger & Ferry, 1993)，岩浆水的大量加入造成钙铝榴石强矽卡岩带的更加显著的变化；另外灰岩抗蚀变能力弱，硅化及矿化过程中稀土变化明显(唐建武等，1999)也是另外一个原因。Lida 等(1998)在研究花岗岩蚀变中证明碳酸盐岩热液蚀变形成中轻稀土可能带入碳酸盐矿物富集。接触变质带碳酸盐岩重结晶可能富集了轻稀土元素，但是随着 Ca 的亏损，富集程度可能减弱，这造成了稀土元素分布型式中轻稀土部分的差别。

第四节　有机质源库

一、含有机质地层

松辽盆地北部深层的有机质主要分布在 J_3-K_1 暗色泥岩和煤层中，其次是在石炭-二叠基底浅变质岩中。石炭-二叠系浅变质岩石有机地球化学表明（冯子辉等，2005）：有机碳含量 0.05%～2.08%（平均值达 0.88%），氯仿沥青“A”含量 0.003%～0.002 9%，MAB 抽提物含量 0.001 2%～0.002 8%，H/C 摩尔比 0.10～0.52，Ro 范围 2.98%～4.16%；按抽提物的构烷烃分布和生物标志化合物的分布可分为两类，第一类正构烷烃分布呈偶碳优势，伽马蜡烷丰度高、C28 甾烷丰度高，反映高盐度环境菌、藻有机质的贡献；第二类样品中正构烷烃分布呈奇碳优势，伽马蜡烷丰度低、C28 甾烷丰度高，反映陆源植物为主要生源的沉积特征。徐家围子断陷主要有火石岭组一段、沙河子组和营城组二段 3 套烃源岩（任延广等，2004），包括湖相泥岩和煤层，其中沙河子组厚度一般大于 400m，是主要烃源岩。沙河子组湖相泥岩有机碳值大多超过 1.0%，煤层有机碳平均 29%。有机质类型以Ⅲ型为主，少部分为Ⅰ型和Ⅱ型。断陷期烃源岩均已达高成熟-过成熟，均为好烃源岩（卢双舫等，2002）。

二、有机质母源的 CO_2 贡献有限

由于碳酸盐化现象和有机质的存在，暗色泥岩的全碳含量高（1.38%～6.56%）。从岩石吸附气成分中可以看到，芳深 9 井火成岩挥发分中烃类占 4%～16%，C_2H_6 含量 2%～16%；宋深 2 井火成岩和暗色泥岩中烃类含量更多，4 285.92 m 段的安山岩中甚至含 C_3H_8（2.123 4%）和 C_4H_{10}（0.349 8%）。这些反映了有机质母源的存在。目前该区 CO_2 成因研究证实只有少量来自有机物质的 CO_2 混入，有机质以成烃为主。

第五节　昌德东气藏气源判别

前面成因判别已指出昌德东 CO_2 气藏中 CO_2 气是幔源-岩浆成因的，应该生成

于远离岛弧火山活动区的构造活动区域中。依据系列采样距离钻井 CO_2 含量的差异、CO_2-CH_4 分馏系数值的差异和单井试气的结果以及 K-Ar 同位素分析数据显示的多期次火山活动与松辽盆地南部 CO_2 气藏的对比分析结果等，我们认为昌德东 CO_2 气藏的 CO_2 主要源自幔源火山岩吸附气，并非直接来自幔源。因此我们称其成藏模式为"自生自储"（刘德良等，2005a；李振生等，2006）。

一、区段含气差异分析

昌德东气藏中 CO_2 富集度空间分布不均一性，从芳深 9 井至芳深 7 井、芳深 6 井，CO_2 含量在很近的距离内从 90%降到 15%（表 1.3），另外同在徐家围子断陷中的昌五、汪家屯构造中 CO_2 含量只有 0.15%～12.2%。针对这种现象，目前认为是因为芳深 7 井、芳深 6 井的 CO_2 主要是从芳深 9 井运移而来的，其亲水性及重力分异作用使 CO_2 含量随运移距离的增加而减少，还有认为与较多有机气混入有关（霍秋立等，1998）。这些判断都基于储层孔隙度相对均一，但是火山岩中的 CO_2 气是储于火山岩脆性破裂域中，而破（断）裂在火山岩中是不均匀分布的。因此，宜从断裂构造体系结构加以分析。可以通过这几口井同位素 CO_2-CH_4 分馏系数值的差异分析，否定以上解释，认为这种短距离内 CO_2 含量很大差异性和松辽盆地南部 CO_2 气藏的情况极其相似，具有火山岩吸附气脱气成藏的特征。

二、分馏系数差异分析

根据芳深 9 井、芳深 6 井 CH_4、CO_2 碳同位素值的关系，用 Botttinga（1969）和 Craig（1953）的图版（图 3.16）计算了两口井天然气生成时的温度（表 3.9）。芳深 6 井较芳深 9 井浅，但古地温反而高出 100 多摄氏度，在同样地质条件下，这可能反映出不同地质温度下 CH_4、CO_2 之间的平衡关系。芳深 9 井、芳深 6 井的 CO_2 气是在岩浆演化不同阶段、不同温度条件下脱出的气，具体地说，芳深 6 井 CO_2 是岩浆在较早期和较深部位脱出的，而芳深 9 较晚，反映出其母源脱气演化的阶段性。

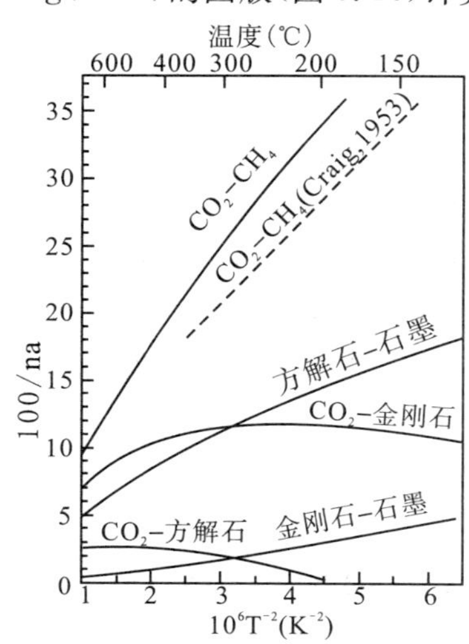

图 3.16　CO_2-CH_4 分馏系数图

（据福尔，1983）

三、储层含气差异分析

下白垩统营城组二段的霏细流纹岩自身就是 CO_2 气的产层。大庆油田对芳深 9 井下白垩统营城组二段的 135 号层（3 601.4～3 645.0 m，厚 43.6 m）单独试气，结果为：日产气 50 938 m^3，日产水 3.0 m^3，其中 CO_2 气含量为 93.083%，CH_4 气为6.153%，相对密度 1.465 5；但是，135、136、137、139、140 层的合试结果，仅获得自然日产能 47 162 m^3，CO_2 含量为 88.3%，CH_4 含量为 9.5%，C_2H_6 含量为 0.3%，相对密度 1.42。有两点值得重视，一是合试的 CO_2 含量反而低，二是合试的产能也低。产能低原因很多，窜层、泄露都可以使产能减小；而合试的 CO_2 含量低，则可以说明 135 层以下的各层位 CO_2 含量小于 135 号层，即储层含气量下贫上富，由于 CO_2 的密度相对较大，不可能是密度分异造成的，因此认为火山岩 CO_2 自生自储。

表 3.9 松辽盆地昌德东气藏 CH_4 和 CO_2 的同位素分馏系数(△)与平衡地质温度(T)

井号	△CO_2-CH_4(‰)	T(℃)
芳深 6 井	16.99	390～420
芳深 9 井	23.39、21.79	270～320

类似情况还见于芳深 9 井西北约 8 km 的芳深 7 井，火山岩储层 105 号层(3 473.0～3 482.0 m，厚 9.0 m)与上部 101、102 层合试 CO_2 含量也低，可作为自生自储的旁证。

四、K-Ar 同位素分析

松辽盆地区域研究资料表明(黑龙江省地质矿产局，1993；张晓东，2003)，盆地内的火山活动频繁，且在火山活动停息后仍有气体喷出。这种气体如果进入渗透性较好的地层，并遇适当的构造即可聚集成藏。松辽盆地中生代曾经历多期火山岩喷发事件。按构造运动、沉积旋回和火山岩在地层中的分布范围来划分，盆地内中生代曾有过 6 次规模较大的火山喷发旋回和 9 次火山喷发活动。如火石岭组、营城组的火山岩、火山碎屑岩在盆地内和盆地边缘地区广泛分布，沙河子组、泉头组(英 80 井等)和青山口组的火山岩(金 65 井等)、火山碎屑岩在地层中以夹层形式存在，而晚白垩世姚家组和嫩江组仅在盆地内少数钻井和盆地边缘地区见到膨润土夹层(火山灰在水中沉积的蚀变产物)。因此，这些火山活动，特别是晚白垩纪和新生代以来的岩浆火山活动所携带的天然气是深部无机成因气向沉积盖层中运移聚集的主要来源。

从芳深 9 井储层火山岩在国土资源部宜昌地质矿产所测试中心所测得的 K-Ar 同位素年龄数据(表 3.10)可以看出，产出层位较浅的登娄库组中 2 970 m 的英安岩和 3 162 m 的中细粒蚀变闪长岩，K-Ar 同位素年龄较老，为 76.8～76.7±5 Ma，相当于晚白垩世早期，而产出层位较深的营城组中 3 160 m 的霏细流纹岩和 3632 m 的钠闪碱流岩，K-Ar 同位素年龄较新，为 66.8～64.5±5 Ma，相当于白垩纪末期到第三纪早期。并且两个层位火山岩的岩性也不同，登娄库组中火山岩以中性为主，而营城组中火山岩以酸性为主。

表 3.10　松辽盆地芳深 9 井 K-Ar 火成岩同位素年龄数据

层位	深度(m)	岩性	K-Ar 年龄(Ma)
K_{1d}	2 968.8	英安岩	(76.8～76.7)±5
K_{1d}	3 161.6	细粒蚀变闪长岩	
K_{1y}	3 610	霏细流纹岩	(66.8～64.5)±5
K_{1y}	3 634	钠闪碱流岩	
J	3 699.25	闪长岩	
基底	3 905	变质岩	

芳深 9 井的 CO_2 主要产于营城组流纹岩(井深 3 610 m、3 632 m)和登娄库组蚀变闪长岩(井深 3 162 m)中，它们总碳含量明显高于其他层位，达到 4.14%～5.87%。主要储集层营城组二段流纹岩(井深 3 601.5～3 645 m)上下都有火山岩和次火山岩分布，尤其是登娄库组中 2 968.8 m 的英安岩和 3 074.51 m 的浅灰色酸性凝灰岩。

据以上可以推断，形成于白垩纪末-古近纪初期营城组中 64.5Ma 和 66.8Ma 的火山岩所代表的两次火山活动时段是昌德东 CO_2 气藏的主要成藏期。

五、与万金塔气藏的对比分析

松辽盆地南部的吉林农安构造和万金塔构造同属一构造带(戴金星，1998)，相距不过几公里，前者 CH_4 占 90%以上，CO_2 不足 1%；后者 CO_2 高达 97%。气体成分截然不同，似乎很难理解，但用火山岩及其断裂控制分析便可作出比较合理的解答。万金塔气藏是一个受断裂控制的短轴背斜圈闭气藏，钻遇有玄武岩和辉绿岩，具有捕集火山源气的条件。虽然从万 5 井气体中含有甲烷、乙烷来看，万金塔构造中的气可能混入了有机质热分解气，但仍不失为以典型幔源火山岩为母源的 CO_2 气藏；而农安构造钻遇的是凝灰质岩和高岭土，距火山较远，其油气则与火山无缘。

松辽盆地北部徐家围子断陷不同构造间和同一构造(气藏)不同井间的 CO_2 含量变化也很大，自芳深 9 井至芳深 7 井、芳深 6 井，以及与同在徐家围子断陷中的昌五、汪家屯构造等，短距离内 CO_2 含量有很大的变化，同松辽盆地南部 CO_2 气藏的分布极其相似。且芳深 9 井在登娄库组钻遇英安岩和闪长岩，在营城组钻遇安山岩、流纹岩和火山角砾岩，表明昌德东地区曾经处在岩浆源或火山口附近，岩浆使碳酸盐岩热变质脱出的 CO_2 或岩浆自身脱出的 CO_2 在火成岩、砂岩的圈闭中聚集成藏。

因此认为，松辽盆地北部昌德东 CO_2 气藏特征与松辽盆地南部的万金塔气藏相似，都是与幔源火山岩浆活动有关的 CO_2 气藏。

第四章　CO_2成藏的断裂作用与成藏断裂的声学鉴别

各种构造在油气成藏中起到重要的作用（戴金星，1983，1992b；甘克文，1995；刘德良等，1993，2003b，2006b，2007a，2007b；刘德良和陶士振，2001；何登发和贾承造，2005；贾承造，1999，2005；贾承造等，2005a；李景明等，2004，2006a；李振生等，2003，2006，2007，2008；陶士振等，2000a，2000b，2001；魏国齐等，2005；魏国齐和贾承造，1995，2008，2000；杨晓勇等，2002）。任何类型的油气藏，在其成藏过程中都需要有一套疏导运输系统与其相关联。戴金星等（1995）指出：中国东部目前已发现的CO_2气藏（田）皆与断裂有关，因此断裂是形成CO_2气藏最重要的地质因素，但并非在每个断裂处都能找到CO_2气藏，只有那些作为地球脱气口和岩浆通道的断裂或者能产生大量构造热，致使碳酸盐岩（矿物）发生变质分解反应的并具有圈闭能力的断裂相配置才有可能形成CO_2气藏，该类断裂称为气源断裂。断裂对CO_2气藏的控制作用体现在给CO_2母质提供热力、给CO_2运移提供通道、给CO_2气聚集提供封闭等方面。

对CO_2气成藏来说，各种级别不同性能断裂的存在是必不可少的条件。CO_2的生成、运移、聚集和保存等整个成藏过程均受气源断裂系统的控制，按其在成藏过程中功能的不同可以分为 4 种不同类型：成气断裂、导气断裂、容气断裂和封气断裂。断裂的控制作用受到多种因素制约（李振生等，2005b）。

第一节　CO_2成藏的断裂作用

断裂对幔源-岩浆成因CO_2气藏来说，主要体现为三个方面：幔源气体运移的通道、改善气藏储层的储集性能和增强气藏盖层的封盖性能；断裂对碳酸盐岩变质成因CO_2气藏来说，断裂对CO_2的生成、运移、储集和封盖均起作用。

一、断裂对变质成因CO_2的生成作用

断裂带为碳酸盐岩热变质作用提供热源，热源来自两个方向：①深部热流沿断

裂带上升。在接触变质作用中，断裂作为岩浆或高温热液的侵位通道，因岩浆或高温热液的高温以及岩浆中携带的巨大热能的影响，致使岩石发生变质，碳酸盐岩发生分解而产生 CO_2；②断裂带本身的动力变质生热。

在动力变质作用中，压剪性断裂本身的构造热效应使碳酸盐分解产生 CO_2，断裂直接与 CO_2 生成相关。郯庐断裂带双山断裂的定量计算结果（表 2.6）表明，100 g 碳酸质母岩在动力变质作用过程中，可释放 22.90～33.90 g CO_2 气体分子，其质量占到母岩的 1/4～1/3。

压剪性断裂的动力变质增温效应明显，但不利于深部热流上升；相反，张启性断裂为深部热流上升的良好通道，但断裂带本身的动力增温弱。哈尔滨市宾县宾西乡孙家窑地区接触变质作用碳酸盐释放 CO_2 的计算表明，碳酸盐岩接触变释放大量的 CO_2（0.12～11.46 mol/l），CO_2 释放量与岩石体积比为 2.7～256.7。

二、断裂对变质成因 CO_2 的导运作用

随着碳酸盐岩分解反应的进行，使得局部 CO_2 随之增高，从而阻止化学反应向生成 CO_2 方向继续进行，抑制 CO_2 的大量生成，碳酸盐分解反应处于暂时平衡。一旦 CO_2 释出，系统的化学平衡即遭破坏，分解反应继续进行。因此，要使分解反应继续进行并且 CO_2 运移成藏，尚需有配套的减压释放和导气断裂构造。在动力变质作用中，压剪性断裂带与张启性断裂带的交汇带即成为变质成因 CO_2 的生成与排放中心。在黄骅坳陷的徐庄子断裂与港西断裂和沈育庄断裂交汇带形成的 CO_2 气藏，就可能属这种情况。在接触变质作用中，断裂不仅作为岩浆或高温热液的通道，而且也是变质成因 CO_2 运移释放的通道。

变质成因的 CO_2 气藏，见于莺歌海盆地莺歌海坳陷泥拱带。莺歌海盆地为红河断裂南段莺歌海断裂走滑活动控制的走滑盆地，在新生代经历了多期压剪和张剪性活动，沿盆地北北西向轴部形成了一组南北向展布的雁列泥洪带（罗开平等，1998）。何家雄和陈刚（1997）将富 CO_2 天然气的分布规律总结为：泥底辟带上富 CO_2 天然气的平面总体分布具有东高西低、南高北低之特点和规律，局部构造及砂体中 CO_2 的分布亦具此规律及特点；剖面上总体分布具有明显的分带性，而同一带又具分层性，自上而下分为超浅层低 CO_2 富烃气带、浅层高 CO_2 含烃气带与低 CO_2 富烃气带的混合含气组合体系（T_{18}～T_{28}）、浅层下组合及中深层低 CO_2 富烃气带三个带。CO_2 多富集于浅层含气组合体系（T_{18}～T_{28}），并且勘探表明，高 CO_2 天然气均集中分布于盆地中部的泥底辟顶部断裂带（系）、泥底辟喷口（活动中心）附近以及深埋型泥底辟的上部微裂隙带，这些微裂隙带区均是泥底辟伴生热流体上侵活动强烈的区域，也是天然气及 CO_2 富集区；而盆地东南部相邻的琼东南盆地，由于无泥底辟发育，至今所钻探井均未见富 CO_2 天然气（何家雄，2003）。例如，DA-1-1 气藏（图 4.1(b)）在泥底辟伴生热流体上侵活动的区域及层段，如 2 井Ⅲ气组、3 井

Ⅱ$_{\text{下}}$气组及Ⅲ气组的 CO_2 相当富集，其含量高达 55.1%～70.0%。而未受热流体影响或影响小或热流体尚未侵入的层段和区块，CO_2 则含量甚微，如 2 井Ⅱ$_{\text{下}}$气组、4、5 井Ⅰ、Ⅱ$_{\text{上}}$、Ⅲ$_{\text{下}}$气组以及 8、9 井的Ⅰ、Ⅱ$_{\text{上}}$气组，均以低 CO_2 富烃气为主，CO_2 含量不到 1%。DB29-1 气藏亦属于泥底辟强烈活动、断裂发育及热流体上侵频繁的区域，富 CO_2 天然气伴随泥底辟及热流体上侵活动而输送携带上来，聚集在泥底辟顶部，即被其伴生断裂切割复杂化的背斜之中（图 4.1(a)）。由于泥底辟发育演化所伴生的断裂强烈活动及热流体上侵，导致整个气藏不同断块的 CO_2 都较为富集。

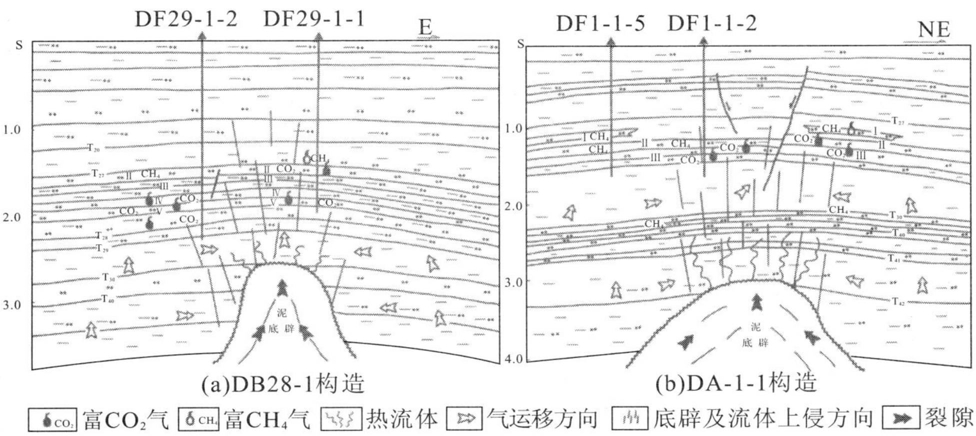

图 4.1　莺歌海盆地 DB29-1 和 DA-1-1 构造天然气运移成藏模式（据何家雄和陈刚，1997）

CO_2 气藏的气源供给区，也就是泥底辟活动发育区（陈传平等，2004）。新近系以来，莺歌海盆地存在区域性的岩浆活动（陈建渝，2003），在泥底辟发育演化过程中，岩浆活动、热流体上侵活动以及泥拱带轴部的次生断裂的活动，为岩石化学反应产生大量的 CO_2 提供了有利的热力学条件；泥底辟背斜核部伴生的断裂带和裂隙带为天然气提供了极好的运移通道以及储集空间，是浅层天然气及 CO_2 分布与成藏的重要控制因素。

三、断裂对幔源 CO_2 的导运作用

幔源 CO_2 首先存在于地下深处，它的析出离不开断裂-岩浆作用。幔源气的释放有两种途径：其一是在没有岩浆喷发和侵入的情况下，幔源岩浆房中已经脱离岩浆的幔源气体通过深达岩浆房的深断裂通道直接释放；其二是在岩浆侵入、喷溢的同时，岩浆房中的幔源气体与岩浆一起带入到沉积壳层中，岩浆在不断冷却过程中会进一步释放出其中溶解的幔源气体。断裂是幔源物质直接或间接上升的通道，作为幔源岩浆活动通道的深大断裂在拉张背景下是幔源气上升的良好通道。

1. 断裂是幔源 CO_2 直接释放的通道

深大断裂释放幔源 CO_2 的研究，在一些多发地震和火山活动的国家开展的较为普遍，主要是环太平洋的美、日、前苏联、新西兰等(张加桂和胡海涛，1999)。在全球范围，特别是在环太平洋及亚欧地震带内，幔源 CO_2 释放点的分布与地震活动断裂带的分布基本一致(Janoy et al.，1982)。我国结合温泉和 CO_2 释放点的工作，就深大断裂对幔源 CO_2 的释放作用也进行了许多研究(张加桂和胡海涛，1999；戴金星等，1995；陈永见等，1999)。

气体的释放是一个缓慢的过程，只要有足够的气源，它总能沿构造薄弱地带逐渐释放出来。在开启性深断裂或裂谷区，未发生大规模岩浆活动的情况下，深部热流和富含挥发分及不相容元素的化学活动性流体会沿着超壳断裂上升减压释放。这种脱气作用是在较高温度、较高氧逸度和较小压力的热力学条件下进行的，有的学者称之为热脱气作用，以这种方式脱出的气体主要成分是 CO_2。在深、中、浅部断裂衔接、连通配套的情况下，幔源气沿断裂上升运移至有利的构造部位，在适合的圈闭、封盖、保存条件下可富集成藏。上官志冠等(1998)通过对郯庐断裂及胶辽断块区现代地热流体的观测发现，沿北西—北西西向断裂分布的地下泉水中有明显幔源气体释放。徐永昌等(1990)发现中国东部沿郯庐断裂带分有的气藏中幔源 He 具有很高的浓度，可以达到工业开采品位，形成幔源 He 在沉积盆地中的工业聚集，并认为幔源 He 气藏的形成要求有充分的动态补给，即除了需要有通达地幔的断裂体系外，并且这一断裂体系应当是至今仍然连通地幔的活动性断裂。

由于 He 的高扩散性能，岩浆房中的 He 会比主量气体 CO_2 更快地通过断裂通道释放，造成这种方式释放的幔源气体中 He 相对富集，$CO_2/^3He$ 比率比幔源气体脱离玄武岩浆时的(2～7)×10^9 要大幅降低。我国东部含油气盆地中新生代幔源 CO_2 气藏的 $CO_2/^3He$ 比率均在 10^7～10^9 之间，显著低于幔源气体脱离玄武岩浆时所具有的恒定 $CO_2/^3He$ 比率，因此，许多等(2000)认为，深达岩浆房的断裂持续不断的、未导致玄武岩浆喷溢的小规模活动，以致从幔源岩浆房中不断释放气体，进而形成保持 $CO_2/^3He$ 特征比率的幔源气藏。

盆地中不同方向和不同层次的开放性断裂和走滑断裂是幔源气释放的良好通道，其中那些切穿地壳达到上地幔的深断裂为幔源气体向中上地壳运移的主要通道，地幔脱气最强；基底断裂和盖层断裂对 CO_2 气藏分布起控制作用，其使初始聚集区的 CO_2 再分配，运移至浅层聚集成藏。陶明信等(2005)以氦同位素为主，辅以 $CO_2/^3He$ 和 $CH_4/^3He$ 以及 $^{40}Ar/^{36}Ar$ 等指标，结合区域地质构造资料，对中国大陆不同类型断裂带的地幔脱气的综合示踪研究表明：控制地幔脱气强度的主要因素为断裂深度、构造环境和地壳厚度，据此识别出 4 种据代表性的断裂带：①伸展性构造环境中的岩石圈断裂，地壳厚度小，具低 $CH_4/^3He$-高 R 值和低 $CO_2/^3He$ 值-高 R 值体系，以幔源流体为主，地幔脱气作用最强，以郯庐断裂带为代表；②强烈挤压构造环境中的岩石圈断裂或俯冲带，如班公湖-怒江断裂带，地壳巨厚，R/Ra 值为0.43～1.13，幔源 He 约占总 He 的 5%～14%，地幔脱气作用较弱；③造山带山前（盆缘）深断裂带，R 值为 10^{-7} 量级，$CH_4/^3He$ 值为 10^9～10^{10}，$CO_2/^3He$ 值为 10^6～10^8，具微弱的地幔脱气作用；(4)造山带内壳层断裂带，具有高 $CH_4/^3He$-低 R 值(10^{-8})和高 $CO_2/^3He$ 值-低 R 值体系，无明显的地幔脱气作用。

2. 断裂是岩浆喷发和侵入的通道

岩浆本身是深部气源赋存和运移的载体，断裂构造活动则为岩浆的上移和喷发提供了条件。在构造活动剧烈的时期，由于断裂的发育造就了沟通地表与地下岩浆房的通道，岩浆沿通道上移而侵入地下一定深处、喷出地表或充填在火山通道之中，并在冷凝过程中形成发育的原生节理系统。在岩浆的上移、侵位和喷发过程中，温度和压力随之降低，大量的挥发组分不断被释放出来。

同岩浆中其他流体的分异一样，CO_2的主要释放期是与岩浆结晶作用伴生的，岩浆冷凝结晶期亦是 CO_2气大规模释放的时期。但是随岩浆就位方式以及由此而导致的冷凝速度不同，在冷凝过程中气体释放的速度也是不同的。在火山喷发期间，大量饱含 CO_2气的熔岩涌向地表，温压骤降，引起 CO_2气快速地大量释放，这时 CO_2的释放可以说是在瞬间就基本完成了，而此时火山岩暴露于地表，由此所释放的气体绝大部分直接进入大气中。相对而言，火山通道相岩浆其冷凝速度较慢，但是也不过几百年乃至上千年的时间。由于盖层的形成也是一个漫长的过程，火山通道内从充填相释放的气体实际上也不能被有效的聚集起来；另一方面，由于火山通道可以由地表向下延伸至地下数公里乃至大于 10 km 以下的富 CO_2岩浆房，而岩浆房中岩浆分异结晶过程中逸出的气体可以沿火山通道逐渐释放，因此火山通道相是 CO_2气释放的有利位置。浅成侵入相及次火山岩相中 CO_2的释放一般是在地表较深处进行的。由于岩浆结晶速度较缓慢，CO_2释放的速度要比火山岩浆结晶速度较缓慢，CO_2释放的速度要比火山通道相及溢流相中慢得多，在这种情况下气体沿岩体周围的裂隙或断层运移到有利的成藏位置而聚集成藏。对深成侵入岩来说，尽管其中气体的释放更为缓慢，但所释放的 CO_2等气体会逐渐和岩体以及围岩发生反应，使岩石发生蚀变而消耗，因此除非在此过程中有深断裂沟通了气源，否则深成侵入岩对气藏的贡献也是很低的。

火山岩通道相、次火山岩相和浅成侵入相是 CO_2气大规模释放的相带，同时也是原生孔隙发育的岩浆岩相带，因此它们是 CO_2释放和聚集的有利位置，其释放的 CO_2可以直接运移聚集成藏；喷溢相岩浆直接释放的 CO_2大多散失到大气中，难以与圈闭沟通成藏，但是喷溢相火山岩吸附大量的 CO_2气，后期吸附气的释放具有重要的成藏意义。

四、断裂对 CO_2的储集作用

我国已发现的 CO_2气藏类型主要有火山（岩浆岩）型、古潜山型、背斜型和断块

型，而且往往是某两种类型的结合或复合。一般而言，火山岩和灰岩是低渗透性岩石，但是许多 CO_2 气藏主体多居于致密的火山岩和灰岩中，例如黄桥气藏。朱立华和郭念发(2002)和郭念发等(2000)论述黄桥气藏的储层特征如下。

黄桥 CO_2 气田位于江苏省泰兴市黄桥镇，自 1983 年 S174 井偶获高产 CO_2 气流之后，已探明含气面积为 51 km^2，探明储量为 64×10^8 m^3，是目前我国陆上规模最大的 CO_2 气田。勘探证实，黄桥 CO_2 气田是一种裂隙型气田，黄桥高纯度 CO_2 主要储集在泥盆系砂岩、二叠系灰岩及三叠系灰岩中，储集空间类型主要为裂隙、溶隙、溶洞等特殊的次生储集空间。这些岩石的原生孔隙空间由于强烈的成岩后生作用而大大减小，碳酸盐岩原生孔隙度平均为 1.46%，砂岩等碎屑岩原生孔隙度平均为 1.7%，这些岩石的原生孔隙基本丧失了作为有效储层的储集作用。在原生孔隙严重不足的条件下，相对发育的次生裂隙、溶隙改善了海相碳酸盐岩的孔渗性能(表 4.1)，部分海相碎屑岩中发育的构造裂隙和次生孔隙增加了其孔隙空间和渗透能力，这些次生储集空间的存在使它们成为有效储集岩。裂隙储集岩中发育的裂隙既可以穿层也可以穿越不同的岩性，次生裂隙不仅有效地增加了储集层的孔隙度，也改善了孔隙之间的连通性，使储集层的渗透率大幅度提高。

表 4.1　苏北盆地碳酸盐岩裂隙与孔、渗性能关系表(据朱立华和郭念发，2002)

井号	层位	井深(m)	岩性	孔隙度(%)	渗透率(10^{-3} μm^2)	备注
S133	T_1	2 398.0～2 398.1	灰岩	1.74	8.31	有裂隙
		2 397.2～2 397.3	灰岩	1.17	0.11	无裂隙
N_4	P_1	2 000.16～2 000.15	灰岩	1.67	419.48	有裂隙
		2 001.86～2 002.01	灰岩	0.51	0.21	无裂隙
S135	Z_2dn	1 256.0	白云岩	2.97	33.80	有裂隙
		1 191.0	白云岩	1.00	0.17	无裂隙

黄桥地区钻井中常发生钻井液漏失现象，测试表明，漏失井段往往是裂隙发育段。如 S174 井三叠系青龙组灰岩、二叠系栖霞组灰岩和泥盆系五通组砂岩的岩心中见大量裂隙，裂隙宽度大多为 2.5～5 mm，少数超过 15 mm。裂隙中充填有方解石等矿物，但大多数裂隙均未被充填满，方解石脉呈糜棱状。薄片鉴定表明，除裂隙普遍发育外，还有大量的晶间孔、溶孔和溶缝，它们极大改善了岩石的孔渗能力。1%裂隙孔隙度相当于 5%～8%的岩石原生孔隙度，如 N11 井在 1 008.2～1 899.6 m 井段岩石裂隙孔隙度平均仅为 5%，但该井在这段裂隙储集岩中获得高产 CO_2 气流；在其西侧的 N_{12} 井裂隙井段其裂隙孔隙度平均仅为 2%，但该井在石炭系-二叠系灰岩裂隙中也获得良好的 CO_2 气显示。

黄桥 CO_2 气田裂隙发育具有极大的选择性，大致可以分成 5 组不同方向和力学性质的裂隙，这 5 组裂隙构成的裂隙网络是多次构造叠加作用的结果：最先出现的是压溶缝合线，继而在水平挤压作用下产生 X 节理，其后挤压推覆作用又引起层间滑动，产生水平、斜列的裂缝并使原有裂缝错动，最后在拉张应力作用下裂缝进一步扩展，一些较大的垂直裂缝在淋滤作用下充填为方解石脉。黄桥地区的裂隙主要是构造成因和成岩差异压实作用而产生的，其分布只取决于岩石物理性质和岩石受力的构造环境，一般以不规则变化的储集体而独立存在。构造挤压作用产生的裂隙主要分布于构造转折端（构造变形体上倾或下倾部位）、断层两侧、背斜顶部及断裂交汇处；成岩差异压实作用产生裂隙，发生于韧性差不同的岩层在深埋阶段受重力负荷作用，使非能干岩层顺层侧向流动，而能干岩层内部则出现垂直或斜交层理的裂隙。

第二节　壳内低速高导体是幔源天然气向表壳转移的中继补给站

一、松辽盆地区存在壳内低速、高导体

在松辽盆地内进行了两次深反射地震探查，1992 年完成的约 130 km 长剖面和 1996～1999 年完成的约 1 300 km 长剖面，发现中、下部地壳构造具有复杂的震相。松辽盆地的深部地球物理资料表明埋深 18～20 km±处，存在一密度为 2.45×10^3 kg/m^3 的低密度层、纵波速度为 6.3～6.7 km/s 的低速度层，而电阻率仅有 3～8 Ω·m 的高导层（郭占谦等，2000）。6 条长 1 354.6 km 深反射地震剖面的 15 s 深部的进一步综合解释发现，松辽盆地深部一定深度（15 km 左右）之下的整个深部地壳均显示为电阻率为几欧姆·米的高导层（杨宝俊等，2001）。依据大地电磁测深剖面的综合解释，松辽盆地深部一定深度（15 km 左右）之下的整个深度地壳均显示为电阻率几欧姆·米的高导。有一种解释，下地壳普遍高导性是由于强烈韧性变形所造成的，韧性变形带的顶界面应当是脆性韧性变形过渡带，即拆离带发育的位置（杨光等，2001）。推测拆离带深度主要在 15～20 km 之间变化，一些地区可达到 25 km 左右。拆离带的深度变化与规模较大的侏罗纪断陷盆地之间存在着类似莫霍面与盆地之间的镜像关系，在测线上拆离带与松辽盆地北部发现高纯度 CO_2 气藏的徐家围子断陷呈镜像关系（图 4.2）。

松辽盆地的地壳结构有下列特征（郭占谦等，1997a；张景廉，2001）：①根据重力资料，松辽盆地深部地壳可分为 3 个圈层。上地壳密度为 2.6×10^3 kg/m^3，厚 16～20 km；中地壳密度为 2.75×10^3 kg/m^3，厚 7～9 km；下地壳密度为 3.1×10^3 kg/m^3，

厚 9～13 km。其中在松辽盆地上、中地壳间有一厚 3 km、密度仅为 2.45×10^3 kg/m^3 的圈层(图 4.3)，深度为 18～20 km；②根据地震资料，松辽盆地在 15.2 km 深处有一低速带，在低速带的顶、底界出现强反射的滑脱拆离带，而在拆离带上有天然地震的浅震源带；③根据大地电磁资料，在 20 km 深处有电阻率为 3～8 Ω · m 的高导层。

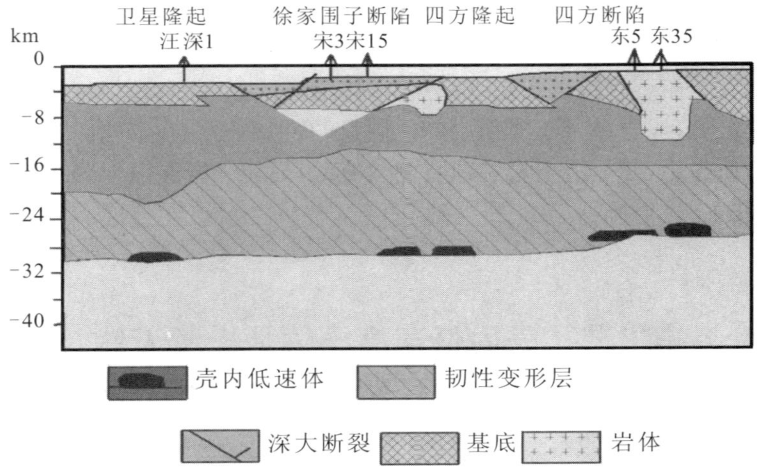

图 4.2 松辽盆地深大剖面地震反射记录解释剖面图(据郭占谦等，2000 修改)

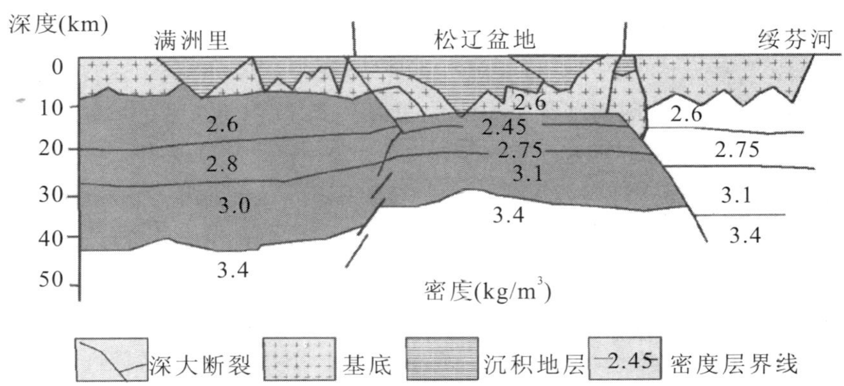

图 4.3 满洲里-绥芬河地壳结构剖面(据张景廉，2001 修改)

从上述资料可以看出，重力、地震、大地电磁资料勾画出的是同一壳内低速高导地质体。

二、壳内低速、高导体的天然气地质属性

早在 20 世纪 80 年代，壳内的低速高导层现象就已引起了中外地质学家的重

视(张景廉,2001)。俄罗斯学者沃里沃夫斯基、萨尔基索夫等发现这种壳内的特殊结构与世界上含大型、超大型油气田的盆地有着十分密切的成因关系,将这种特殊结构称为“深部断块构造”,把这种盆地称为“无花岗岩型”盆地。“无花岗岩型”盆地的显著特征是:深坳,地幔隆,且两者呈镜像关系。

壳内低速、高导层的解释有如下几种观点(高平,1997;张景廉等,2001):①地壳内岩石中 Fe、Na 等金属氧化物或高浓度的饱和溶液(如 5～10 g/l 的 NaCl 或其他盐类)均可使电导率升高;②花岗岩化过程中的脱水作用,使电导率升高;③岩石相变可脱水,使电导率升高;④当有少量水时,花岗岩岩石可以发生部分熔融,电导率也可提高,即低速、高导层可能是由岩浆体引起;⑤岩石破裂导致了弹性模量减少,地震波速降低,而当有脱水发生时,则可使电导率提高,波速降低;⑥沿深大断裂侵入地壳的地幔高温物质可能造成局部地壳熔融,使相应区域电导率升高;⑦壳幔物质相互作用形成的超基性橄榄岩经受硅铝层的热液作用之后,可形成“蛇纹石化橄榄岩”,与其邻近的花岗岩以及玄武岩层相比较,其地震波速降低,电导率升高,从而形成所谓的低速高导层。

判定壳内低速高导体的天然气地质属性的基本依据:

(1) 松辽盆地处于莫霍面隆起和高热构造区,其下是减薄的地壳和岩石圈,盆地中心 Moho 面的深度约 29 km。软流圈现今呈隆起的形态,高点埋深约 60～70 km。并由此导致了盆地的高热流,其平均值约为 1.64HFU(李思田等,1997)。松辽盆地的高地热场特征,给壳内熔融体的形成提供了充分的热动力条件。

(2) 上地幔低速层对应于上地幔的部分熔融带已是地学界的共识。至少在具有高热流值的区段,部分熔融作用可能是造成壳内低速带的主要原因(杨晓松和金振民,1998)。在地热流值较高的地区,壳内岩石发生部分熔融是完全可能的。壳内部分熔融是在地壳一定深度范围内地热温度接近或达到岩石的固相线时而引起的局部熔融作用。Clemens(1987)指出壳内部分熔融过程主要是在缺水条件下进行的,因而,在一般情况下部分熔融的发生是从含水矿物的脱水熔融开始的。含水矿物脱水熔融不仅本身产生熔体,而且可使岩石中长英质矿物的熔点降低,从而提高岩石的熔融程度。实验研究证实(顾芷娟等,1995;Gardien et al.,1995;Vielzeuf et al.,1998):含水矿物(角闪石、黑云母和白云母)的存在及含量直接控制或影响壳内的部分熔融过程。实际上“S”型花岗岩、混合花岗岩和条带状片麻岩的形成是壳内岩石部分熔融的结果,也是壳内存在部分熔融的最直接的证据。

(3) 壳内低速高导层和地幔热柱垂向上的对应关系,为地幔物质向中上地壳低速高导体上移提供了物质来源.

(4) 松辽盆地深部结构(刘德良等,2007b)的拆离带为幔源无机成因天然气的上升提供了运移通道。

(5) 松辽盆地北部已发现的昌德东高纯 CO_2 气藏的 CO_2 具有幔源火山吸附气的特征(并非直接来自幔源)。

根据以上分析，结合 CO_2 的运移特征，可以做出的推论是：这个低速高导体是部分熔融的流变体，是高级变质的场所，是壳内岩浆的发源地，是地幔流体中 CO_2、He 等气体的储集库，是幔源 CO_2 向表壳圈闭运移的中继补给站。

第三节　天然气成藏断裂组构的声学鉴别

目前成藏断裂性能的研究集中在断裂封闭性的研究（Davies & Handschy，2003；吕延防等，2002），较少导气断裂和容气断裂的工作。即使断裂封闭性研究也多限于单个断面封闭性的实验研究和数学计算以及理论推导，疏于成藏断裂整体系统和成藏断裂组合要素不同功能的研究。

岩石的弹性波速（V）反映岩石的弹性性质；波的衰减反映岩石非弹性特征，通常用品质因子（Q 值）来表征，Q 值与衰减系数 α 呈倒数关系：$\alpha=\omega/(2\pi Q)$（陈颙和黄廷芳，2001）。现有的断裂功能声学评价方法有地震速度谱识别法（付广等，2000）和声波时差法（刘伟等，2003）。这两种方法采用的是波速法，主要考虑了断裂带岩石泥质含量和密度，尚未涉及断层岩的组构，特别是面理化断层岩的各向异性。与波速相比，衰减更为敏感，能更好地反映岩石的应力状态的变化和组构缺陷的扩展，我们尝试性开展成藏断裂功能的波速与衰减的联合鉴定（陶士振等，2001a；刘德良和陶士振，2001；刘德良等，2003a，2006b，2007a；李振生等，2005a，2007）。开展不同功能断层岩波速与衰减特征相结合的综合研究势在必行。

一、导运型构造

区域性断裂系统中的主干断裂往往是高纯 CO_2 气藏的导气构造。

1. 导气断裂的声学响应

导气断裂系统主要是指纵深穿透性平移断层中部构造岩两侧的碎裂岩带，起到贯穿烃源岩、输送天然气的作用。新疆库车河剖面石炭系压剪性帚状构造（KC3 系列）外旋迴层构造岩（KC3-1）面理发育，中旋迴层构造岩（KC3-2）面理发育次之，内侧砥柱原岩（KC3-3）微弱面理化。测试结果（表 4.2）表明，外旋迴层断层岩（KC3-1）的密度、波速等弹性参数大于砥柱原岩（KC3-3）的，且平行面理方向的波速大于垂直面理方向的波速（图 4.4）；其平行面理方向的品质因子大于原岩的，而垂直面理方向的小于原岩的（图 4.4）；构造岩具有明显的各向异性。所测中旋迴层断层岩（KC3-2）的波速和品质因子均大于原岩的（图 4.4），而孔（裂）隙度减小，说明其封闭性能强于原岩；KC3-2 的 Q 值各向异性很大（图 4.4），反映了构造岩内部矿物颗粒的定向排列。与 KC3-3 相比，KC3-1 孔隙度增大。KC3-1 中可清晰观察到裂隙沿面理面发育，岩石的破裂扩容现象致使其波速和 Q 值降低而孔隙度增加。导运气体是平行层理方向，特别是后期扩容的碎裂带。

表 4.2　新疆库车地区帚状构造断层岩及原岩声波参数和孔隙度数据

样品	$V_p(X)$ (km·s^{-1})	$V_p(Z)$ (km·s^{-1})	$V_s(X)$ (km·s^{-1})	$V_s(Z)$ (km·s^{-1})	$Q_p(X)$	$Q_p(Z)$	$A(V_p)$	$A(Q_p)$	孔隙度(%)	视比重(g·cm^{-3})
KC3-1	5.31	4.09	3.23	2.56	5.3	3.66	0.23	0.31	8.2	2.49
KC3-2	5.38	5.18	3.13	2.91	5.46	9.12	0.04	0.40	5.1	2.57
KC3-3	4.00	3.45	2.40	2.11	4.59	4.32	0.14	0.06	6.0	2.54
△(KC3-3→KC3-2)	35%	50%	30%	38%	19%	111%	-71%	567%	-15%	1%
△(KC3-3→KC3-1)	33%	19%	35%	21%	15%	-15%	64%	417%	37%	-2%

注：$V_p(X)$：平行面理(X)方向 P 波速度；$V_p(Z)$：垂直面理(Z)方向 P 波速度；$V_s(X)$：平行面理(X)方向 S 波速度；$V_s(Z)$：垂直面理(Z)方向 S 波速度；$Q_p(X)$：X 方向 P 波品质因子；$Q_p(Z)$：Z 方向 P 波品质因子；$A(V_p)$：P 波速度的各向异性；$A(Q_p)$：P 波品质因子的各向异性；A =（最大值-最小值）/最大值；变化率△(a→b)=(b 的参数值-a 的参数值)/a 的参数值×100%，无量纲。以下图表中符号含义相同

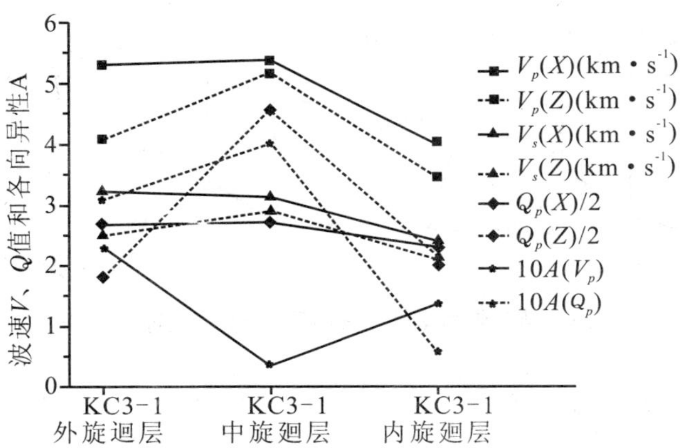

图 4.4　KC3 系列样品的数据对比

2. 导气断裂的输送机理和异常因素

(1) 输送机理

走滑断裂的分带现象较为明显，断裂带中部往往形成断层构造岩；而边部发育碎裂岩。构造岩尤以糜棱岩的孔渗性能差，对油气起阻隔作用。笔者研究肥东糜棱岩的突破压力多数大于 15 Mpa，封盖高度范围在 983～8 424 m，遮盖系数范围在 1 966～16 848 m，与已知的任何低压气藏和高压气藏的实际盖层相比，糜棱岩

均表现出良好的封闭性能(刘德良和陶士振,2001)。断裂带边部节理发育,构造裂隙规律性排列且通常垂向延伸,起输送作用。因此走滑断裂的两边部成为天然气良好的输送通道,而中部往往成为天然气的分隔墙。这主要体现于大型的平行型断裂(纯剪)带和聚敛型断裂(压剪)带。

导气的机理,在于气源断裂带使压力下降而引导排气。CO_2运移时可以呈水溶离子相、水溶气相、油溶气相,也可以呈连续气相或液相(朱岳年和吴新年,1994)。而对于溶解相CO_2来说,首先有一个离析脱气过程——即从载体中离析出来,然后才有可能聚集成藏。以水溶离子相、水溶气相和油溶气相运移的CO_2,离析出的原因很多。气源断裂带使压力下降,改善排气条件,促进CO_2离析输运。所以许多CO_2气藏沿断裂带分布或与次级断裂展布有关。

(2) 异常因素

走滑断裂的输送能力受到局部压剪区段和张剪区段的制约(图 4.5(b)),处于压剪性区段增强了封闭性,处于张剪性区段增强了开放性,多少改变了剪性断裂输送天然气的性能.应当特别提及,具有剪性的平移断层和倾滑正断层,当存在泥岩涂抹时,则具有了阻隔封堵油气的性能,如不存在涂抹则反之.在轮台富气带的牙哈、英买 7、提尔根、雅克拉、红旗等凝析气藏都发育倾滑正断层(梁狄刚等,1998),因存在泥岩涂抹都不具有开放性,而起到了遮挡封堵作用。

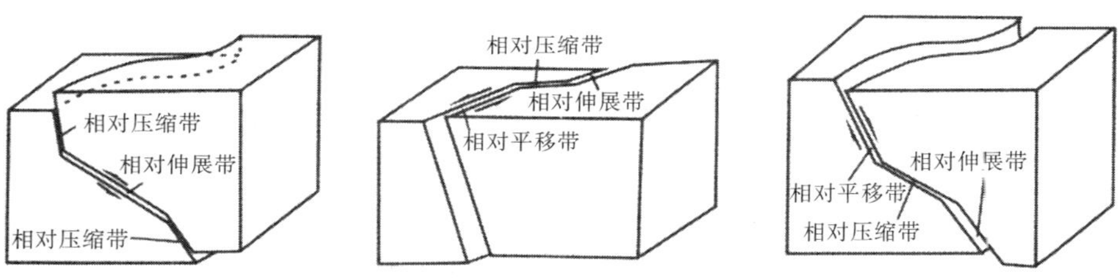

(a) 压剪性断裂　　(b) 剪性断裂　　(c) 张剪性断剪

图 4.5　断裂带力学性质分析图(据刘德良等,2006b)

二、封闭型构造

油气藏的封堵(盖)层有两种类型,即岩层封盖和断层封堵都是重要的。细密泥页岩封盖主要体现在盆地盖层沉积岩系气藏;压剪性断层封堵主要发生在基底岩系中,深层的拆离滑脱带、压剪性断层岩通常具有封盖面积大、封闭性能好的特点。

松辽盆地深层的封盖性地层主要有登二段、泉一段和泉二段泥岩。在昌德东气藏,登娄库组二段厚 100 m,以暗色泥岩为主,是区内较好的区域性盖层;其上覆还有泉头组一段、二段,厚达 500 m,以暗紫色泥岩为主,是该区又一区域性盖层。发育程度不等的压剪性断层封盖,往往不容易被发现而不受重视。通常发生于岩层界面或软岩层之中的顺层断层岩,处于塑性流变状态,即具有良好的封盖性能。

1. 封气断裂的声学响应

封气断裂系统,包括封盖和阻隔两种状况,封盖天然气是指低角度逆掩断层构造岩成为滑移介质起到垂向封闭作用;阻隔天然气是指高角度平移断层带中部构造岩成为滑移介质,起到横向封堵作用。

KC 膏岩系列样品采自新疆库车河剖面的克依背斜构造带内,KC7 号样品为未明显变形变质的沉积膏岩(原岩);KC6 号样品为显示流变的膏泥岩;KC9 号样品为流变面理线理都很发育的膏岩质糜棱岩。该系列样品的测试数据(表 4.3)表明,与膏岩原岩(KC7)相比,其糜棱岩(KC9)的波速增大而孔隙度、渗透率降低。在垂直面理方向上,波速和品质因子的变化率分别为 39%和 79%;孔隙度的变化率(△)仅为 5%,而渗透率的变化率高达 78%。糜棱岩的渗透率大大降低,表明面理化大大增强了垂直面理方向的封闭性能;其孔隙度降低,则说明其封闭能力在任意方向上都强于原岩。

表 4.3 新疆库车河剖面膏岩系列样品的测试数据

样号	$V_p(Z)$ $(km \cdot s^{-1})$	$V_s(Z)$ $(km \cdot s^{-1})$	$Q_p(Z)$	孔隙度 (%)	视比重 $(g \cdot cm^{-3})$	渗透率 $(\times 10^{-3} \mu m^2)$
KC7	3.40	1.62	9.9	8.0	2.15	32.6
KC6	4.75		5.2	2.0	2.64	38.4
KC9	4.73	2.41	2.1	7.6	2.15	7.28
△(KC7→KC9)	+39%	49%	−79%	−5%	0	−78%

注:物性参数含义同 4.2

新疆库车依深 4 井压剪性断层岩及其原岩样品 YS4-2 和 YS4-1(YS4 系列)采自依深 4 井 2 159.43 m 的侏罗系岩芯,该段岩芯中岩层产状直立,其岩性为灰色致密石英细砂岩。岩芯核部压剪性断层岩(YS4-2)强烈面理化,为沥青充填;岩芯边部为其原岩(YS4-1)。YS4 系列的测试结果(表 4.4)表明,强面理化构造岩(糜棱岩)(YS4-2)的波速比及各向异性大于原岩(YS4-1)的,这是起定向封堵作用的重要原因;但由于在压剪性断层岩(YS4-2)中填充了沥青,致使其波速和品质因子比原岩的低(图 4.6),是种异常现象。

2. 封气断裂的阻隔机理和异常因素

(1) 阻隔机理

压剪性断裂的平缓产状使得断面受到上覆岩层的重压,并且其断层走向与最大水平主应力方向近于垂直,这都促进了断面的紧闭程度。根据现场统计(陈永峤等,2003),当最大主应力方向与断层走向夹角为 67.5°~90°时封闭性最好,为 45°~67.5°时封闭性好;夹角为 22.5°~45°时封闭性较差,为 0°~22.5°时不具封闭性，可作为渗流通道。

表 4.4 新疆库车依深 4 井压剪性断层岩及其原岩测试数据

样品	$V_p(X)$ (km·s^{-1})	$V_p(Z)$ (km·s^{-1})	$V_s(X)$ (km·s^{-1})	$V_s(Z)$ (km·s^{-1})	$Q_p(X)$	$Q_p(Z)$	$A(V_p)$	$A(Q_p)$	孔隙度 (%)	视比重 (g·cm^{-3})
YS4-1	4.80	3.09	3.10	2.56	32.81	15.27	0.36	0.53	2.8	2.62
YS4-2	4.05	1.94	2.16	1.44	5.68	3.44	0.52	0.39	2.6	2.14
△(YS4-1 →YS4-2)	−16%	−37%	−30%	−44%	−83%	−77%	44%	−26%	−7%	−18%

注：物性参数含义同表 4.2

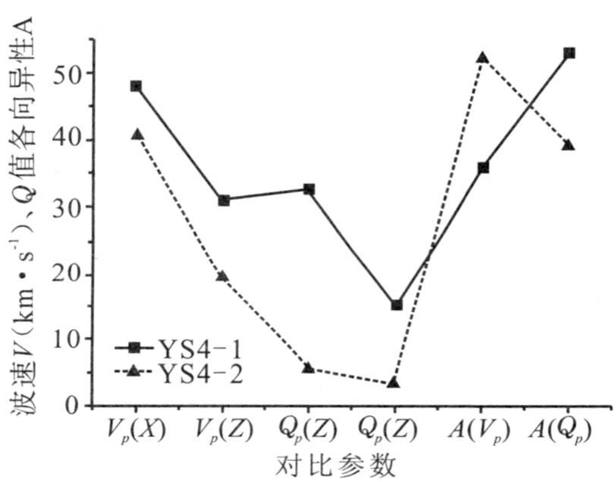

图 4.6 YS4 系列样品的数据对比(图中部分数据放大 10 倍或 100 倍)

糜棱岩具有面理化组构，改变了岩石的原始孔渗性质，致使其孔渗性能各向异性。在平行面理方向上，波速和品质因子较大，渗透性最强，是最佳的流体运移方向；在垂直面理方向上，波速和品质因子较小且通常小于原岩的，封闭性最强，是最佳的封闭流体方向(李振生等，2005；刘德良等，2007a)。沿构造岩面理面大量聚集微细片状矿物(Antonellini & Aydin，1995)和涂抹纳米级颗粒(Ge et al.，2004；刘德良等，2004；孙岩等，2002，2003，2005，2008)，阻隔了面理之间孔隙的连通，透入性发育的构造面理阻挡了油气向上的逃逸，从而极大地增强了非能干层及沿之发育的韧性剪切面的封闭性能。

压剪性断裂作用过程中的体积损耗，减小了岩石颗粒之间的孔隙，增强了封闭能力，特别是在垂直构造面理方向。Zhu 等(1997)和 Wong 等(1997)三轴应力模拟实验亦证实，除了在脆性破裂变形时存在孔隙空间的膨胀扩容作用外，随着变形程度的加深和差应力的增加，岩石的孔隙度和渗透率递减。岩石体积损耗是构造压实和变质反应及压溶物质迁出的综合效应，其中构造压实和变质反应造成的体积变化是很小的，体积亏损大部分是压溶迁出作用造成的（彭少梅，1994）。

压剪性断裂作用过程中的物理化学反应，促使矿物发生压力溶解作用和成岩封闭作用（Sleep & Blanpied，1992；Ngwenya et al.，2000）。溶解物质的成岩作用最大可以降低砂岩的渗透率 2 个数量级，如果加有碎裂作用，这两个过程总共降低渗透率 5～6 个数量级（Ngwenya et al.，2000）。

压剪性断裂带是高应力区。油气运移最重要的因素是地应力驱动，油气运移势场与地应力场基本是一致的，高地应力区一般为高运移势区，油气总是从高势区向低势区运移。

（2）异常因素

压剪性断裂的非封闭异常主要是由于封闭环境发展转化造成的，也可因压剪性断裂局部区段的扩张所致。因断层面不是平面而是曲面，当断层两盘相对运动时，断面有的地方闭合，有的地方张开（图 4.5（a）），这种局部的张开断面即是整个压性断裂的非封闭区段。

压剪性构造岩裂隙的后期扩容作用，是压剪性构造岩后期非封闭表象的主要原因。裂隙沿压剪性构造岩面理优势分布，导致其渗透性能的各向异性。Antonellini 和 Aydin（1995）证实，在垂直于断裂带方向上，孔隙度、渗透率大幅度减小；在平行断裂带方向上，断裂带内的压实带、滑壁等单元的孔隙度大幅度减小，但沿断层滑动面孔隙度却突然增大，具有很好的贯通性，导致沿滑动面的渗透率比原岩增大一个数量级以上。

三、容储型构造

我国已发现的 CO_2 气藏主要有火山（岩浆岩）型、古潜山型、背斜型和断块型，而且往往是某两种类型的复合。以往重视岩层储集，其实断层储集也是重要的。在松辽盆地北部深层，储集岩层主要有登娄库组三、四段、泉头组一、二段致密砂岩储层，登娄库组一段、上侏罗统砂砾岩储层，上侏罗统、下白垩统火山岩储层，基岩古凸起风化壳，变质岩储层等。这其中孔隙储集是一方面，而对于火山岩、变质岩和致密砂岩来说，则主要是各级破裂域储集为主。

1. 容气断裂的声学响应

容气断裂系统是指滑移介质所封闭的能干岩块内晶体自由位错、劈理、节理、断层破碎带，起到吸纳聚集天然气的作用。由于张性断层岩结构不紧密，张裂隙发育，致使其波速和 Q 值减小；大小角砾没有一定的排列规律，其各向异性不明显。V 和 Q 的减小程度受裂隙张开度、裂隙密度、裂隙填充物及其填充度的影响。岩石中发育裂隙时，V 和 Q 要明显地降低，且垂直裂隙裂面方向的 V 和 Q 小于平行方向的（Gurevich，2003；方华等，1998）；裂隙密度越大，V 和 Q 减小得愈多（桂志先和贺振华，2003；冯德益，1981；刘祝萍等，1994）；裂缝张开度减小时，V 和 Q 随之增高，裂缝张开度的变化与 V 呈线性变化关系，与 Q 呈幂指数关系（曹均等，2003；贺振华等，2001）。

在库车河剖面石炭系张性断层岩（KC2 系列）中，原岩（KC2-1）为致密灰岩，轻微面理化；张性断层岩（KC2-2）为灰岩质碎裂岩，裂隙被方解石完全胶结。测试结果（表 4.5）表明，重填胶结完好的张性碎裂岩（KC2-2）相对于具有面理化的原岩（KC2-1），各向异性大大减弱，波速与原岩相差不多（图 4.7）。显然是由于该灰岩质碎裂岩的裂隙被方解石充填胶结，致使其波速增大、Q 值减小，这是种异常现象。

表 4.5　新疆库车地区张性断层岩波速、品质因子和孔隙度对比表

样品	$V_p(X)$ ($km \cdot s^{-1}$)	$V_p(Z)$ ($km \cdot s^{-1}$)	$V_s(X)$ ($km \cdot s^{-1}$)	$V_s(Z)$ ($km \cdot s^{-1}$)	$Q_p(X)$	$Q_p(Z)$	$A(V_p)$	$A(Q_p)$	孔隙度 (%)
KC2-1	5.80	4.20		2.72	86.35	5.67	0.28	0.93	1.5
KC2-2	5.75	5.85	3.27	3.27	6.75	12.69	0.02	0.47	1.2
△(KC2-1→KC2-2)	−1%	39%		20%	−92%	124%	−93%	−49%	−20%

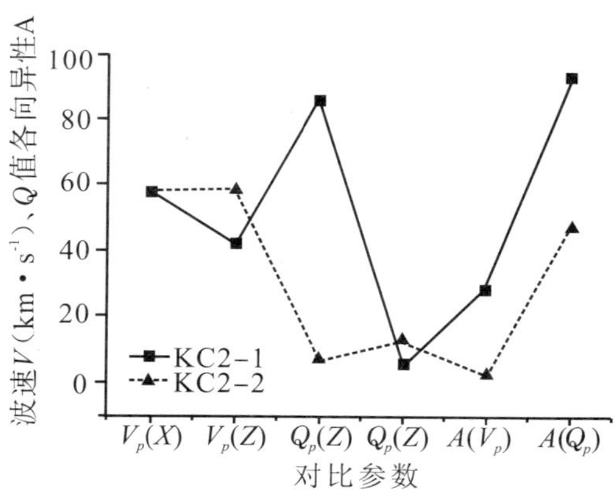

图 4.7　库车 KC2 系列样品的数据对比（图中部分数据放大 10 倍或 100 倍）

2. 容气断裂的吸纳机理和异常因素

张性断裂的吸纳机理可以归纳为：①张性破裂的张开程度大；②主要发育在能干层中，从而改善了岩石的储集性能；③为低应力区。异常因素主要有：①张性断裂局部存在相对压缩区段（图 4.5(c)）；②泥岩涂抹和后期的填充胶结，填塞了张性断层岩中的裂缝，从而使张性断裂带的驱替压力升高。在张性断层岩 KC2 系列中，张性断层岩 KC2-2 中裂隙几乎完全被填充胶结，其渗透率仅为 $0.021\ 1 \times 10^{-3}\ \mu m^2$，致使其封闭能力反而强于原岩 KC2-1 的。

第五章　CO_2的成藏模式与成藏预测

石油地质学家提出含油气系统（petroleum system or oil system）的概念将油气成藏的规律进行了高度概括。Magoon（1989）定义含油气系统为由相互作用、相互联系的油气藏静态要素和动态要素组成的客观实体。将含油气系统要素分为静态要素和动态要素，前者（指烃源岩、储集层、封盖层、上覆层、圈闭等）是反映系统能否存在的必要条件，后者（指生烃、排烃、运聚的过程）则反映系统内各种流体能量的转换及成藏过程。刘德良等（2003b）试图将含油气系统分为六个子系统，即成藏动力因素、成藏母源物质、成藏疏导通道、成藏体系结构、成藏演化序列。这也是冀望对 CO_2 成藏要素进行合理的归纳。

从构造角度看（刘德良等，1997），CO_2 成藏的体系结构，其主体具有统一的构造变形场及其构造组合网络。伸展构造、压缩构造、垂直构造、走向滑动构造、旋转构造、倾向滑动构造、重力滑动构造、冲击构造等主要构造群体与不同类型的气藏往往存在某种对应关系。各构造组合中又有各具特色的不同构造类型，其每一类型由不同的构造要素组成，它们对于 CO_2 气成藏类型有决定性意义。而由相同构造要素构成的褶皱组合（阿尔卑斯式、侏罗山式、日耳曼式）、节理组合、正断层组合、逆断层组合、平移断层组合和顺层滑动断层组合，对于 CO_2 气的生排、疏导和封存有着不同的功能。

许多气藏的形成建造是在开放的未强烈构造变动的过程中建构的，但是一些经过改造形成的油气藏则是经过一定程度构造变动过程形成的，是非开放性的。夹持在区域性平缓滑脱断层滑移介质之间的碳酸盐岩和火山岩等能干岩石，具有封闭的自成一体的裂隙系统。平缓的滑脱断裂带具有封闭性能，相当厚度的构造岩实属滑移介质，形成圈闭遮挡，其断裂的凸起则可形成背形构造圈闭。滑脱封堵层往往组成构造-地层-岩性统一的圈闭。封存于滑脱层间的碳酸盐岩和火山岩岩块，其原生孔隙的消减与后生裂隙的繁殖同步进行，各滑体形成了与环境协调而又自成体系的构造类型。不同层次的滑脱构造既是盆地形变的重要形式，又是控制 CO_2气再分配的关键性构造（刘德良等，2003b）。

第一节　CO_2的成藏模式

一、有机与无机 CO_2 成藏模式的对比

目前发现的高纯 CO_2 气藏几乎都是无机成因的，而有机 CO_2 气通常伴生在有机油气藏中。CO_2 气藏的发育严格受构造活动带控制，尤其是不同构造的复合地带是 CO_2 气形成、排放和聚集的有利区带。环太平洋构造带是世界 CO_2 气藏分布的重要聚集区带。滨西太平洋的东亚构造与特提斯构造的复合部位是中国东部无机成因天然气形成的有利的大地构造环境（陶士振等，2000c）。特提斯构造近东西向展布，印支期后西太平洋板块的俯冲，使得中国东部叠加发育了北东、北北东向构造为主的太平洋构造，气源断裂和火山活动的广泛发育，为无机 CO_2 的释放和成藏准备了物质和构造条件。

有机和无机 CO_2 气在地球中的生成部位及受控因素不尽相同（陶士振等，2000c），两种成因类型气藏的成藏构造比较列于表 5.1。

表 5.1　无机和有机 CO_2 气成藏条件的对比（据陶士振等，2000c）

	有机 CO_2 气藏	无机 CO_2 气藏
物质来源	地壳沉积层中的有机质横向运移发育。	幔源岩浆、浅层碳酸盐岩等。
运移通道	烃源岩中的孔隙、裂隙、孔隙-裂隙系统。	垂向运移发育。从深部壳幔气源区到浅部圈闭间不同层次断裂系统。
盖层条件	绝大多数为泥页岩类，其次为细（粉）砂岩、蒸发岩等。也存在断层泥封堵。	除常规泥页岩等盖层外，韧性剪切带糜棱岩封堵，越向深部越重要。
圈闭条件	有构造圈闭、地层圈闭、水动力圈闭和复合圈闭等。	最重要的是韧性断层圈闭，也有地层圈闭、水动力圈闭和复合圈闭等。

1. 物质条件

有机成因 CO_2 气来源于沉积岩层中的有机质，这是由地球演化过程中生物有机体的生存和死亡埋藏环境决定的。无机成因 CO_2 气主要来自幔源岩浆脱气、地幔流体在演化过程中发生化学反应生成的气体。此外，浅层碳酸盐岩（灰岩、白云岩、大理岩）以及其他含碳岩石也是重要源岩，其由构造-岩浆热变质反应产生无机成因 CO_2 气。

2. 运移条件

有机成因气的运移通道包括沉积岩石中可连通的粒间孔隙和各种岩石中可连

通的断裂系统。由于沉积岩的成层性，决定了有机成因气横向运移发育。无机成因CO_2气运移主要是沿断裂向上运移，表现为从深部壳幔气源区到浅部圈闭间的不同层次。气源断裂向上连通导运无机成因天然气的聚集成藏。此外，壳源变质成因的CO_2气运移通道也是以断裂为主。

3. 盖层条件

有机成因气藏的盖层绝大多数为泥页岩类，还有少部分致密灰岩和蒸发岩类盖层。无机成因气藏盖层除泥页岩以外，更多是顺非能干层发育的韧性断层糜棱岩成为封盖层。

4. 圈闭条件

有机成因的气藏有构造圈闭（背斜、断层、盐岩底辟封闭等）、地层圈闭（岩性、不整合面、生物礁、沥青封闭等）、水动力圈闭和复合圈闭四种类型。其中以构造、地层以及构造-地层复合圈闭为主。而无机成因气由于运移通道的特殊性以及构造-岩浆活动的主控作用，使得无机成因的气藏以构造圈闭为主，主要种类有推覆构造（超高压变质带中无机成因气）、潜山披覆构造、断块背斜、残丘山、断鼻构造、古风化壳等。地层圈闭及构造-地层圈闭较少。圈闭的形成及空间分布均受构造因素控制。

二、昌德东气藏的“自生自储”成藏模式

对于松辽盆地北部深层天然气同样的研究对象，由于占有的资料和思考角度不同，不同的学者会提出不同的观点。

1. CO_2成藏模式的评述

（1）霍秋立等（1998）认为，昌德东气藏中的CO_2为无机幔源岩浆成因，烃类气体是深源无机烃气与侏罗系自生煤型气的混合。岩浆活动和深断裂为气藏形成提供了气源和运移通道，侏罗系火山岩及登娄库组下部的砂砾岩为储集层。从区域地质情况分析，侏罗纪断裂活动始终较强烈，火山多期喷发，从岩浆和热液中析出的CO_2及烃类气体可以沿断裂、裂隙及孔隙向上运移到火山岩及砂砾岩储集层中。登二段沉积时水体变深，其沉积主要为泥岩，可作为区域盖层。幔源气体进入储集层后，又沿芳深9井至芳深6井的方向运移。由于侏罗系所生成的煤型气亦可运移到这套储集层中，从而认为这就造成了昌德东气藏中烃类气体所具有的混合成因特征。成藏模式图见图1.13。

（2）迟元林等（2000）认为，徐家围子断陷CO_2气来源于深部幔源，是由深部热流体储气、徐家围子断陷连锁断层上导于火山岩中聚集成藏的。结合本区构造样式及演化史推断其经历了四个成藏过程（图5.1）：①地幔上拱，幔源热流体向上侵入，导致地壳伸展拆离形成断陷，伴随有火石岭组火山岩形成；②上拱后短暂热调整，形成沙河子组沉积地层；③热流再次上涌，使拆离断层系破坏，大量岩浆沿断裂

溢流出地表，形成营城组大面积发育的火山岩；④CO_2气在后期沉积或地壳活动时期，沿断裂带向上运移进入火山岩体形成气藏。

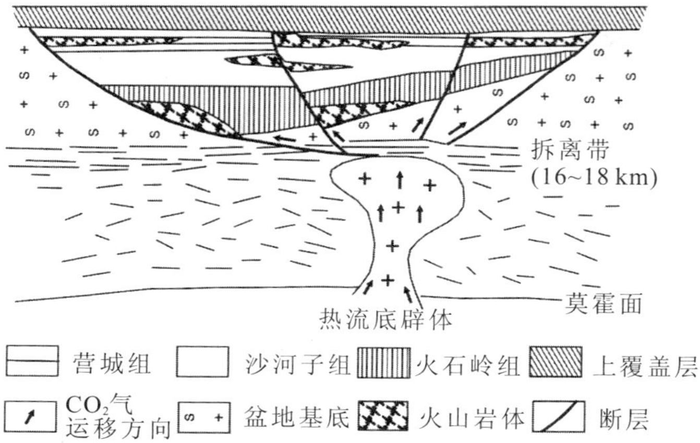

图 5.1　徐家围子 CO_2 气藏成藏模式(据迟元林等，2000)

(3) 张晓东等(2000b)认为，昌德气田在平面上分为昌德气藏和昌德东气藏两部分。昌德气藏的无机烃气和昌德东气藏的无机 CO_2 可能属于不同期次和不同深度岩浆活动的结果，也可能为同期岩浆活动过程中天然气在纵向上发生重力分异造成的结果。无机甲烷密度小，运移距离远，聚集于上部的昌德气藏中，而 CO_2 的密度大，运移距离短，所以就近聚集于昌德东气藏中。

昌德东气藏由于紧邻生气凹陷，沙河子组生成的烃类气体可直接聚集于其中，形成有机气和幔源 CO_2气双气源供给的成藏模式，而昌德气藏形成有机和无机烃类气体混合成藏的成藏模式(图 5.2)。

(4) 杨玉峰等(2000)、侯启军和杨玉峰等(2002)认为，松辽盆地内不仅存在无机成因的 CO_2气藏，而且也存在无机成因的烃类气藏。在岩浆的形成和发育过程中，均可能伴随有不同程度的脱气作用，构成本区无机成因气的主要来源。松辽盆地徐家围子地区具有良好的无机成因气的成藏地质背景和有利的控制因素，主要表现在(图 2.1)：①深部不同层次气源库发育(幔源、中地壳、上地壳)；②具有沟通深部至浅部的成藏机制，地壳“网状结构”成为沟通深部-深层、深层-浅层的运移通道；③发育良好的圈闭储层条件。

(5) 付晓飞等(2005)认为，松辽盆地发现了万金塔、乾安、孤店和昌德东 4 个 CO_2气藏，并在徐家围子地区发现了无机烃气的踪迹，同时在盆地北部发现多处氦气异常，主要为幔源成因，证实了幔源气体在该区存在的普遍性。对气藏成藏条件和深部壳幔结构的研究表明，松辽盆地存在多种类型无机气源，由于赋存的地质条件和演化过程不同，不同气源脱气的方式、脱出气体的类型、脱气量也大不相同，共有 4 种主要的模式：①火山–岩浆成因模式：壳内岩浆房（中上地壳为低速高导层，莫霍面之上为岩浆底垫体）将伴随断裂活动泄压脱气，天然气沿上地壳网状拆离带迂回曲折呈“之”字形向上运移至盆地基底，在经深大断裂垂向运移至盆地内部；此外，岩浆喷逸地表后部分气脱掉（五大连池模式），部分气滞留于岩浆岩的孔洞中，再埋藏后由于后期的构造运动使裂缝连通，天然气汇聚成藏，或沿断裂向上运移在其上方聚集成藏；②地幔物质沿超岩石圈断裂直接脱气模式：超岩石圈断裂在活动时期短时间内直接将地幔脱出的天然气遇盖层阻隔成藏；③热流底辟体脱气模式：热流底辟体随着向上侵入的流程释放的气量越来越大，进入热流底辟切割的地层或沿底辟体前锋形成的裂缝系统聚集成藏；④碳酸盐岩热变质成因模式。认为松辽盆地热流底辟体、壳内岩浆房和火山岩在空间上叠置，且已发现的无机 CO_2 气富集区与这三者密切相关，表明热流底辟体脱气模式和火山–岩浆成因模式是无机成因气主要的气源模式。

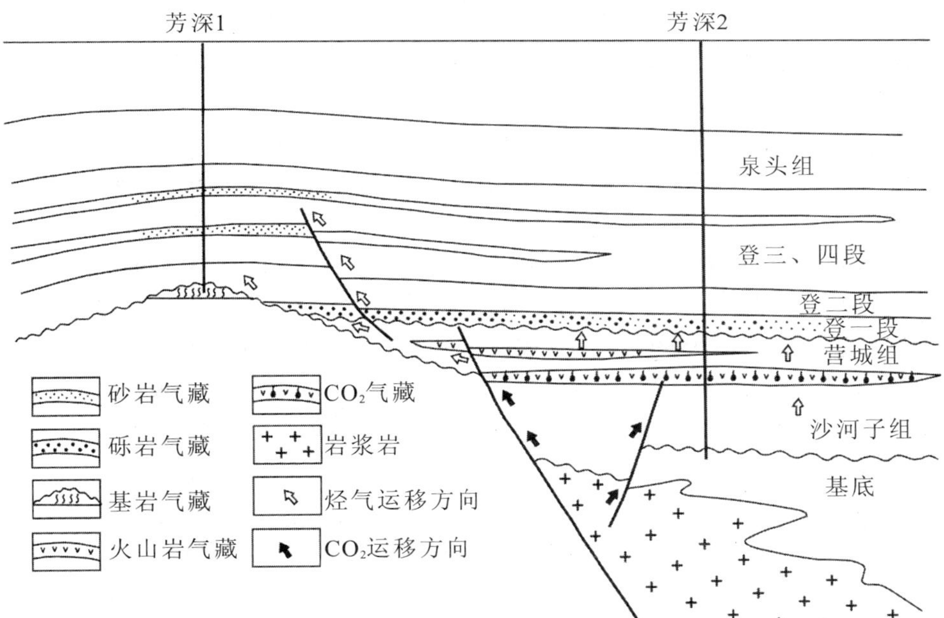

图 5.2　昌德气田成藏模式（据张晓东等，2000b）

2. “自生自储”成藏模式

在综合分析前人所述成藏模式的基础上，我们提出“自生自储”的成藏模式，指成藏气体主要是无机成因的幔源火山岩吸附气，后经断裂作用连通天然气汇聚成藏。上地幔和中下地壳构造岩浆活动过程中脱出 CO_2，主要发生在壳幔强烈活动时期，并非直接沿着“超岩石圈断裂”昼夜不停、无止无尽冒上来，其 CO_2 向上脱排，受到温度、压力和驱动力变化的控制，可能经由岩浆房中继中转以及中上地壳疏导、储集、封盖系统的控制。导生于地幔，由活动中的岩浆载体带来，经相变转化的脱气过程，在地下 6 km 处，90%的 CO_2 即出溶完毕(Moore et al.，1977)。深源脱出的 CO_2 受到中、上地壳普遍发育的各级拆离滑脱带的层层阻隔和封堵封存。

(1) 火山岩作为源岩和储层的可能性分析

松辽盆地北部火山岩脱气实验(表 3.6，表 3.7)证实：加热火山岩到 250 ℃时，脱出挥发分总量为 0.030 ～0.079 ml • g^{-1}；挥发分以 CO_2 为主，CO_2 脱出量为 0.429 wt%～1.387 wt%；基性岩的 CO_2 脱出量和脱出率高于中、酸性岩的；CO_2 脱出量与岩石碱含量和总碳含量正相关。火山岩中含有大量吸附的 CO_2 气(平均约 1 wt%)，尤其是基性、富碱的火山岩，表明在广大火山岩分布地区存在有巨大的 CO_2 气源，具有成藏的可能性。

无论是国内还是国外，都有火山岩油气藏的发现，火山岩油气藏几乎遍及世界上的主要油气产区(刘泽容等，1988；郭占谦，2006；贾承造等，2005；路波和赵萍，2004；邹才能等，2008；吴小齐等，2009a，2009b)。其特点是产层厚、产率高、储量大，已成为重要的勘探目标。我国东部中新生代火山岩已成为深层油气勘探的重要储层，并具有较好的勘探前景(赵海玲等，2004)。辽盆地北部深层已发多个火山岩气藏(付广等，2003；贾承造和魏国齐，2006)，例如汪家屯烃类气藏的天然气主要产于下白垩统营城组层状中酸性火山喷发岩中；昌德东 CO_2 气藏的天然气主要产于下白垩统营城组的凝灰岩和酸性溢流相流纹岩中。松辽盆地徐家围子断陷火山岩储层具有孔隙和缝隙相互组合的双孔介质，火山岩储层的储集空间类型受岩相控制，不同岩相带发育的火山岩储层其孔一缝及其组合关系差异很大(王璞珺等，2003a，2003b，2006，2007a，2007b)，爆发相和溢流相火山岩储集性能较好，孔隙度一般为 6.3%～10.8%，渗透率为(0.55～122.0)×10^{-3} μm^2(刘万洙等，2003)。构造作用致使火山岩产生大量构造裂缝，提高火山岩储集性能。松辽盆地的主要的构造裂隙是一组共轭的、高角度的、走向北北东和北北西向的、剪性或压剪性的断层缝(王璞珺等，2003)。

由此可见，火山岩既可作为气源岩也可作为储层。

(2) 昌德东 CO_2 气藏“自生自储”的可能性分析

a. 昌德东 CO_2 的母源物质

昌德东气藏 CO_2 的母源物质可能是上地幔、火成岩、碳酸盐岩和碳酸盐化的暗色泥岩，以及烃类有机物。依据同位素判据，昌德东 CO_2 气藏 CO_2 的成因主要是无机的；此外昌德东气藏中近距离井 CO_2 含量的差异性、CO_2-CH_4 分馏系数值的差异、单井试气结果、K-Ar 同位素分析以及与松辽盆地南部 CO_2 气藏的对比分析结果都显示出昌德东 CO_2 气藏的气源是无机成因的幔源火山岩吸附气，并非直接来自幔源。

b. 昌德东 CO_2 生成排放的动力因素

前已述及，促使 CO_2 生成、运移、聚集的地质动力可以概括为构造作用、岩浆作用、变质作用以及生物化学作用。而昌德东 CO_2 气藏表现最明显的动力因素是断裂作用和岩浆作用。

断裂作用：昌德东 CO_2 气藏靠近徐家围子断陷西边界主断裂，即徐家围子断裂，其为该断陷的控制性断裂，主断面平直，向东倾斜，倾角为 10°～30°。断陷中部是大断层上盘的同向二级断裂带，东缘为大断层的反向断裂带。因此，平面上自西向东分为 3 个断裂带。这种断裂组构及主断裂面平缓倾角显示，该断裂具有拆离滑脱的特征。同时徐家围子断裂亦是徐家围子断陷的主控构造，制约了早先侏罗-白垩纪火山活动和沉积作用，以及对 CO_2 生排和疏导作用。此外，断裂作用对火山岩储层具有明显的改善作用。

岩浆作用：从采集的岩芯样品中可以看出，徐家围子断陷带火山岩十分发育。火山岩浆活动对昌德东 CO_2 气藏形成作用体现在：首先，火成岩是良好的 CO_2 母源物质，其残余挥发分脱出可以直接在有利的圈闭带成藏；其次，岩浆活动提高了盆地地温、大地热流值、促使碳酸盐化暗色泥岩和先期的火成岩脱气，岩浆挥发分脱出亦可以直接在有利的圈闭带成藏。昌德东营城组的火山岩也是良好的 CO_2 储集空间。

c. 昌德东 CO_2 气藏的储集系统

一般而言，火山岩是低渗透性岩石，但是昌德东 CO_2 气藏主体位于火山岩（火山熔岩和火山碎屑岩）中，特别是在营城组二段火山岩。究其原因可能存在以下情况：①该处火山岩孔隙度特大；②该处火山岩吸附 CO_2 的能力特别强；③该处多期次发育较大厚度的火山岩，其上覆存在良好的封盖层，其下伏火山岩保持着脆性变形性能。④最关键的决定性因素是火山岩内存在非常发育的具有开放性的各种尺度破裂，储集了大量 CO_2 气。这第三种情况与区域地质环境是相符的。该区主要是火山岩中张性断层岩储集；除断层储集外，在昌德东还存在砂砾岩储集。

d. 昌德东 CO_2 的封盖系统

岩层封盖和断层封盖都是重要的。昌德东存在岩层封盖条件，登娄库组二段厚 100 m，以暗色泥岩为主，是区内较好的区域性盖层；其上覆还有泉头组一段和二段，厚达 500 m，以暗紫色泥岩为主，是该区又一区域性盖层。发育程度不等的压剪性断层封盖，往往不容易被发现而不受重视。通常发生于岩层界面或软层之中的顺层断层，处于塑性流变状态，产生面理化的封闭性构造岩具有很强的封盖性能（李振生等，2007）。

第二节　松辽盆地 CO_2 富集区预测实例

油气富集区受到多种因素地制约(贾承造等,2005b;李景明等,2006b,2007,2008),松辽盆地北部 CO_2 气与区域大断裂、火山喷发岩具有成因上的联系,这与全球 CO_2 气藏的分布特征相一致。全面分析认识盆地基底和盖层的建造和改造,探讨盆地区域的结构、演化和动力学背景是深入研究无机成因 CO_2 气富集区带、优质气田、高纯气藏形成的基础。

一、盆地的建造和改造及演化

1. 盆地基底

松辽盆地基底的性质和时代一直存在争论,部分学者(王涛,1997;汪筱林等,1994)认为松辽盆地可能具有前寒武纪结晶基底,其主要证据是目前在松辽盆地中由深钻钻遇的基底岩石不少为片麻岩;但有的学者(Wang & Mo, 1996; Wu et al.,2001;郭成恺和刘俊,1985;吴福元等,2000)对此持反对意见,认为基底主要由古生代地层和古生代-中生代的花岗岩组成,而不存在大规模的前寒武纪结晶基底。总的来说,有关盆地基底的大地构造属性一般有三种见解:其一,盆地基底是海西期造山带上古生界变质岩系;其二,盆地基底是一些微陆块与增生的造山带拼合而成的复合陆块;其三,盆地基底除局部外基本上为一独立的微陆块。第二、三观点比较接近,所以有关松辽盆地基底的认识也可归为两类。

(1) 造山带基底说

这种观点认为,盆地基底主体是造山带,由晚古生代阿尔卑斯式褶皱的浅变质岩系组成,属单基底。海西期的增生联合褶皱基底,由西伯利亚板块,佳木斯地块与华北陆块的增生成分所组成,松辽盆地发育于陆壳缝合的构造薄弱带上。以孙吴-双辽断裂为界,其西侧为西伯利亚板块在海西期和早印支期的侧向增生成分,主要构造线为北东向;其东侧为布列亚-佳木斯地块裂陷边缘增生成分,构造线为近南北向;在西拉木伦河断裂以南则由华北地块北缘在加里东期、海西期和早印支期的增生成分所组成,主要构造线为近东西向。前二者的缝合发生于早石炭世,前二者与后者的缝合发生于晚二叠纪末至早三叠纪初,最终形成南北统一的联片大陆。至今,这种以孙吴-双辽断裂为界的造山带基底拼合说,尚缺乏地球物理、地球化学和地质学的证据。

(2) 微陆块基底说

随着对东北地区各地块研究的深入进展,特别是对近几年来研究成果的分析认为，松辽地块并非是增生联合的造山带变质岩基底，而有可能为古老的独立基底（西拉木伦河断裂与赤峰-开源断裂之间的区段除外）。一般认为，辽阔的古亚洲洋的中国地段，即古蒙古洋（天山-内蒙-兴安洋）中存在一些岛链和微陆块，它们由华北板块边缘裂解游离于大洋之中。由于大洋岩石圈不断俯冲消减，经加里东和海西运动，使这些微陆块阶段性地联合拼贴。松辽盆地基于松辽地块，后者介于西伯利亚板块与华北陆块之间，它作为古亚洲洋中的古陆块（任继舜等，1999），可能发育有中新元古界-古生界沉积岩系，属于克拉通盆地海相沉积，后经构造变动、深埋，并成为中、新生代盆地基底。

松辽盆地与周边地区相比，具有软流圈隆起，岩石圈减薄，莫霍面抬升，上地幔密度低，地温梯度较高，构造和岩浆活动较弱等特征（周伏洪，1987）。松辽地块区域磁场以宽缓平稳的正负相间为特征（图 5.3），正负磁场呈镶嵌状分布，这也显示了古老基底地块的常见构造特征。松辽盆地重力场显示为一个在正负背景场中有规模不等的圆形和椭圆形局部异常（图 5.4），而两侧的大兴安岭和长白山为北东向的重力梯度带，其内部的局部异常与盆地内也有很大差异，显示松辽地块特征。综合推断松辽地块原属于华北板块的一个部分。于中晚元古代乃至早寒武世，松辽地块与佳木斯地块等其他同源微陆块一样，逐步从华北板块中裂解、分离出来，形成独立的微陆块，属于古中华陆块群（任纪舜等，1999）。直至晚古生代末，古亚洲洋关闭，松辽地块又与周围的微陆块联合焊接成吉黑陆块，并最终于三叠纪与中国板块暨华北陆块、西伯利亚板块经陆内俯冲焊合成一体，形成现在的亚洲统一联合大陆格局。

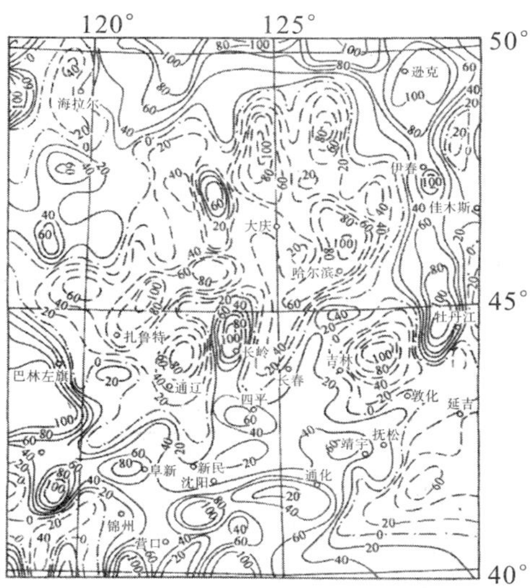

图 5.3 松辽盆地区域磁场图（据周伏洪，1987）

参照华北陆块和布列亚-佳木斯地块的情况，推断松辽地块为双层基底（表

5.2)，即松辽盆地基底主体是由阿尔卑斯式褶皱的深变质岩系及其上覆的中晚元古-古生代呈侏罗山式褶皱的弱变形变质岩系组成的双层基底。依据任继舜等(1999)和大庆油田有关资料，双基底构造演化概况如下。

图 5.4　松辽盆地区域重力布格场图(据大庆油田石油地质志编写组，1991)

表 5.2　松辽盆地基底原始沉积推断简表

基　底	时　代	岩性简述
古生代(Pz)-中元古代(Pt_2)微变质基底	D～P	浅海陆源沉积，泥板岩和灰岩较多
	C～S	为海相沉积环境，以碳酸盐岩为主
	Pt_{2-3}	边缘有沉积，以砂岩、粉砂岩和碳酸盐岩为主
古元古代(Pt_1)-太古代(Ar)结晶基底	Pt_1	以角闪岩相片麻岩夹角闪岩及细粒片麻岩为主
	Ar	主要为麻粒岩相和角闪岩相的片麻岩夹角闪岩

① 太古代-古元古代结晶基底(Ar-Pt_1)

太古代至古元古代时松辽地块属于华北陆块的一部分，因此其与华北陆块的同期基底类型应该保持大致相同。

这期间，华北陆块至少经历了迁西造山运动(3 000 ma)、阜平造山运动(2 600 ma)、五台造山运动(2 400 ma)和中条(吕梁)造山运动(1 800 ma)等演化，大约在 1 700 ma 实现克拉通化，形成华北陆块太古代-早元古代的结晶变质基底。太古界地层主要由麻粒岩相的紫苏斜长片麻岩、二辉角闪岩及其他各类片麻岩、紫苏花岗岩与角闪岩相的各种片麻岩、变粒岩、角闪岩等组成，常有云英闪长岩等穿插分布，并普遍遭受不同程度的深度变质和混合岩化作用。古元古代的五台运动和中条运动形成的结晶变质基底相当角闪岩相五台群片麻岩、片岩、角闪岩、变粒岩和绿片岩相的滹沱群变质岩系。

② 中元古代-古生代微变质基底(Pt_2-Pz)

古元古代末-中元古代初，罗迪尼亚超大陆与古中国大陆形成，随之裂解，松辽地块及周边的微地块一起逐渐从华北陆块边缘分离出来，游离于古亚洲大洋中。比照华北陆块情况，中晚元古代-早古生代松辽地块应具有类似沉积，估计以砂岩、粉砂岩和碳酸盐岩为主。古生代中期，华北陆块沉积缺失，而处于古蒙古洋中的松辽地块较小，推断当有一定的中古生界沉积。晚古生代，松辽地块处于收缩了的古蒙古洋中，对比同期吉黑地块和华北陆块的沉积岩相，松辽地块应有较多的海相沉积，浅海陆源泥板岩和碳酸盐岩发育。

志留纪晚期-泥盆纪初期，松辽地块与佳木斯地块、兴凯地块等开始拼接并逐渐联合形成吉黑地块；同期温都尔庙加里东造山带(隶属南天山-内蒙古造山带)形成，华北陆块北向增生。

中石炭世，古蒙古洋(隶属古亚洲洋)进一步萎缩，至中晚二叠世关闭，潘吉亚超大陆与中国大陆主体形成，吉黑地块与西伯利亚板块、华北陆块相拼接挤压碰撞较弱。

从晚二叠世开始，西伯利亚板块与华北陆块(包括并入的吉黑地块)发生强烈陆-陆碰撞(A 式俯冲)，产生逆掩推覆构造，岩浆活动强烈，花岗岩和闪长岩侵入，并使先成的岩石发生变质。而且，松辽地块逐渐抬升，三叠纪时已经基本成为剥蚀区，直至中侏罗世。因此，松辽盆地缺失三叠系至中侏罗统的地层。

2. *盆地盖层*

松辽盆地是晚侏罗世开始发育起来的大型陆相沉积盆地。盆地中、新生代沉积体系总厚度可达 7 000 m 左右，沉积期包括晚侏罗世、白垩纪、第三纪和第四纪(表 1.2)。

(1) 晚侏罗世-早白垩世初期的火山喷发相碎屑沉积

这时期盆地沉积受到北北东和北西西向大断裂控制，于盆地中心地带零星分布，火山岩和沉积岩兼而有之。上侏罗统的火石岭组和下白垩统的沙河子组、营城组，总厚度在 1 000 米以上，岩性主要为灰色砂岩、粉砂岩、灰黑色泥岩、砂质泥岩夹煤层和多层火山岩。火山岩中，以安山岩、凝灰岩为主的分布于下部层段，以流纹岩、凝灰岩为主的分布于上部层段。经物探与钻探工作揭露，现今松辽盆地登娄库组以下，充填了面积约 3 000 km^2的 J_3-K_1的火山岩，并且广泛分布印支期、燕山期的侵入岩，岩性从基性到酸性均有分布，这些是岩浆成因 CO_2气的物质基础。

(2) 白垩纪沼泽相、河湖相碎屑沉积

白垩纪是盆地形成、演化的主要时期。从下白垩统中下部的登娄库组、泉头组、青山口组至中上部的姚家组、嫩江组一段，是盆地形成并不断扩大沉积的阶段。最初为山间河流相（登娄库组），进而逐渐转向河流泛滥相（泉头组）、三角洲相、滨浅湖相（青山口组、姚家组），一直到深湖相（嫩江组）。整个下白垩统是盆地的主要沉积层，为一套巨厚的河湖相碎屑岩沉积，总厚度达 5 000 m 以上，含丰富的石油和天然气。下白垩统的中下部（登娄库组和泉头组）主要为灰褐色、红色碎屑岩；中上部（青山口组、姚家组和嫩江组）主要为黑绿色粉砂岩、泥岩、页岩夹油页岩，分布面积较广泛，反映了沉积区域不断扩大，水体不断加深的特点。其中，嫩江组一段发育期为湖区最大，湖水最深的时期。正是从嫩江组一段开始，特别是进入晚白垩世以后，由于盆地东部逐渐抬升，湖水开始萎缩，沉积域缩小，反映为盆地自东向西萎缩。相应地，沉积相由嫩江组沉积的深湖相转向上白垩统四方台组、明水组的滨浅湖相，主要为棕红色、灰绿色泥岩和砂岩、砂砾岩。

(3) 新生代陆相碎屑沉积

第三纪，盆地进一步萎缩，并逐渐转为岸上沉积的混杂沉积相组合。此时松辽盆地的沉积只局限于几个孤立的小盆地之中，湖盆沉积已渐趋消失。第三系的依安组、大安组和泰康组岩性变化较大，但主要为泥质岩，砂岩和砂砾岩，局部有煤层。

第四纪为后盆地发育阶段，岩层主要为粘土、砂砾层和喷发的玄武岩层。综上，盆地演化过程中的岩相变化可以归结为：火山喷发相（晚侏罗世）-河流沼泽相-深湖相-滨浅湖沼泽相-河流相-火山喷发相（第四纪）。随着岩相序列所对应的沉积建造序列归纳如下：火山岩建造-含有机质火山杂陆屑建造-含有机质细杂陆屑建造-含有机质杂陆屑建造-杂陆屑建造-火山岩建造。

3. *盆地改造*

松辽盆地断裂带非常发育（图 5.5）。松辽地区构造系统的关键性构造主要体现于压剪性的主干断裂系统（刘德良等，2005b），试述如下。

(1) 古亚洲洋构造系统及动力学背景

① 构造系统

从松辽地区磁场图（图 5.3）可以看出北纬 41°～43°赤峰-通化一线存在纬向构造带。西拉木伦河断裂和赤峰-开源断裂（图 5.5）为松辽盆地南部的一组东西向、近于平行的超岩石圈深断裂，其规模宏伟，为松辽盆地的南界和华北板块的北界，断裂主期为逆掩断层，中后期转化为走滑断层，沿断裂带发育有蛇绿混杂岩和以蓝闪片岩为代表的动力变质岩（程裕淇，1994）。

二连-索伦断裂为西伯利亚板块向南与华北陆块向北增生最终缝合地带，是一条很长的超岩石圈断裂（图 5.5），呈北东向延伸，沿此线有一条蛇绿岩带，表明为大洋关闭地带。中生代早中期，沿断裂带东北段有岩浆侵入和中酸性火山熔岩喷发活动;晚期,推覆构造发育。

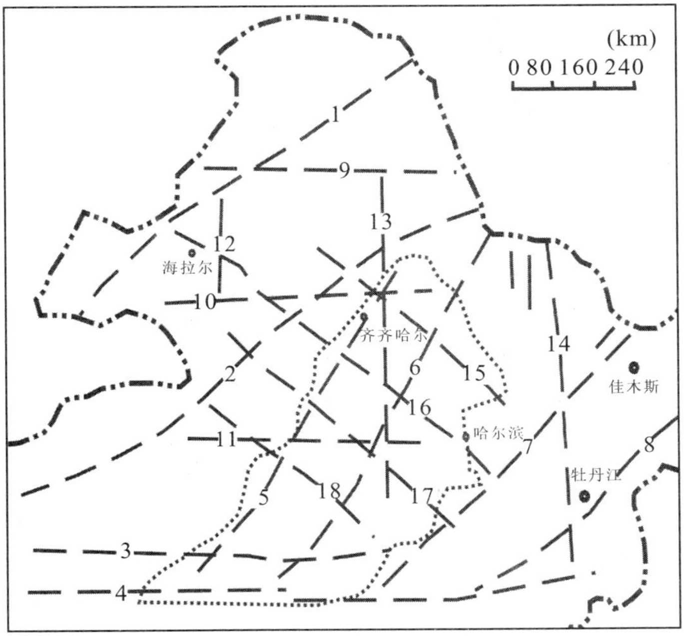

图 5.5　松辽盆地及邻区主要断裂集中发育地带分布示意图(据刘德良等,2005b)

注:1:德尔布干断裂;2:二连-索伦断裂;3:西拉木伦河断裂;4:赤峰-开源断裂;5:嫩江-白城断裂;6:孙吴-双辽断裂;7:依兰-伊通断裂;8:敦化-密山断裂;9:伊勒呼里断裂;10:讷河-五大连池断裂;11:乌兰浩特-哈尔滨断裂;12:海拉尔南北向断裂;13:讷河-大庆-四平断裂;14:逊克-伊春-牡丹江断裂;15:嫩江-铁力-伊兰断裂;16:齐齐哈尔-大庆-哈尔滨断裂;17:乌兰浩特-乾安-农安断裂;18:扎鲁特-通辽-昌图断裂

② 动力学背景

内蒙-兴安构造带是古生代天山-蒙兴造山带的东段。松辽地块从华北陆块裂解后游离于古亚洲洋中。晚志留世-早泥盆世期间,华北陆块向北发展,由被动大陆边缘转化为主动大陆边缘。古亚洲洋壳向华北大陆俯冲,形成赤峰-开源断裂和西拉木伦河断裂这一组逆冲性质的韧性剪切带。松辽地块西北侧的西伯利亚板块更早即开始向南增生,古亚洲洋逐步萎缩。晚二叠世,古亚洲洋基本关闭,松辽地块等小陆块拼合成的吉黑陆块与西伯利亚板块和华北陆块完成拼接,属于“软碰撞”,在聚合带主要形成低绿片岩相为主的变质岩系(谢鸣谦,2000)。

该区印支运动始于晚二叠世至晚三叠世活动加剧,使先已靠拢和聚集的吉黑镶嵌地块与华北陆块、西伯利亚板块之间发生陆内 A 式俯冲和焊合。巨大的挤压力使松辽地区西北部发生陆内造山作用。同时,松辽地区南侧随着西伯利亚板块向南挤压的强烈作用,原来的洋壳消减带(西拉木伦河断裂带和赤峰-开源断裂带)

发生逆冲推覆和走向滑动，形成由北向南倾伏的铲形断层，推覆和走滑作用使两条断裂带产生高压变质，形成一组近平行的蓝闪石片岩带。

（2）滨西太平洋东亚构造系统及动力学背景

① 构造系统

莫霍面上拱的带状分布可以反映深断裂的分布（刘德良等，1997）。松辽盆地莫霍面上拱部分呈北东－北北东向展布。松辽地区主要的北东－北北东向断裂有嫩江－白城断裂、孙吴－双辽断裂、长春－哈尔滨断裂和依兰－伊通断裂。这些巨大断裂控制了松辽盆地的形成和发育。

嫩江－白城断裂是松辽地区上地幔隆起与大兴安岭上地幔斜坡梯度带的转折界线。沿断裂带有晚侏罗世和早白垩世中酸性、中基性和基性火山岩喷发，推断其主要活动时期为晚侏罗世至早白垩世。早期为压剪性质，晚期则转化为张剪活动特征，相应该逆断层反转为正断层。

孙吴－双辽断裂是最重要的一条北北东向断裂，贯穿盆地中部，为压剪性的走向滑动断层，但先后复合有逆冲和正断。

依兰－伊通断裂是松辽盆地东邻的一条著名的大断裂，是郯庐断裂的北段分支，为超岩石圈深断裂，深达上地幔，沿断裂分布有富含深源橄榄岩包体的玄武岩，主要发育时期在晚印支期，上新世晚期以后经历了反复的拉分过程，出现了多期的玄武岩喷溢。伊兰－依通－沈阳断裂带是松辽盆地深部的东部边界。伊兰－依通－营口断陷带是认识松辽盆地滨西太平洋构造系统的一把钥匙。

松辽地区北北东向大断裂皆具有左行走滑性质。西拉木伦河断裂被北北东向断裂切割，左行明显。

② 动力学背景

晚侏罗世－早白垩世初（J_3－K_1）古太平洋封闭，使得亚洲与西太平洋古陆间强烈斜向碰撞，形成一个与先存的海西－印支期近东西向构造带呈大角度交切的近北北东向展布的东亚造山系和中国东部宽阔的陆缘活化带。此时，伴随着古太平洋板块的向北潜没和西伯利亚板块的侧向挤压，导致中国东部左行走向滑动的构造特征，许多北北东向的深断裂正是在这种环境中形成的。早期（J_3）主要形成一系列的走滑拉分性的断陷盆地，伴有强烈的火山活动，在盆地堆积了火石岭组火山岩、沙河子组和营城组火山碎屑岩系；晚期（K_1），裂陷盆地扩大范围，形成30多个断陷盆地群，沉积了登娄库组、泉头组碎屑岩系。

早白垩世中期至晚白垩世初（K_{12}－K_{21}），中国东部受控于今太平洋动力系统。伴随西太平洋古陆的裂解和沉没，中国东部转入拉张为主的背景之下（任继舜等，1999），松辽地区地壳逐渐冷却，盆地均衡沉降，形成白垩纪的巨厚坳陷沉积。随着亚洲东缘沟－弧－盆体系的形成，松辽盆地处于弧后陆内坳陷部位，盆底东部逐渐抬升，盆地沉积中心西移。这种掀斜运动在构造地貌上表现为东部隆起、中部次隆起、西部呈斜坡带状分布。此阶段沉积了青山口组、姚家组和嫩江组的深湖相细碎屑岩系，间或可能有海相沉积。这一时期盆地面积最广大，为统一的大型坳陷盆地，其水平的沉积层叠置披盖于先存类盆-岭构造之上。此大型拗陷盆地的形成与先前大量岩浆喷发导致地壳深部物质亏空和热散失不无关系。

晚白垩世晚期至古近纪（K_{23}-E），随着燕山-阴山强烈抬升，松辽地区亦被抬起，盆地逐渐萎缩消亡。

（3）局域性构造及动力学背景

① 局域性纬向构造及动力学背景

在松辽地区北部，发育有许多近于平行的东西向断裂，讷莫尔河断裂（图 5.5）就是其中较为典型的一条。根据松辽地区磁场图（图 5.3）可以看出，松辽地区纬向构造集中呈现在北纬 50°～52°伊勒呼里山（额尔古纳-鄂伦春-黑河一线）。区内次级纬向构造带集中发育在北纬 47.5°～48°和 45°～46°附近，主要有扎兰屯东西一线，齐齐哈尔东西一线和乌兰浩特-哈尔滨一线。这些近东西向断裂很可能属于伊勒呼里纬向构造带的构造成分。伊勒呼里纬向构造带主要展布于北纬50°～52°之间及其南北附近，在大兴安岭以东的伊勒呼里山和小兴安岭北段表现明显，总体是一个复式隆起带，挤压作用强烈（王汉卿，1999）。此纬向构造带在岩石圈的深部有特别的显示，形成岩石圈梯度带，莫霍面埋深差异非常之大（陈学波等，2001）。

该纬向带可能导生于中生代中期西伯利亚地区向南的挤压作用，造成亚洲东部诸陆块间地壳缩短，在盆地的北部产生近东西向的压剪性断裂系。其伴生的共轭剪裂面，一组近北东，一组近北西。显然，北西向剪裂面所以不如北东-北北东向剪裂面强势发育，而且后期力学性质向张性转化，乃是由于后来滨西太平洋构造体制作用的结果。

以讷莫尔河断裂为代表的纬向构造带，其南北两侧岩石圈落差颇大，这种不均衡现象可能表明，存在着强烈的构造活动和调整过程，这对新构造时期（N-Q）的岩浆活动及幔源 CO_2 气分布具有指示意义。

② 局域性经向构造及动力学背景

松辽地区局域经向构造带比局域纬向构造带更显势弱而不引起注意。从松辽地区磁场图（图 5.3）可以看出，东经 128°～130°范围内，经向构造在浅部和深部都有所反映。就浅表而言，此区间内南北向的河流发育有库尔滨河、汤旺河、牡丹江、嘎呀河，是伊春、伊兰、牡丹江、延吉南北一线构造地貌的显示。而磁场则反映深部构造，东经 128°～130°逊克-伊春-牡丹江一线存在南北向的正磁异常带；东经 124°～125°讷河-大庆-四平一线存在南北向的负磁异常带；再向西位于海拉尔南北方向亦存在局部磁异常带。上述区域南北带大体等间距分布，对比这三条南北带的规模和强度，是自东向西减弱的。

在松辽地块和布列亚-佳木斯地块之间的张广才岭南北向构造带就是局域性经向构造在松辽盆地周边的反映（国家地震局中国地震区划图编委会，1990），经向构造系统可能与伊佐奈歧板块的侧向挤压有关。

③ 局域性共轭断裂构造及动力学背景

北西西向断裂在松辽盆地内外广泛分布，在小比例地质图中的显示呈单条断裂，长度不大，但数量众多，相对又密集成带，且具等间距性，自北向南依次集中发育在小兴安岭南侧盆地北缘的嫩江-五大连池-铁力-依兰一线，盆地内中北部的扎兰屯-齐齐哈尔-大庆-哈尔滨-尚志一线，盆地内中南部的乌兰浩特-乾安-农安一线，盆地内南部的扎鲁特-通辽-昌图一线。

北西西向断裂的力学性质，从盆地及其外围整体看，具有统一的左旋性质，使许多先存的构造发生有限的左行平移。其形成年代，据被切割的最新构造看，发育于新构造时期(N-Q)，是新生的，亦有可能基于利用先存北西向张剪性断层改造而成。

同时期发育的北东-北北东向断裂具有统一的右旋性质，它们有新生的，亦有迁就利用先存北东、北北东向断裂改造而成的，虽然继承了先存断裂大体的部位，但改变了性质，由先前的左旋转变为右旋(马杏垣，1986)。由于先存北东-北北东断裂往往属于区域性的主干断裂，本来就规模大，连续性好，经叠加发育更加显得宏伟，以致该共轭断裂系北西西向断裂组与北北东向断裂组不均衡发育，后者较前者强大。

新构造期发育的北西西向与北东-北北东向共轭断裂系统是活动性构造，往往有幔源岩浆沿之上侵和喷发，新近纪以来的火山活动较强烈，其碱性玄武岩中幔源包体研究(王锡魁等，1999)表明，岩浆来自60～80 km深的上地幔。沿共轭断裂系统不仅火山作用、地震作用活跃，而且亦是CO_2、天然气脱排成藏作用最有利构造。

北西西向左旋断裂组与北东-北北东向右旋断裂组，共同构成了共轭断裂系，它们构成统一的构造变形场。显然，其主压应力近东西(北东东)方向，就现在的研究程度，可解释为印度板块和欧亚板块碰撞的侧向动力，由西向东的主动挤压力与太平洋板块自东向西的阻挡有关。北西西向与北东-北北东向共轭断裂构造变形场的分析，有利于从本质上理解盆地内某些近南北向隆起、坳陷构造的成因及其构造体系的归属。松辽盆地内的共轭断裂系与近南北向隆起坳陷，前者归为断裂构造，后者可归为褶皱构造，属于同一构造系统，是全区最新一期动力作用的结果。

4. 盆地演化

松辽盆地是晚中生代至新生代在东亚活动大陆缘上发育的复合盆地，它大致经历了三个演化阶段：走滑拉分断陷阶段、引张拉伸断陷阶段、挤压抬升萎缩阶段。

(1) 走滑拉分断陷形成阶段

盆地形成早期，受控于古太平洋动力学系统，产生滨西太平洋走滑构造体系，导生几十个孤立分散的小型裂陷盆地(图5.6)。每个小断陷盆地内部，往往伴随着强烈的火山岩浆活动。

(2) 引张拉伸断陷发展阶段

盆地发育中期，受控于今太平洋动力学系统，产生滨西太平洋伸展构造体系，在拉分裂陷盆地基础上，扩大连片形成广阔的坳陷盆地（图 5.7）。

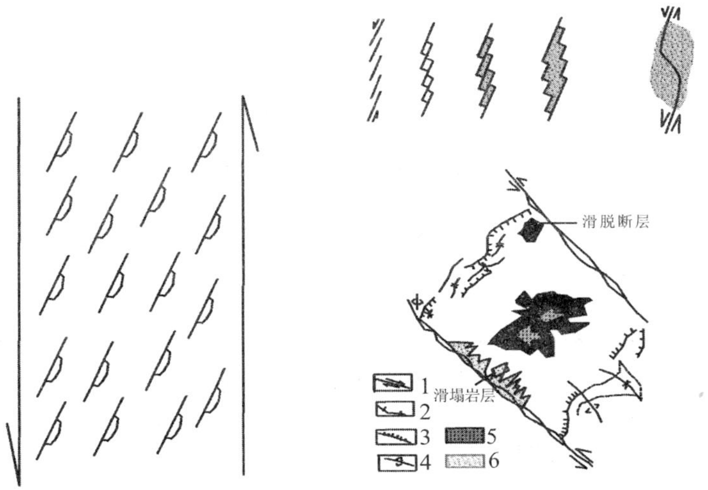

图 5.6　走滑拉分断陷盆地的形成（右下图据 Crowell，1974）

1：走滑断层；2：逆冲断层；3：正断层；

4：褶皱轴；5：火山岩系；6：碎裂岩系

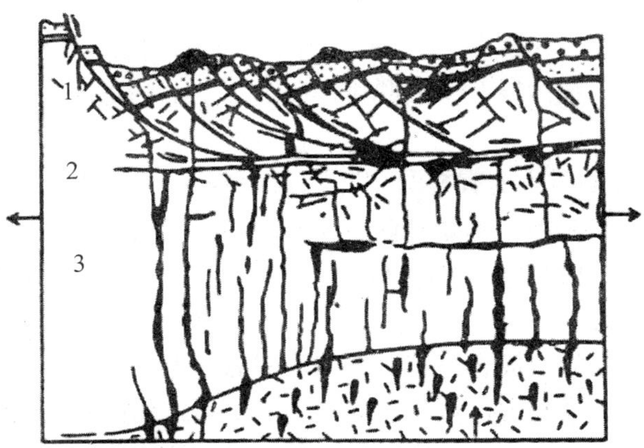

图 5.7　引张拉伸断陷盆地的形成（据 Eaton，1980；转引自马杏垣，1987）

1：正断层；2：滑脱断层；3：岩浆上涌

在盆地深部，发育许多大型的岩墙、岩脉；中部发育滑脱构造、韧性剪切带为主，浅部则以正断层为主，形成坳陷盆地。

（3）挤压抬升坳陷萎缩阶段

受控于新特提斯与今太平洋动力系统，产生北西西向（左行）和北北东向（右行)共轭断裂构造体系,造成冲断上升效应,呈现萎缩盆地(图 5.8)。

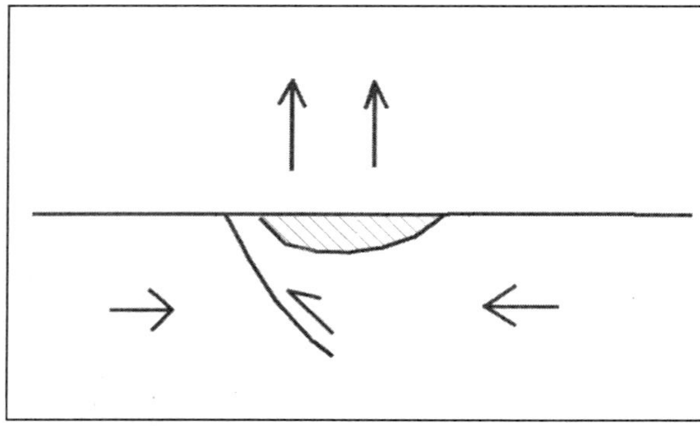

图 5.8 挤压抬升盆地萎缩示意图(据谈迎,2003)

二、松辽盆地 CO_2 成藏因素

松辽盆地北部 CO_2 聚集区带的划分,需要考虑以下制约因素(刘德良等,2003b;谈迎,2003)。

1. 上涌地幔和壳内高导低速体制约

上涌地幔是无机成因天然气的发源地,壳内高导低速体是无机成因天然气的中继站。松辽盆地岩石圈减薄,莫霍面抬升,上涌热地幔是幔源 CO_2 的本源,壳内低速体直接关联其上覆区段 CO_2 的脱排。

2. 多种母源制约

该区 CO_2 母源物质主要有幔源-岩浆、火山岩、碳酸盐岩及泥岩等。松辽盆地内外多期强烈的岩浆活动与基底发育的碳酸盐岩的接触交代作用为释放 CO_2 提供了极为有利的条件,已发现的高纯 CO_2 气藏都与晚侏罗世以来的侵入岩体、火山熔岩和火山碎屑岩有关。

就盆地周边出露的火成岩而言,元古代、早古生代、晚古生代、中生代、新生代的岩浆岩都有发育。早元古代侵入岩岩体小、出露少。晚元古代侵入岩从基性至中、酸均有分布。中生代,伴随着松辽盆地的形成,岩浆活动非常强烈,有两个高峰期,早中侏罗世以深成侵入作用为主,火山岩局部发育;晚侏罗世至早白垩世为火山剧烈活动时期。晚白垩世,火山喷发逐渐减弱,转为局部喷发。中生代的火山喷发,从基性喷溢开始,以酸性爆发告终,具有基性-中性-酸性的喷发序列(黑龙江省区域地质志,1993)。

火山岩浆是 CO_2 优良的母源物质,岩浆上侵可以带来含 CO_2 高热流体直接脱排 CO_2 气,岩浆喷发冷凝形成火山岩吸附有大量 CO_2,如再经断裂-岩浆作用则脱排出 CO_2。松辽盆地的岩浆活动对 CO_2 的生成和聚集起着极其重要的控制作用。

从目前钻遇 CO_2 的地段井位(表 5.3)可以看出，CO_2 含量略高的区段、井位都与火成岩分布关系密切。如在汪家屯-升平地区，汪 903 井 2 937.6～3 053.2 m 的火山岩中 CO_2 含量达 12.2%；升深 4 井 3 054.4～3 073.4 m 火山岩 CO_2 含量达 4.24%，明显高于其他未遇火山岩钻井的，后者 CO_2 含量则小于 1%。这一规律还见于昌五、齐家古龙等地区。齐家古龙地区 CO_2 的富集层见于英 8 井 2 429.5～2 520.07 m 泉四段的黑色粉砂岩段，该井位于孙吴-双辽断裂附近，其下部泉二段、泉三段就钻遇两层共厚 60.2 m 的玄武岩层。

表 5.3　松辽盆地北部 CO_2 分布井位(据大庆研究院 2002 年资料汇总)

地区	井号	层位	井段(m)	C_1(%)	CO_2(%)	N_2(%)	密度	岩性
昌德	芳深 1	登娄库 3 段	2 926～2 940.2	93.509	0.05	5.06	0.583	砂岩
	芳深 5	登娄库 3 段	3 186.4～3 209.8	94.85	0.4	2.48	0.582	砂砾岩
	昌 102	基底	3 31.03～3 386.0	85.32	0.17	13.8	0.617	千枚岩
	昌 102	登娄库 1 段	3 163.4～3 208.6	93.08	0.39	4.79	0.586	砂砾岩
	昌 401	基底	3 203.0～3 217.0	92.72	0.39	4.79	0.589	花岗岩
	芳深 6	登娄库 1 段	3 210.4～3 409.8	78.316	13.8	2.69	0.746	砂砾岩
	芳深 7	营城组	3 380.2～3 482.0	63.566	32.9	2.03	0.894	火山岩
	芳深 9	营城组	3 602～3 620	6.15	93.1	0.51	1.465	火山岩
汪家平-升平	汪 902	基底	2 863～2 849	95.341	0.65	0.42	0.583	砾岩
	升深 1	登娄库 3 段	2 645.2～2 713.8	93.37	0.22	3.35	0.591	砂岩
	升深 1	登娄库 3 段	2 880～2 904	88.253	2.57	5.33	0.623	火山岩
	升深 2	青山口组	2 440.8～2 509.4	94.521	0.34	3.38	0.581	砂岩
	汪 903	营城组	2 937.6～3 053.2	82.219	12.2	3.97	0.699	火山岩
	升深 4	营城组	3 054.4～3 073.4	87.896	4.96	4.24	0.636	火山岩
昌五	肇深 5	登娄库 1 段	3 247.6～3 303.7	91.181	0.15	5.56	0.597	砂砾岩
	肇深 5	营城组	4 051.4～4 506.2	92.84	0.63	6.53	0.524	砂岩
薄荷台	朝深 2	登娄库 2 段	2 799.0～2 840.0	88.391	0.58	8.69	0.608	砂岩
二站	二深 1	营城组	3 247.0～3 393.5	87.69	3.85	6.72	0.63	火山岩
肇州西	肇深 1	基底	2 960～2 870	96.14	0.11		0.578	花岗岩

盆地东边出露有二叠系的碳酸盐岩地层，盆地基底可能发育碳酸盐岩。这些都说明松辽盆地北部不缺 CO_2 母源物质。宋深 2 井是位于松辽盆地北部东南徐家围子断陷带宋站鼻状构造上的一口预探井。宋深 2 井深 3 159.96 m 侏罗系灰绿色安山玄武岩是良好的 CO_2 源岩，总碳体积百分含量达到 5.52%，其受热后 CO_2 脱出量最高，达到 1.39%。宋深 2 井深 3 452.9 m 处侏罗系暗色泥岩总碳重量百分含量达到 6.56 wt%。葡 1 井位于松辽盆地西部断陷区古龙北部葡萄花构造上，是松辽盆地西北部一口重点深层预探井。葡 1 井的各层段岩石总碳体积百分含量(1.04%～2.68%)相对徐家围子的小，但经实验加温到 250 ℃时 CO_2 脱出量却比徐家围子的大，葡 1 井深 4 659.99 m 营城组深灰绿色凝灰岩总碳含量达 2.07%，

低温时 CO_2 脱出量能达到 1.36%，这种现象说明，葡 1 井总碳含量小的原因是由于其没有如徐家围子深层的岩石一样经受了普遍的碳酸盐化作用，这一点从薄片观察中也得到了证实。

3. 多元动力制约

古生代末期古亚洲洋关闭及其后续(P_2－T－J_{1-2})陆内构造作用对于松辽盆地现今 CO_2 富集关系不大。松辽盆地 CO_2 聚集区带的构造动力控制主要是新构造期印度板块同欧亚板块碰撞侧向(东)挤压力与今太平洋板块向西俯冲阻挡力的联合作用。燕山期古太平洋板块与东亚大陆斜向作用以及中新生代西伯利亚克拉通向南挤压力亦具有重要意义。

4. 深大断裂系统制约

深大断裂往往是区域性关键构造，自有一套构造系统，对天然气的静态组合(生、储、盖)和动态组合(运、聚、保)具有控制作用。

导运型断裂主要是区域性深大断裂的主干断裂，多属剪性、张剪性、压剪性断裂。最明显的区域深大断裂有北北东向的嫩江－齐齐哈尔－白城断裂、孙吴－双辽断裂以及近东西向的讷河－五大连池断裂等，既是古老构造，又是最新活动断裂带，可以是持续古今的导气构造。

容储型断裂主要是导运型断裂的协辅构造，为派生构造，多属张性和张剪性断裂，其既与导运型断裂多少相连，又被具有封闭性能的岩层和断层所封盖和封堵。在松辽地区具有孔隙储集的地层主要有登娄库组三、四段、泉头组一、二段致密砂岩储层，登娄库组一段、上侏罗统砂砾岩储层和基岩古凸起风化壳。对于火山岩和致密砂岩来说，岩石孔隙域储集没有实际意义，而主要是各级破裂域储集。

封闭型断裂主要是拆离滑脱断层，以顺层滑动的(逆掩型/滑离型)平滑断层封闭的规模大性质好，为压剪性断裂。于松辽盆地东西两边的拆离断层可下接到中、下地壳，而在盆地内部的平滑断层主要发生在中上地壳和盆地古生界基底之中，并以自东向西逆掩为主，形成不对称的对冲样式，它们是沿着先存顺层滑动断面经挤压、反转发展而来，形成对深源 CO_2 的封闭功能(刘德良和陶士振，2001)，可造成大面积的构造圈闭。

松辽盆地地层封盖而言，主要有登二段和泉一、二段泥岩，岩性致密厚度大，这是以泥页岩为主形成的区域压力封闭系统，它们与青山口组区域盖层组成综合封盖。最有利封盖区在安达－肇州背斜带、徐家围子断陷区，其次为肇东—朝阳沟背斜带。泥页岩封盖主要体现在盆地盖层沉积岩系中的气藏；压剪性断层封盖主要发生在基底岩系中。

松辽盆地北部深层具有构造、地层、岩性等多种圈闭类型，大庆油田勘探开发研究院研究划分了层状构造圈闭、地层超覆圈闭、风化壳圈闭、岩性圈闭、不整合面圈闭等 5 种主要圈闭类型(大庆油田石油地质志编写组，1991)。构造圈闭主要发育于登三、四段和泉一、二段，以背斜圈闭为主，部分为断层复杂化，形成断块、断鼻圈闭。地层超覆圈闭形成的条件是，侏罗系、登一段从断陷内向背斜带等高部位老地层超覆形成了超覆带，存在盖层登二段和砂砾岩体侧向岩性相变，在上伏盖层及侧向封闭条件之下形成了地层超覆圈闭，该类圈闭主要出现在登一段及侏罗系砂砾岩发育的斜坡区。基底古潜山风化壳圈闭是一种特具勘探价值的圈闭，目前发现两个气藏和一个含气地区。肇州西气藏是20世纪70年代发现的，发现井肇深1井气层厚10 m，含气面积22 km^2；昌德南含气区气层厚度14 m，初试自然产能1×10^4 m^3/d，稳定产量2 700 m^3/d；汪家屯气藏的探井气层经压裂改造后，天然气产量为33 875 m^3/d，含气面积22.6 km^2。不整合面圈闭在昌德东地区体现于基岩顶面以下80 m处，圈闭储层岩性为千枚岩，昌102井钻探到此层时见气测显示，测井曲线为锯齿状的高电阻低自然伽玛特征，具有一定的储集条件，测试自然产能较低，但压裂改造后日产气达数千立方米。此种圈闭类型形成于基岩面以下，存在储层和盖层的有利配合，并且储层处于上倾位置，在天然气沿不整合面运移时，即可捕集成藏。徐家围子-王府地区浅变质岩的分布面积占一半左右，具有寻找此类气藏的广阔勘探领域。

5. 新构造体系制约

一个地区关键性构造往往是在新构造期(N-Q)改造老构造形成的，或者就是新构造期形成的(李剑等，2004；贾承造等，2004)；新构造活动可以破坏了老油气田，改造为新油气田，或者就是新构造活动形成的。

新构造期松辽盆地构造基本由北东-北北东向右行走滑面与北西-北西西向左行走滑面共轭组成，还有近南北向隆起和坳陷。包括近北东向的嫩江-齐齐哈尔-白城断裂、孙吴-双辽断裂、哈尔滨-长春断裂等，近北西向的嫩江-五大连池-铁力-伊兰断裂、齐齐哈尔-大庆-哈尔滨断裂、乌兰浩特-乾安-农安断裂等；正是它们主要决定了当今CO_2聚集区带的展布。

就松辽盆地盖层而言，存在多套有利的储盖层配合，分别是：①登二段区域封盖层有利配合着基岩风化壳储层，登一段上侏罗统储层，形成了深层下部含气组合；②泉一、二段区域封盖层有利配合着登三、四段储层，形成了深层中部含气组合；③青一段区域封盖层及泉一、二段自身封盖层有利配合着泉一、二段局部储层，形成深层上部含气组合。同时也清楚的意示到，这三套含气组合是形成新构造期大气田的基础，但对当今而言，已经是历史了，必然要从现代活动构造角度分析研究才是最具有现实的。

三、松辽盆地北部CO_2有利富集区带

松辽盆地北部无机成因CO_2成矿成藏的构造环境，离不开上涌地幔和壳内高速低导体的制约；母源物质离不开岩浆母源和碳酸盐岩的约束；动力因素是多元的；疏导途径与深大断裂系统有关；气藏(田)结构与反转构造乃至区域拆离滑脱相

关联;气藏(田)演化的最新调整与新构造运动相一致。综合考虑松辽盆地北部CO_2气成藏存在的以上的重要控制,可以在松辽盆地北部列出主要的CO_2气有利富集区带(图5.9)。

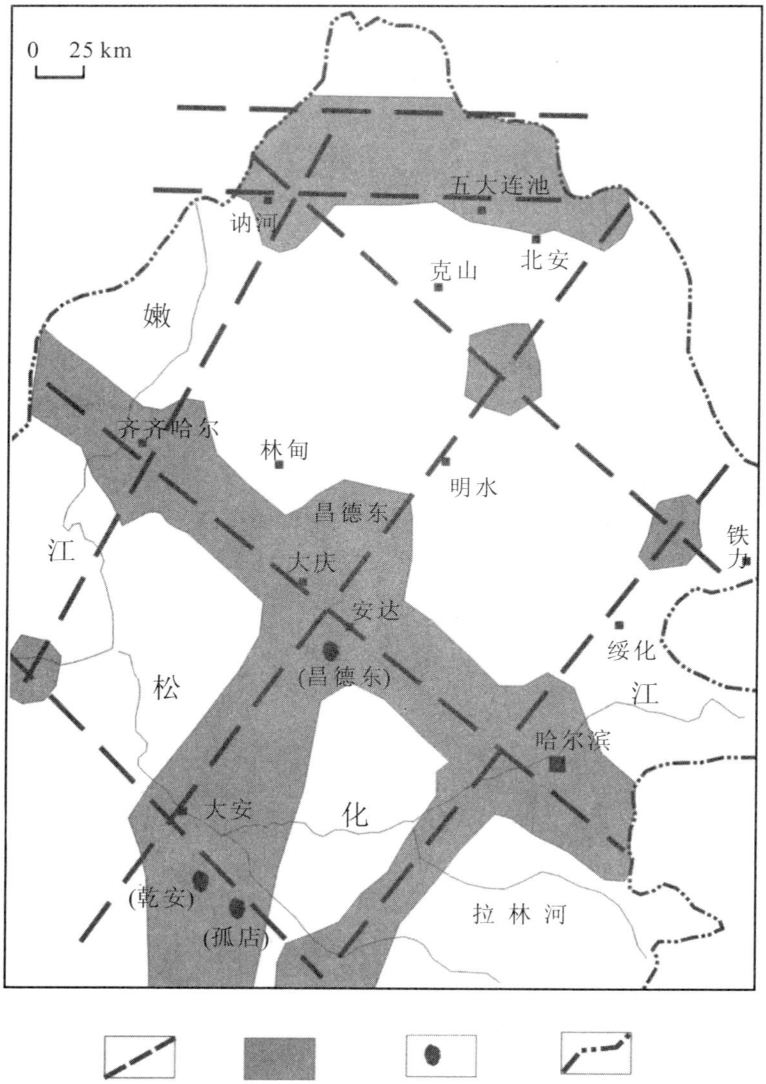

图 5.9　松辽盆地北部CO_2富集区带分布示意图

1. 北西-北西西向和北东-北北东向共轭断裂系CO_2气有利富集区带

北西西向和北北东向共轭断裂系是新构造期(N-Q)发育的,其中北西西向断裂组(左行)与北北东向断裂组(右行)成对发育，配成一套，是同一应力场的产物，它们基于先存燕山期北北东向压剪性(左行)主干断裂及北西西向张剪性断裂发展而来。新近纪以来，以碱性玄武岩为主的火山岩沿两组共轭断裂，特别是沿北西西向断裂分布。这两组断裂属于气源断裂。对比中国东部其他盆地发现的 CO_2 气藏，如黄骅拗陷，济阳拗陷，苏北盆地等，大多也分布在新构造期这套共轭断裂系及其近侧，尤其是共轭断裂交汇处。已知的万金塔气藏、孤店气藏、乾安气藏即发育在共轭断裂系的乌兰浩特-乾安-农安断裂带(戴金星，1996；戴金星等，1995)。

2．盆地北缘讷河-五大连池断裂带 CO_2 气有利富集区带

该 CO_2 富集区带在北纬 48°～50°之间，北有海拉尔-孙吴断裂，南有讷河-五大连池断裂。新构造期玄武岩在带内呈东西向展布。该带南侧扎兰屯太平岭基岩露头区白垩系被卷入了东西向褶皱。此既表明该构造带形变时代较晚，亦反映该带属压剪性构造带特征。压剪性主断裂面向北倾斜，具有推覆构造特点。逆掩断面在一定条件下可以起遮挡作用。已知五大连池地区 CO_2 气源非常丰富(Du et al.，1999)，该带处于盆地北缘，岩层封盖条件差，需注意寻找可作为良好封盖层的压剪性断层。

3．近南北向隆起带 CO_2 气有利富集区带

该隆起属于盆地中部隆起的北延部分，近南北向展布的中央隆起对应着地幔隆起，有利于地幔和岩浆源 CO_2 气的脱排。乾安气藏、孤店气藏就发育在中央隆起带与北西西向乌兰浩特-乾安-农安断裂带的交汇处。在松辽盆地内古今叠覆的近南北向隆起带，是 CO_2 聚集的重要地带。

第三节　CO_2 资源量计算

CO_2 资源量计算是 CO_2 研究中的一大难点。进行 CO_2 资源量计算，必须获得较合理的各种成因 CO_2 的脱气参数、运移系数和聚集系数。在已有研究积累的基础上，需要探索火成岩脱气、碳酸盐岩接触变质作用下和动力变质作用下的 CO_2 脱气参数，以已发现的 CO_2 气藏作参照，对火山岩脱气成藏 CO_2 的聚集系数进行推算，进而分别计算出火山岩母源 CO_2 的资源量、碳酸盐岩母源 CO_2 的资源量、有机质为母源 CO_2 的资源量。

一、CO_2 脱气量的计算方法

1．岩浆为母源的 CO_2 脱气量的计算

矿物包裹体被认为是一定历史时期成岩成矿流体的指示剂，其气体组分充分反

映了成岩时的原始气组分;火山岩中的包裹体特别是形成岩浆期的,反映了火山活动晚期流体中的组分及含量;侵入岩中包裹体则反映了源岩的各种物质信息。利用包裹体的成分分析数据,可以计算原始岩浆体中 CO_2 的含量,由此可推测出岩浆活动中 CO_2 释放量。对于喷出岩,CO_2 释放量等于其挥发分总量乘以 CO_2 的含量。

此外,可以通过沉积盆地的模拟技术,建立模型和模拟系统,精确地评估各种未知参数,分析地质作用的内在联系,从而更精确地对岩浆成因 CO_2 气资源量进行计算。

以岩浆为母源的 CO_2 脱气量的计算步骤:

① 确定岩浆岩类型、规模、活动期次,进行系统采样。

② 测出挥发分含量=岩浆岩体积(重量)×挥发分系数。

③ 测出包裹体挥发分中 CO_2 百分含量。

④ 测出 CO_2 含量=挥发分含量×CO_2 百分含量。

2. 碳酸盐为母源的 CO_2 脱气量的计算

通过建立碳酸盐的热分解反应、碳酸盐与其他矿物之间的变质反应以及脆韧性断裂动力变质反应的定量表达式,可以定量计算各相应变质反应中挥发组分(主要是 CO_2)在变质反应前后的得失量,由此计算 CO_2 气的脱气量。

以碳酸盐为母源的 CO_2 气脱气量的计算步骤:

① 在地质分析的基础上,确定蚀变岩分布、规模;

② 对蚀变岩及其母岩进行全岩化学分析和相关物理参数的测定;

③ 建立蚀变矿物反应式,计算单位重量岩石 CO_2 生成量 R;

④ 代入 $Q=VgR$。式中,Q 为岩石脱碳作用生成的 CO_2 量;V 为脱碳岩石的体积;g 为岩石比重;R 为单位重量岩石 CO_2 生成量。

3. 有机质为母源的 CO_2 脱气量的计算

有机成因 CO_2 气是有机物受到微生物分解作用的结果,以及氧化作用、热降解作用和裂解作用生成的。CO_2 释放量是地质历史过程中有机质排出 CO_2 的积量,现在无法直接测定,只有借助于岩石中有机质的分析数据推演才能获得。

沉积物埋藏到 500～1 500 m 时,Ro 值已达到 0.3%～0.5%,干酪根热降解作用,官能团大量消失,产生了大量的 CO_2 气。组成干酸根的主要元素为 C、H、O,在降解过程表现为 O/C 和 H/C 比降低,这三种元素主要产物为烃类、CO_2 和 H_2O。根据质量守恒定律,可以推导出演化各阶段 CO_2 的生成量。

有机成因形成 CO_2 的计算步骤:

① 确定与 CO_2 有关的生烃层,进行有机质类型、含量、Ro、O/C、H/C 指标的测定,求得原始有机质总量;

② 计算降解残碳率 K 残:K 残=C 残/C 原;

其中,C 残为 Ro>0.5%时有机碳含量,C 原为 Ro=0.5%时有机碳含量。

③ 计算 $Q_{CO_2}=933.34\times[0.12-(O/C)\times K残]$。
其中，Q_{CO_2} 是每吨原始有机质从 Ro＝0.25％演化某 Ro 值时生成排出的 CO_2 体积数（m^3/t）。

二、松辽盆地北部 CO_2 资源量的估算

1. 火山岩母源 CO_2 资源量

松辽盆地北部现有唯一的高纯度工业 CO_2 气藏是昌德东气藏，其 CO_2 母源物主要为火成岩，次为碳酸盐化暗色泥岩。试以此气藏的成藏模式为依据，估算松辽盆地北部岩浆母源的 CO_2 资源量。主要是按照营城组二段火山岩残余气体的二次脱气自生自储的模式计算。通过气体体积法测定岩石总碳含量作为岩石残余 CO_2 含量的上限值，用微量气体质谱分析测定 250 ℃岩石挥发分中 CO_2 含量作为岩石残余 CO_2 含量的下限值；产气岩石分布面积依据三维地震和测井资料的精度解译结果；产气岩石厚度依照钻孔揭示的火山岩最大真厚度。按照岩浆为母源的 CO_2 脱气计算公式估算：

CO_2脱气量＝火山岩体积×火山岩残余 CO_2 含量

CO_2资源量＝CO_2脱气量×聚集系数

这里聚集系数采用以已知推未知的方法计算，根据昌德东芳深 9 井（$134.2\times10^{-8}\ m^{-3}$）的控制储量和相应岩体的脱气量（$8\ 099.34\times10^{-8}\ m^{-3}$）比值确定，约为 1/60。

重点估算了徐家围子断陷、中央古隆起、古龙断陷三个构造带的火山岩为母源的 CO_2 资源量。从构造单元分区计算，芳深 9 井所在的火山岩分布区的火山岩为母源的 CO_2 资源量约为 $134.9\times10^8\ m^3$。徐家围子断陷带火山岩为母源的 CO_2 资源总量约为 $1\ 576\times10^8\ m^3$，古龙断陷火山岩为母源的 CO_2 资源总量约为 $4\ 375\times10^8\ m^3$。

从火山岩所在层位计算，火石岭组火山岩为母源的 CO_2 资源量约为 $2\ 655\times10^8\ m^3$，营城组火山岩为母源的 CO_2 资源量约为 $1\ 520\times10^8\ m^3$，登娄库组火山岩为母源的 CO_2 资源量约为 $102\times10^8\ m^3$，泉头组火山岩为母源的 CO_2 资源量约为 $1\ 506\times10^8\ m^3$。

2. 碳酸盐岩母源 CO_2 资源量

松辽盆地北部及周边地区含碳酸盐岩地层主要归属于在寒武系、泥盆系、二叠系，估算全区新元古界－古生界的碳酸盐岩层平均总厚度大于 3 500 m。松辽盆地碳酸盐岩地层所在层系比较老，后期多次构造岩浆作用使碳酸盐岩多次释放 CO_2 气体。

松辽盆地北部岩浆活动十分频繁，火山岩和侵入岩分布广泛（王璞珺等，2007c；贾军涛等，2008）。根据松辽盆地北部深层岩性预测图，自中生代以来的中

酸性花岗岩类侵入体分布范围用网格法测算约53.5 km。松辽盆地处于古蒙古洋构造体制和滨西太平洋构造体制的复合部位，盆地断裂非常发育。黑龙江省有岩石圈断裂12条，区域性大断裂及一般断裂有数百乃至上千条之多(黑龙江省区域地质志，1993)。广泛分布和发育的岩浆活动和断裂构造，分别为碳酸盐岩的接触变质和动力变质提供了充分的能量来源。

前面的模拟计算给出，接触交代变质带碳酸盐岩释放CO_2气量为18～0.132 mol/l rock($403\sim3.0\times10^9$ m^3 CO_2/km^3 rock)；动力变质带碳酸盐岩释放CO_2气量为0.229～0.339 g CO_2/g rock。假定岩石的密度值2.7 g/cm^3，则释放量为$315\sim466\times10^9$ m^3 CO_2/km^3 rock。计算松辽盆地北部碳酸盐岩为源岩资源量(R)：

$$R=Q\times 聚集系数$$

$$Q=q\times V$$

其中，Q：碳酸盐岩为源岩CO_2释放量；q：碳酸盐岩为单位源岩释放量(接触变质取200×10^9 m^3 CO_2/km^3 rock，动力变质取300×10^9 m^3 CO_2/km^3 rock)；V：松辽盆地北部参与释放CO_2的碳酸盐岩体积。

对于接触变质作用，采用环状接触带简化模型：

$$V=[\pi(R+b)^2-\pi R^2]\times H$$

其中，H：接触带垂向厚度(取3.5 km)；R：环状接触带半径总和(取53.5 km)；b：断裂带横向平均宽度(取0.3 km)。

对于动力变质作用(穿切碳酸盐的韧性、脆韧性断裂部分)：

$$V=L\times W_j\times W_b$$

其中，L：断裂带总长度(仅取300 km)；W_j：断裂带垂向平均厚(取3 km)；W_b：断裂带横向平均宽度(取0.1 km)。

本次计算聚集系数采用徐家围子断陷天然气聚集系数0.008。经计算得到松辽盆地北部深层CO_2释放的总资源量(表5.4)为13 212×$10^8 m^3$。

表5.4 松辽盆地北部深层二氧化碳资源量($\times10^8$ m^3)

火山岩母源CO_2资源量	碳酸盐岩为母源CO_2资源量		总资源量
	接触变质	动力变质	
5 952	5 660	1 600	13 212

参考文献

Abrajano T A, Sturchio N C, Bohlke J K, et al. 1988. Methane-hydrogen gas seeps, Zambales ophiolite, Philippines: Deep or shallow origin? Chemical Geology, 71: 211～222.

Ague J J. 2000. Release of CO_2 from carbonate rocks during regional matamorphism of lithological heterogeneous crust, Geology, 28: 1 123～1 126.

Aiuppa A, Caleca A, Federico C, Gurrieri S, Valenza M. 2004. Diffuse degassing of carbon dioxide at Somma-Vesuvius volcanic complex (Southern Italy) and its relation with regional tectonics. Journal of Volcanology and Geothermal Research, 133 (1～4): 55～79.

Allard P, Carbonnelle J, Dajlevic D, Lebronec J, Morel P, Robe M C, Maurenas J M, Faivrepierret R, Martin D, Sabroux J C, Zettwoog P. 1991. Eruptive and diffuse emissions of CO_2 from Mount Etna. Nature, 351 (6 325): 387～391.

Andersen T, Neumann E R . 2001. Fluid inclusions in mantle xenoliths. Lithos, 55 (1～4): 301～320.

Anderson R B . 1984. The Fischer-Tropsch Reaction. London: Academic Press.

Antonellini M, Aydin A . Effect of faulting on fluid flow in porous sandstones: geometry and spatial distribution. AAPGBulletin, 1995, 79: 642～671.

Aubaud C, Pineau F, Hekinian R, Javoy M . 2005. Degassing of CO_2 and H_2O in submarine lavas from the Society hotspot. Earth and Planetary Science Letters, 235 (3～4): 511～527.

Aubaud C, Pineau F, Jambon A, Javoy M . 2004. Kinetic disequilibrium of C, He, Ar and carbon isotopes during degassing of mid-ocean ridge basalts. Earth and Planetary Science Letters, 222 (2): 391～406.

Bai Z H, Wang X B . 1998. Thermodynamic study on the compositions of fluid phases in the C-H-O system under high temperature and pressure. Chinese Journal of Geochemistry, 17 (2): 103～113.

Ballentine C J, Onions R K, Coleman M L . 1996. A Magnus opus: Helium, Neon, And argon isotopes in a North Sea oilfield. Geochimica et Cosmochimica Acta, 60 (5): 831～849.

Ballentine C J, Schoell M, Coleman D, Cain B A . 2000. Magmatic CO_2 in natural gases in the Permian Basin, West Texas: identifying the regional source and filling history. Journal of Geochemical Exploration, 69-7059-63.

Ballentine C J, Schoell M, Coleman D, Cain B A . 2001. 300-Myr-old magmatic CO_2 in natural gas reservoirs of the west Texas Permian basin. Nature, 409 (6 818): 327～331.

Barker C, Takach N E . 1992. Prediction of natural gas composition in ultradeep sandstone reservoirs. AAPG Bulletin, 76(12): 1 859～1 873.

Behrens H, Ohlhorst S, Holtz F, Champencis M . 2004. CO_2 solubility in dacitic melts equilibrated with H_2O-CO_2 fluids: Implications for modeling the solubility of CO_2 in silicic melts. Geochimica et Cosmochimica Acta, 68 (22): 4 687～4 703.

Bergfeld D, Evans W C, Howle J F, Farrar C D. 2006. Carbon dioxide emissions from vegetation-kill zones around the resurgent dome of Long Valley caldera, eastern California, USA. Journal of Volcanology and Geothermal Research, 152 (1～2): 140～156.

Berner R A, Lasaga A C, Garrels R M . 1983 . The carbonate-silicate geochemical cycle and its effect on atmospheric CO_2 over the past 100 million years. American Journal of Science, 283 (7): 641～683.

Biellmann C, Gillet P, Guyot F, Peyronneau J, Reynard B . 1993. Experimental-Evidence for Carbonate Stability in the Earths Lower Mantle. Earth and Planetary Science Letters, 118 (1～4): 31～41.

Boynton W V. 1984. Geochemistry of the rare earth elements: meteorite studies, Henderson P. (eds.), Rare earth element geochemistry. Elseriver. 63～114.

Burcher-Nurminen K . 1981. The formation of metasomatic reation veins in dolomitic marble roof pendants in the Bergell intrusion (Province Sondrio, northern Italy), Am. J. Sci, 281:1 197～1 222.

Burnard P. 1999. The bubble-by-bubble volatile evolution of two mid-ocean ridge basalts. Earth and Planetary Science Letters, 174 (1～2): 199～211.

Burruss R C . 1993. Stability and flux of methane in the deep crust-A review. Howell D G (eds.), The future of energy gases. US Geology Survey Profesional Paper, 1 570, 21～30.

Caldeira K, Rampino M R. 1990. Carbon-Dioxide Emissions from Deccan Volcanism and a K/T Boundary Greenhouse-Effect. Geophysical Research Letters, 17 (9): 1 299～1 302.

Charlou J L, Donval J P, Douville E, Jean-Baptiste P, Radford-Knoery J, Fouquet Y, Dapoigny A, Stievenard M . 2000. Compared geochemical signatures and the evolution of Menez Gwen (37°50′ N) and Lucky Strike (37°17′ N) hydrothermal fluids, south of the Azores Triple Junction on the Mid-Atlantic Ridge. Chemical Geology, 171 (1～2): 49～75.

Charlou J L, Donval J P, Fouquet Y, Jean-Baptiste P, Holm N . 2002. Geochemistry of high H_2 and CH_4 vent fluids issuing from ultramafic rocks at the Rainbow hydrothermal field (36° 14′ N, MAR). Chemical Geology, 191 (4): 345～359.

Charlou J L, Donval J P, Jean-Baptiste P, Dapoigny A, Rona P A . 1996. Gases and helium isotopes in high temperature solutions sampled before and after ODP Leg 158 drilling at TAG hydrothermal field (26 N, MAR). Geophysical Research Letters, 23 (23): 3 491～3 494.

Charlou J L, Fouquet Y, Bougault H, Donval, J P, Etoubleau J, Jean-Baptiste P, Dapoigny A, Appriou P, Rona P A . 1998. Intense CH_4 plumes generated by serpentinization of ultramafic rocks at the intersection of the 15°20′ N fracture zone and the Mid-Atlantic Ridge. Geochimica et Cosmochimica Acta, 62 (13): 2 323～2 333.

Clark P D, Hyne J B . 1984. Steam-oil chemical reactions: mechanisms for the aquathermolysis of heavy oils. AOSTRA J. Res. , 1: 15～20.

Clemens J D, Vielzeuf D . 1987. Constraints on melting and magma production in the crust, Earth and Planetary Science Letters, 86(2～4): 287～306.

Cooles G P, Mackenzie A S, Parkes R J . 1987. Non-hydrocarbons of significance in petroleum exploration: volatile fatty acids and non-hydrocarbon gases. Mineral. Mag. , 51: 483～493.

Cornides I . 1993. Magmatic Carbon-Dioxide at the Crusts Surface in the Carpathian Basin. Geochemical Journal, 27 (4～5): 241～249.

Courtillot V. 1990. Deccan Volcanism at the Cretaceous Tertiary Boundary-Past Climatic Crises as a Key to the Future. Global and Planetary Change, 89 (3): 291～299.

Courtillot V, Besse J, Vandamme D, Montigny R, Jaeger J J, Cappetta H. 1986. Deccan flood basalts at the Cretaceous/Tertiary boundary? Earth & Planetary Science Letters, 80 (3～4): 361～374.

Courtillot V, Feraud G, Maluski H, Vandamme D, Moreau M G, Besse J. 1988. Deccan flood basalts and the Cretaceous/Tertiary boundary. Nature, 333 (6 176): 843～846.

Craig H, Lupton J E . 1981. Helium-3 and mantle volatiles in the ocean and the oceanic crust. The sea, Volume 7, (eds. C. Emiliani), 391～428. New York: Wiley.

Dai J X, Song Y, Dai C S, Wang D R . 1996. Geochemistry and accumulation of carbon dioxide gases in China. AAPGBulletin, 80 (10):1 615～1 626.

Dai J X, Yang, S F, Chen H L, Shen X H . 2005. Geochemistry and occurrence of inorganic gas accumulations in Chinese sedimentary basins. Organic Geochemistry, 36 (12): 1 664～1 688.

Davies R K, Handschy J W . 2003. Introduction to AAPG Bulletin thematic issue on fault seals. AAPGBulletin, 87(3): 377～380.

Des Marais D J, Donehin J H, Nehring N J, Truesdell A H . 1981. Molecular carbon isotope evidence for the origin of geothermal hydrocarbon. Nature, 292: 826～828.

Devine J D, Sigurdsson H, Davis A N, Self S . 1984. Estimates of sulfur and chlorine yield to the atmosphere from volcanic eruptions and potential climatic effects. Journal of Geophysical Research, 89 (B7): 6 309～6 325.

Dictor R A, Bell A T . 1986. Fischer-Tropsch synthesis over reduced and unreduced iron oxide catalysts. journal of Catalysis, 97 (1): 121～136.

Dixon J E. 1997. Degassing of alkalic basalts. American Mineralogist, 82 (3~4): 368~378.

Dixon J E, Clague D A. 2001. Volatiles in basaltic glasses from Loihi seamount, Hawaii: Evidence for a relatively dry plume component. Journal of Petrology, 42 (3): 627~654.

Dixon J E, Clague D A, Wallace P, Poreda R. 1997. Volatiles in alkalic basalts from the North Arch volcanic field, Hawaii: Extensive degassing of deep submarine—erupted alkalic series lavas. Journal of Petrology, 38 (7): 911~939.

Dobrzhinetskaya L F, Eide E A, Larsen R B, Sturt B A, Tronnes R G, Smith D C, Taylor W R, Posukhova T V. 1995. Microdiamond in high-grade metamorphic rocks of the western gneiss region, Norway. Geology, 23 (7): 597~600.

Dry M E. 1981. The Fischer-Tropsch Synthesis. Catalysis Science and Technology, (eds J. R. Anderson and M. Boudart), Springer-verlag, 159~255.

Du J Q, Li S Q, Zhao Y, Ren J Z, Sun R B, Duanmu H S. 1999. Geochemical characteristics of gases from the Wudalianchi volcanic area, northeastern China. Acta Geologica Sinica-English Edition, 73 (2): 225~229.

Du J, Jin Z, Xie H, Bai L, Liu W. 2003. Stable carbon isotope compositions of gaseous hydrocarbons produced from high pressure and high temperature pyrolysis of lignite. Org. Geochem., 34: 97~104.

Erwin D H. 1994. The Permo-Triassic Extinction. Nature, 367 (6 460): 231~236.

Farmer R E. 1965. Genesis of subsurface carbon dioxide. eds Yong A and Galley J E, Fluids in surface environment eds, AAPG Memoir, 4:378~385.

Ferreira T, Oskarsson N. 1999. Chemistry and isotopic composition of fumarole discharges of Furnas caldera. Journal of Volcanology and Geothermal Research, 92 (1~2): 169~179.

Ferry J M, Dipple G M. 1991. Fluid flow, mineral reactions, and metasomatism, Geology, 19: 211~214.

Ferry J M. 1976. P, T, f CO_2 and f H_2O during metamorphism of calcareous sediments in the Waterville-Vassalboro area, south central Maine, Contrib. Mineral. Petrol., 57: 119~143.

Ferry J M. 1983. Mineralreactions and element migration during metamorphism of calcareous sediments from the Vassalboro Formation, south-central Maine, American Mineralogist, 68:334~354.

Ferry J M. 1984. Abiotite isograde in south-central Maine, U. S. A: mineral reactions, fluid transfer, and heat transfer, Journal of Petrology, 25:871~893.

Ferry J M. 1988. Infiltration-driven metamorphism in northern New England, Journal of Petrology, 29, 1 121~1 159.

Flory P J. 1936. Molecular Size Distribution in Linear Condensation Polymers. Journal of the American Chemical Society, 58 (10): 1 877~1 885.

French E . 1966. Some implication of equilibrium between graphite and a C-H-O gas phase at high temperatures and pressure. Rev. Geophys, 4:53～222.

Fuex A N. 1977. The Use of Stable Carbon Isotopes in Hydrocarbon Exploration, J. Geochim. Explor, 7:155～198.

Fyfe W S. 1986. Fluids in deep continental crust, American geophysical Union Geodynamics Series, 14: 33～39.

Gans P B. Mahood, G A, Schermer E . 1989. Synextensional magmatism in the Basin and Range Province: a case study from the eastern Great Basin. Geological Society of America Special Paper 233, 53.

Gardien V, Thompson, A B, Grujic D, Ulmer P . 1995. Experimental Melting of Biotite Plus Plagioclase Plus Quartz Plus or Minus Muscovite Assemblages and Implications for Crustal Melting. Journal of Geophysical Research-Solid Earth, 100 (B8): 15 581～15 591.

Ge H P, Lu, X C, et al. 2004. Discovery and analysis of ultra-micro grinding grain texture in slipping lamellae of ductile-brittle zone. Science in China Series D-Earth Science, 47(3): 265～271.

Gerlach T M. 1986. Exsolution of H_2O, CO_2, and S during eruptive episodes at Kilauea volcano, Hawaii. Journal of Geophysical Research, 91 (B12): 12 177～12 185.

Gerlach T M. 1991. Present-day CO_2 emissions from volcanos. EOS, 72(23): 249～255.

Gerlach T M, Doukas M P, McGee K A, Kessler R . 2001. Soil efflux and total emission rates of magmatic CO_2 at the Horseshoe Lake tree kill, Mammoth Mountain, California, 1995～1999. Chemical Geology, 177 (1～2): 101～116.

Giggenbach W F. 1993. Isotopic composition of helium and CO_2 and CH_4 contents in gases produced along the New Zealand part of aconvergent plate boundary. Geochimica et Cosmochimica Acta, 57: 3 427～3 455.

Giggenbach W F. 1995. Variations in the chemical and isotopic composition of fluids discharged from the Taupo Volcanic Zone. Journal of Volcanology and Geothermal Research, 68 (1～3): 89～116.

Giggenbach W F. 1997. Relative importance of thermodynamic and kinetic processes in governing the chemical and isotopic composition of carbon gases in high-heatflow sedimentary basins. Geochimica Et Cosmochimica Acta, 61 (17): 3 763～3 785.

Glasby G P. 2006. Abiogenic origin of hydrocarbons: An historical overview. Resource Geology, 56 (1):83～96.

Goff F . 1994. Gold degassing and deposition at Galeras volcano, Colombia. GSA Today, 4 (10): 241～247.

Gold T, Soter S. 1982. A biogenic methane and the origin of petroleum. Energy Exploration and Exploitation, 1(2): 89～104.

Gold T. 1984. Contribution to the theory of an abiogenic origin of methane and other terrestrial hydrocarbon. Proceeding of the International Geological Congress, 13: 413~442.

Gold T . 1993. The origin of methane in the crust of the earth. The future of energy gases. US Geological Survey Professional Paper. 1 570: 57~80.

Grant J A . 1986. The iscon diagram-asimple solution to Gresens equation for metasomatic alteration. Econ Geol. , 81(8): 1 976~1 982.

Gurevich B. 2003. Elastic properties of saturated porous rocks with aligned fractures. Journal of Applied Geophysics, 54 (3~4): 203~218.

Hansen J, Johnson D, Lacis A, Lebedeff S, Lee P, Rind D, Russell G . 1981. Climate Impact of Increasing Atmospheric Carbon Dioxide. Science, 213(4511):957~966.

Harris D M, Rose W I . 1996. Dynamics of carbon dioxide emissions, crystallization, and magma ascent: Hypotheses, theory, and applications to volcano monitoring at Mount St Helens. Bulletin of Volcanology, 58 (2~3): 163~174.

Harwood R J . 1977. Oil and gas generation by laboratory pyrolysis of kerogen. AAPG Bulletin, 61(12): 2 081~2 102.

Hernandez P A, Salazar J M, Shimoike Y, Mori T, Notsu K, Perez N . 2001. Diffuse emission of CO_2 from Miyakejima volcano, Japan. Chemical Geology, 177 (1~2): 175~185.

Holland H D. 1978. The chemistry of atmosphere and oceans. New York: Wiley-Interscience Publication. 351.

Holloway J R . 1981. Volatile interactions in magmas. Newton R C, Navrotsky A, and Wood B J (eds.). Thermodynamics of minerals and melts (Advances in Physical Geochemistry 1). Springer, New York:273~293.

Horn S, Schmincke H U. 2000. Volatile emission during the eruption of Baitoushan Volcano (China/North Korea) ca. 969 AD. Bulletin of Volcanology, 61 (8): 537~555.

Huang H, Yang J, Yang Y, Du X . 2004. Geochemistry of natural gases in deep strata of the Songliao Basin, NE China. Coal Geology, 58: 231~244.

Hunt J M . 1979. Petroleum Geochemistry and Geology. San Francisco: William Freeman and Company.

Hutcheon I, Abercrombie H . 1989. The Role of Silicate Hydrolysis in the Origin of CO_2 in Sedimentary Basins. In: Proceedings of the 6th International Symposium on Water-Rock Interaction, (eds. Miles D L, Balkema A A), 321~324. Rotterdam: The Netherlands and Brookfield.

Hutcheon I, Abercrombie H . 1990. Carbon-Dioxide in Clastic Rocks and Silicate Hydrolysis. Geology, 18 (6): 541~544.

Irvine T N, Baragar W R A . 1971. A guide to chemical classification of the common volcanic rocks. Canadian Journal of Earth Sciences, 8: 523～548.

Isshiki M, Irifune T, Hirose K, Ono, S, Ohishi Y, Watanuki T, Nishibori E, Takata M, Sakata M . 2004. Stability of magnesite and its high-pressure form in the lowermost mantle. Nature, 427 (6 969): 60～63.

Jambon A . 1994. Earth degassing and large-scale geochemical cycling of volatile elements, Volatiles in Magmas. Reviews in Mineralogy, 30, Washington: Mineralogical Soc America, 479～517.

Janoy M, Pineau F, Allegre C J . 1982. Carbon geodynamic cycle. Nature, 300: 171～173.

Jean-Baptiste P, Charlou J L, Stievenard M, Donval J P, Bougault H, Mevel C . 1991. Helium and methane measurements in hydrothermal fluids from the mid-Atlantic ridge: The Snake Pit site at 23 N. Earth and Planetary Science Letters, 106 (1～4): 17～28.

Jenden P D, Drazan D J, Kaplan I R . 1993. Mixing of thermogenic natural gases in northern Appalachian Basin. AAPG Bulletin, 77: 980～998.

Karwail J . 1969. Aktuell Probleme der Geochemie der Kohle. In: Schenk, P. A. , Havenaar, I. (Eds.), Advances in Organic Geochemistry 1968. Pergamon Press, Oxford, 59～84.

Keppler H, Wiedenbeck M, Shcheka S S . 2003. Carbon solubility in olivine and the mode of carbon storage in the Earth's mantle. Nature, 424 (6 947): 414～416.

Kerrick D M, Caldeira K. 1994. Metamorphic CO_2 degassing and Early Cenozoic Paleaoclimate. GSA Today, 4(3):57～65.

King P L, Holloway J R . 2002. CO_2 solubility and speciation in intermediate (andesitic) melts: The role of H_2O and composition. Geochimica et Cosmochimica Acta, 66 (9): 1 627～1 640.

Kissin Y V. 1998. Catagenesis of light aromatic compounds in petroleum. Organic Geochemistry, 29 (4): 947～962.

Klemme H O . 1980. Petroleum basin-classification, and characteristics. Journal of Petroleum Geology. 3: 187～203.

Kogarko L N, Kosztolanyi C, Ryabchikov I D . 1987. Geochemistry of the reduced fluid in alkali magmas. Geochemistry International, 24(7):20～27.

Konig L, Gaube J, Meisel W, Gutlich P, Gerhard W, Plog C . 1987. The influence of water and of alkali promotor on the carbon number distribution of Fischer-Tropsch products formed over iron catalysts. Berichte der Bunsengesellschaft für Physikalische Chemie, 1 (2): 116～121.

Konnerup-Madsen J, Larsen E, Rose-Hansen J . 1979. Hydrocarbon-rich fluid inclusions in minerals from the alkaline Il maussaq intrusion, South Greenland. Bulletin de Min ralogie, 102: 642～653.

Konnerup-Madsen J, Rose-Hansen J. 1982. Volatiles associated with alkaline igneous rift activity: fluid inclusions in the Ilimaussaq intrusion and the Gardar granitic complexes (south Greenland). Chemical Geology, 37: 79～93.

Krupp R, Oberthür T, Hirdes W. 1994. The early Precambrian atmosphere and hydrosphere: thermodynamic constraints from mineral deposits. Economic Geology and the Bulletin of the Society of Economic Geologists, 89(7):1 581～1 598.

Langford F F. 1983. Proterozoic uranium deposits and the Precambrian atmosphere. GSA Memoir 161, 237～243.

Laughrey C D, Baldassar F J. 1998. Geochemistry and Origin of Some Natural Gases in the Plateau Province, Central Appalachian Basin, Pennsylvania and Ohio. AAPG Bulletin, 82 (2): 317～335.

Le Maitre R W, Bateman P, Dudek A, Keller J, Lameyre J, Le Bas M J, Sabine P A, Schmid R, Sorensen H, Streckeisen A, Wooley A R, Zanettin B. 1989. A classification of igneous rocks and glossary of terms. Oxford: Blackwell.

Lêger A, Ferry J M. 1993. Fluid infiltraticn and regional metamorphism of the Waits River formation, north-east Vermont, USA, J. metamorphic Geol., 11:3～29.

Lein A Y, Grichuk D V, Gurvich E G, Bogcanov Y A. 2000. New type of the hydrothermal fluid enriched with H_2 and CH_4 in the rift zone of the Mid-Atlantic Ridge. Dokl Akad Nauk, 375 (3): 380～383.

Li Z S, Liu D L, Yang X Y, Wu X Q, Tan Y, Wang B C. 2007. Geologic and geochemical characteristics of source rocks of carbon dioxide in deep strata of northern Songliao basin, Northeast China. Geological Society of India, 71(2):189～200.

Li Z, Guo Z, Bai Z, Lin G. 2004. Geochemistry and tectonic environment and reservoir formation of mantle-derived natural gas in the Songliao basin, Northeastern China: Geotectonica et Metallogenia, 28: 168～182.

Lida Y, Ohnuki T, Isobe H, et al. 1998. Hydrothermal resdistribution of rare eath elements in Toki granitic rock, central Japan, Journal of Contaminant Hydrology, 1998, 35:191～199.

Liu D L, Su Y J, Yang X Y. 1996. Microstructuraland geochemical analysis on limit of time series of mineralization in Susong metamorphic phosphorous deposit, westernAnhui Province. Chinese Science Bulletin, 41(13): 1 111～1 115.

Lollar B S, Ballentine C J, Onions R K. 1997. The fate of mantle－derived carbon in a continental sedimentary basin: Integration of C/He relationships and stable isotope signatures. Geochimica et Cosmochimica Acta, 61 (11):2 295～2 307.

Lollar B S, Lacrampe-Couloume G, Voglesonger K, Onstott T C, Pratt L M, Slater G F. 2008. Isotopic signatures of CH_4 and higher hydrocarbon gases from Precambrian Shield sites: A model for abiogenic polymerization of hydrocarbons. Geochimica et Cosmochimica Acta, 72 (19): 4 778～4 795.

Lollar B S, Westgate T D, Ward J A, Slater G F, Lacrampe-Couloume G . 2002. Abiogenic formation of alkanes in the Earth's crust as a minor source for global hydrocarbon reservoirs. Nature, 416 (6 880):522~524.

Lowenstern J B . 2001. Carbon dioxide in magmas and implications for hydrothermal systems. Mineralium Deposita, 36 (6): 490~502.

Lowenstern J B, Mahood G A, Rivers M L, Sutton S R . 1991. Evidence for Extreme Partitioning of Copper into a Magmatic Vapor-Phase. Science, 252 (5011): 1 405~1 409.

Lupton J E, Craig H . 1981. A major helium－3 source at 15 S on the East Pacific Rise. Science, 214 (4 516): 13~18.

Lupton J, Butterfield D, Lilley M, Evans L, Nakamura K I, Chadwick W, Resing J, Embley R, Olson E, Proskurowski G, et al . 2006. Submarine venting of liquid carbon dioxide on a Mariana Arc volcano. Geochemistry Geophysics Geosystems, 7.

Lyon G L, Giggenbach W F, Sano Y . 1996. Variations in the chemical and isotopic composition of Taranaki gases and their possible causes. In:New Zealand Petrol Conference, 171~174.

MacGeehan P J, MacLean W H . 1980. An Archaean sub-seafloor geothermal system, calc-alkali trends, and massive sulphide genesis, Nature, 27:767~771.

Magoon L B . 1989. Identified petroleum systems within the United States. Magoon B L (eds.), The petroleum system-states of research and methods. USGS bulletin, 2~9.

Mangan M, Sisson T . 2000. Delayed, disequilibrium degassing in rhyolite magma: decompression experiments and implications for explosive volcanism. Earth and Planetary Science Letters, 183(3~4): 441~455.

Marty B, Jambon A . 1987. C^3 He in volatile fluxes from the solid earth: implications for carbon geodynamics. Earth and Planetary Science Letters, 83(1~4): 16~26.

Marty B, Tolstikhin I N . 1998. CO_2 fluxes from mid-ocean ridges, arcs and plumes. Chemical Geology, 145 (3~4): 233~248.

McCollom T M, Seewald J S . 2006. Carbon isotope composition of organic compounds produced by abiotic synthesis under hydrothermal conditions. Earth and Planetary Science Letters, 243 (1~2):74~84.

McCollom T M, Seewald J S . 2001. A reassessment of the potential for reduction of dissolved CO_2 to hydrocarbons during serpentinization of olivine. Geochimica et Cosmochimica Acta, 65 (21): 3 769~3 778.

McCollom, T M, Shock E L . 1997. Geochemical constraints on chemolithoautotrophic metabolism by microorganisms in seafloor hydrothermal systems. Geochimica et Cosmochimica Acta, 61 (20): 4 375~4 391.

McKirdy D M, Chias A R . 1992. Nonbiodegraded aromatic aondensate associated with volcanic supercritical carbon dioxide, Otway basin: implications for primary migration from terrestrial organic matter. Org. Geochem., 18(5):611～627.

McNutt M K, Judge A V. 1990. The Superswell and mantle dynamics beneath the South Pacific. Science, 248 (4958): 969～975.

Moore J G, Batcheldeer J N, Cunningham C G. 1977. CO_2-filled vesicles in mid-ocean basalt. Jour. Volcano. Geother. Res., 2: 309～327.

Morner N A, Etiope G. 2002. Carbon degassing from the lithosphere. Global and Planetary Change, 33 (1～2):185～203.

Mottl M J. 1983. Metabasalts, axial hot spring, and the structure of hydrothermal systems at mid-ocean ridges, Geol. Soc. Am. Bull, 94:161～180.

Neal C, Stanger G. 1983. Hydrogen generation from mantle source rocks in Oman. Earth and Planetary Science Letters, 66: 315～320.

Nesbitt H W, Yong G M. 1989. Formation and diagenesis of weathering profiles, J. Geol., 97: 129～147.

Newton R C, Sharp W E. 1975. Stability of forsterite + CO_2 and its bearing on the role of CO_2 in the mantle. Earth and Planetary Science Letters, 26:239～244.

Ngwenya B T, Elphick S C, Main I G, Shimmield G B. 2000. Experimental constraints on the diagenetic self-sealing capacity of faults in high porosity rocks. Earth and Planetary Science Letters, 183: 187～199.

Nivin V A, Devirts A L, Lagutina Y P. 1995. The origin of the gas phase in the Lovozero massif based on hydrogen-isotope data. Geochemistry International, 32 (8): 65～71.

Nuccio P M, Paonita A. 2001. Magmatic degassing of multicomponent vapors and assessment of magma depth: application to Vulcano Island (Italy). Earth and Planetary Science Letters, 193 (3～4): 467～481.

O'hara K. 1988. Fluid flow and volume loss during mylonitization: an origin for phyllonite in an overthrust setting, North Carolina, U. S. A., 156: 21～36.

Pankina R G. 1978. Origin of CO_2 in petroleum gases (from the isotopic composition of carbon). International Geology Review, 21(5): 535～539.

Patzlaff J, Liu Y, Graffmann C, Gaube J. 1999. Studies on product distributions of iron and cobalt catalyzed Fischer Tropsch synthesis. Applied Catalysis A-General, 186 (1～2): 109～119.

Petersilie I A. 1962. Origin of hydrocarbon gases and dispersed bitumens of the Khibina alkalic massif. Geochemistry International, 114～29.

Petersilie I A, Ikorski S V, Smirnova L I, Romantkhin A M, Proskuryakova E B. 1961. Application of gas logging to the investigation of natural gases and bitumens in the Khibina intrusive massif. Geochemistry International, 10: 945～962.

Petersilie I A, Sorensen H . 1970. Hydrocarbon gases and bituminous substances in rocks from the Il maussaq alkaline intrusion, South Greenland. Lithos, 359～76.

Porcelli D R, Onions R K, Galer S J G, Cohen A S, Mattey D P . 1992. Isotopic Relationships of Volatile and Lithophile Trace-Elements in Continental Ultramafic Xenoliths. Contributions to Mineralogy and Petrology, 110 (4):528～538.

Potter J. 2000. The characterisation and origin of hydrocarbons in the alkaline igneous complexes in the Kola Alkaline Province, PhD thesis. London: Kingston University.

Potter J, Rankin A H, Treloar P J . 2004. Abiogenic Fischer Tropsch synthesis of hydrocarbons in alkaline igneous rocks; fluid inclusion, textural and isotopic evidence from the Lovozero complex, NW Russia. Lithos, 75 (3～4): 311～330.

Prinzhofer A A, Huc A Y. 1995. Genetic and post-genetic molecular and isotopic fractionations in natural gases. Chemical Geology, 126: 281～290.

Proskurowski G, Lilley M D, Seewald J S, Fruh-Green, G L, Olson E J, Lupton J E, Sylva S P, Kelley D S . 2008. Abiogenic hydrocarbon production at Lost City hydrothermal field. Science, 319 (5 863): 604～607.

Rampino M R, Stothers R B . 1988. Flood basalt volcanism during the past 250 million years. Science, 241 (4 866): 663～668.

Raymo M E, Ruddiman W F . 1992. Tectonic forcing of late Cenozoic climate. Nature, 359: 117～122.

Ren J Y, Tamaki K, Li S T, Junxia Z . 2002. Late Mesozoic and Cenozoic rifting and its dynamic setting in Eastern China and adjacent areas. Tectonophysics , 344 (3～4): 175～205.

Richwood P C . 1989. Boundary lines within petrologic diagrams which use oxides of major and minor elements. Lithos, 22, 247～263.

Rittmann A . 1973. Stable mineral assemblages of igneous rocks: a method of calculation. Berlin: Springer.

Roedder E . 1984. Fluid inclusions. Mineralogical Society of America, Reviews in Mineralogy 12.

Rollinson H R . 1993. Using geochemical data: evaluation, presentation, interpretation. New York: Longman Scientific & technical. 48～214.

Rubey W W . 1955. Development of hydrosphere and atmosphere, with special reference to probable composition of the early atmosphere. In: The crust of the earth, Geological society of America special paper, 62:631～650.

Rye R, Kuo P, Holland H D . 1995. Atmospheric carbon dioxide concentrations before 2. 2 billion years ago. Nature, 378: 603～605.

Saal A E, Hauri E H, Langmuir C H, Perfit M R . 2002. Vapour undersaturation in primitive mid-ocean-ridge basalt and the volatile content of Earth's upper mantle. Nature, 419 (6 906): 451～455.

Sakai H, Gamo T, Kim E S, Tsutsumi M, Tanaka T, Ishibashi J, Wakita H, Yamano M, Oomori T . 1990. Venting of carbon dioxide-rich fluid and hydrate formation in Mid-Okinawa Trough backarc basin, Science, 248:1 093～1 096.

Salazar J M L, Hernandez P A, Perez N M, Melian G, Alvarez J, Segura F, Notsu K . 2001. Diffuse emission of carbon dioxide from Cerro Negro volcano, Nicaragua, Central America. Geophysical Research Letters, 28 (22): 4 275～4 278.

Sano Y, Marty B . 1995. Origin of carbon in fumarolic gas from island arcs. Chemical Geology, 119 (1～4): 265～274.

Sano Y, Williams S N . 1996. Fluxes of mantle and subducted carbon along convergent plate boundaries. Geophysical Research Letters, 23 (20): 2 749～2 752.

Sano Y, Urabe A, Wakita H, et a1. 1985. Chemical and isotopic compositions of gases in geothermal fluids, Iceland. Geochem. J. , 19: 135～148.

Satterfield C N, Hanlon R T, Tung S E, Zou Z M, Papaefthymiou G C . 1986. Effect of water on the iron-catalyzed Fischer-Tropsch synthesis. Industrial & Engineering Chemistry Product Research and Development, 25 (3): 407～414.

Saxena S K, Fei Y. 1987 . High pressure and high temperature fluid fugacities. Geochimica et Cosmochimica Acta, 51(4): 783～792.

Saxena S K, Fei Y . 1988a. Fluid mixture in the C－H－O system at high pressure and high temperature. Geochimica et Cosmochimica Acta, 52(2): 505～512.

Saxena S K, Fei Y . 1988b. The pressure-volume-temperature equation of hydrogen. Geochimica et Cosmochimica Acta, 52(5): 1 195～1 196.

Schoell M . 1983. Genetic characterization of natural gases. AAPG Bulletin, 67: 2 225～2 238.

Shcheka S S, Wiedenbeck M, Frost D J, Keppler H . 2006. Carbon solubility in mantle minerals. Earth and Planetary Science Letters, 245 (3～4): 730～742.

Simons K, Dixon J, Schilling J G, Kingsley R, Poreda R . 2002. Volatiles in basaltic glasses from the Easter-Salasy Gomez Seamount Chain and Easter Microplate: Implications for geochemical cycling of volatile elements. Geochemistry Geophysics Geosystems, 3.

Skorodumova N V, Belonoshko A B, Huang L, Ahuja R, Johansson B . 2005. Stability of the $MgCO_3$ structures under lower mantle conditions. American Mineralogist, 90 (5～6):1 008～1 011.

Sleep N H, Blanpied M L . 1992. Creep, compaction and the weak rheology of major faults. Nature, 359: 687～692.

Smith J T, Ehrenbeng S N . 1989. Correlation of CO_2 abundance with temperature in clastic hydrocarbon reservoir: Relationship to inorganic chemical equilibrium. Marine and PetroleumGeology, 6:129～135.

Stothers R B . 1993. Flood Basalts and Extinction Events. Geophysical Research Letters, 20

(13): 1 399～1 402.

Sutherland F L. 1994. Volcanism around K/T Boundary Time-Its Role in an Impact Scenario for the K/T Extinction Events. Earth-Science Reviews, 36 (1～2): 1～26.

Szatmari P. 1986. Plate tectonic control of synthetic oil formation. Oil & Gas Journal, 84:67～69.

Szatmari P. 1989. Petroleum formation by Fischer-Tropsch synthesis in plate tectonics. AAPG Bulletin, 73(8): 989～998.

Taylor S R, McLennan S M. 1995. The Geochemical Evolution of the Continental-Crust. Reviews of Geophysics, 33(2): 241～265.

Trull T, Nadeau S, Pineau F, Polve M, Javoy M. 1993. C-He Systematics in Hotspot Xenoliths-Implications for Mantle Carbon Contents and Carbon Recycling. Earth and Planetary Science Letters, 118(1～4):43～64.

Vielzeuf D, Holloway J R. 1988. Experimental determination of the fluid-absent melting relations in the pelitic system. Contributions to Mineralogy and Petrology, 98(3): 257～276.

Voytov G I. 1992. Chemical and carbon-isotope fluctuations in free gases (gas jets) in the Khibiny. Geochemistry International, 14～24.

Wallace P J, Gerlach T M. 1994. Magmatic Vapor Source for Sulfur Dioxide Released During Volcanic Eruptions: Evidence from Mount Pinatubo. Science, 265(5171): 497～499.

Wallace P J. 2002. Volatiles in submarine basaltic glasses from the Northern Kerguelen Plateau (ODP Site 1140): Implications for source region compositions, magmatic processes, and plateau subsidence. Journal of Petrology, 43 (7): 1 311～1 326.

Wang A, Pasteris J D, Meyer H O A, DeleDuboi M L. 1996. Magnesite-bearing inclusion assemblage in natural diamond. Earth and Planetary Science Letters, 141 (1～4): 293～306.

Wang H Z, Mo X X. 1996. An outline of the tectonic evolution of China. Episodes, 18: 6～16.

Wang P J, Chen F K, Chen S M, Siebel W, Satir M. 2006. Geochemical and Nd-Sr-Pb isotopic composition of Mesozoic volcanic rocks in the Songliao basin, NE China. Geochemical Journal, 40 (2): 149～159.

Wang P J, Feng Z Q, Mattern F, Shan X L, Liu W Z, Cheng R H, Qiu C G, Tang H F, Zhang Y, Li Q L, Wen N. 2003. Reservoir volcanic rocks: geology and geochemistry, the Mesozoic non-marine Songliao basin, NE China. J. Geosci. Res. NE Asia, 6(2):129～137.

Wang P J, Liu W Z, Wang S X, Song W H. 2002. Ar-40/Ar-39 and K/Ar dating on the volcanic rocks in the Songliao basin, NE China: constraints on stratigraphy and basin dynamics. International Journal of Earth Sciences, 91(2):331～340.

Wardell L J, Kyle P R, Dunbar N, Christenson B. 2001. White Island volcano, New Zealand: carbon dioxide and sulfur dioxide emission rates and melt inclusion studies. Chemical

Geology, 177(1～2):187～200.

Welhan J A, Craig H . 1979. Methane and hydrogen in East Pacific rise hydro thermal fluids. Geophysical Research Letters, 6(11): 829～832.

Welhan J A . 1988. Origins of methane in hydrothermal system. Chemical Geology, 71(1～3): 183～198.

Welhan J A, Craig H . 1983. Methane, hydrogen and helium in hydrothermal fluids at 21 N on the East Pacific Rise. In: Hydrothermal processes at seafloor spreading centers, (eds P. A. Rona K. Bostrom and L. Laubier), Plenum Press: 391～409.

Welhan J A, Lupton J E . 1987. Light hydrocarbon gases in Guaymas Basin hydrothermal fluids; thermogenic versus abiogenic origin. AAPG Bulletin, 71(2): 215～223.

Weng K N, Wang B S, Xiao W S, Xu S P, Lu G C, Zhang H Z . 1999. Experimental study on hydrocarbon formation due to reactions between carbonates and water or water bearing minerals in deep earth. Chinese Journal of Geochemistry, 18(2):115～120.

Westrich H R,Gerlach T M . 1992. Magmatic gas source for the stratospheric SO2 cloud from the June 15, 1991, eruption of Mount-Pinatubo. Geology, 20(10):867～870.

Wignall P B . 2001. Large igneous provinces and mass extinctions. Earth-Science Reviews, 53 (1～2): 1～33.

Williams S N, Schaefer S J, Calvache M L, Lopez D . 1992. Global carbon dioxide emission to the atmosphere by volcanos. Geochimica et Cosmochimica Acta, 56(4):1 765～1 770.

Wong T-F, David C, Zhu W. The transition from brittle faulting to cataclastic flow: mechanical deformation. Journal of Geophysical Research, 1997, 102: 3 009～3 025.

Wu F Y, Sun D Y, Li H M, Wang X L . 2001. The Nature of Basement Beneath the Songliao Basin in NE China: Geochemical and Isotopic Constraints. Phys. Chem. Earth (A), 26(9～10): 793～803.

Wycherley H, Fleet A, Shaw H . 1999. Some observations on the origins of large volumes of carbon dioxide accumulations in sedimentary basins. Marine and Petroleum Geology, 16 (6):489～494.

Wyllie P J, Huang W L . 1976. Carbonation and melting reactions in the system CaO-MgO-SiO_2-CO_2 at mantle pressures with geophysical and petrological applications. Contributions to Mineralogy and Petrology, 54:79～107.

Xiao W S, Chai P X, Wang B S, Weng K N . 1999. Hydrocarbon formation by reactions of graphite with water-containing minerals under high pressure and high temperature. Progress in Natural Science, 9(5):395～398.

Yang K H, Scott S D . 1996. Possible contribution of a metal-rich magmatic fluid to a sea-floor hydrothermal system. Nature, 383(6 599): 420～423.

Zhang Y X, Zindler A. 1989. Noble gas constraints on the evolution of earth's atmosphere. Journal of Geophysical Research, 94(B10):13 719～13 737.

Zhu W, Wong T-F. 1997. The transition from brittle faulting to cataclastic flow: Permeability evolution. Journal of Geophysical Research, 102: 3 027～3 041.

Hu Shu-Hong, Yu Wang Kan, Liu Lei, Xu XueWei. 2008. Dalton Trans. 5 415～5 423.

Зорькин П Е, Старобин Н С ,Стадннн Е В. 1984. Геология природных газов нефтегазононых бассейнов. Нелра, 162～164.

曹均,贺振华,黄德济,李琼. 2003. 裂缝储层地震波特征响应的物理模型实验研究. 勘探地球物理进展, 26(2):88～93.

陈传平,何家雄,杨杰. 2004. 莺歌海盆地浅层 CO_2 岩石化学成因的可能性. 中国海上油气(工程), 16(3):170～171.

陈福,朱笑青. 1988. 根据沉积矿物的共生组合恢复大气 CO_2 气分压值. 中国科学:B辑, (7): 747～755.

陈建渝. 2003. 与何家雄先生商榷. 中国海上油气(地质), 17(3):224.

陈泮勤,黄耀,于贵瑞. 2004. 地球系统碳循环. 北京:科学出版社. 1～585.

陈荣书. 1988. 天然气地质学. 武汉:中国地质大学出版社.

陈学波,张景发,唐荣金,等. 2001. 中国及外围地区莫霍面深度分布图(1∶15 000 000). 北京:地震出版社.

陈颙,黄廷芳. 2001. 岩石物理学. 北京:北京大学出版社, 41～68.

陈永见,刘德良,杨晓勇,戴金星. 1999. 郯庐断裂系统与中国东部幔源岩浆成因 CO_2 关系. 地质地球化学, 27(1):38～48.

陈永峤,周新桂,于兴河,童卫韶. 断层封闭性要素与封闭效应. 石油勘探与开发, 2003, 30(6): 38～40.

陈育峰. 1998. 全球气温变化的基本特征及其与大气 CO_2 增加的关系研究. 大自然探索, 17(64):32～35.

程裕淇. 1994. 中国区域地质概论. 北京:地质出版社:1～571.

陈道公,Deloule,程昊,吴元宝. 2003. 大别-苏鲁变质岩锆石微区同位素特征初探:离子探针原位分析,科学通报,16(48):1 732～1 739.

陈道公,支霞臣,杨海涛. 2009. 地球化学(第2版). 合肥:中国科学技术大学出版社.

迟元林,云金表,庞庆山. 2000. 徐家围子断陷 CO_2 气藏形成地质机制研究. 大庆石油地质与开发, 19(3):1～3.

大庆油田石油地质志编写组. 1991. 中国石油地质志(卷二). 上册:大庆石油. 北京:石油工业出版社,1～785.

戴春森,宋岩,戴金星. 1996. 中国两类无机成因 CO_2 组合、脱气模型及构造专属性. 石油勘探与开发,23(2):1～4.

戴金星,戴春森,宋岩,洪峰. 1994. 中国东部无机成因的二氧化碳气藏及其特征. 中国海上油气(地质), 8(4):215～222.

戴金星,丁巍伟,候路,米敬奎. 2004. 松辽盆地深层气勘探和研究. 见:贾承造主编,松辽盆地深层天然气勘探研讨会报告集. 北京:石油工业出版社, 27～44.

戴金星,斐锡古,戚厚发. 1992. 中国天然气地质学. 北京:石油工业出版社.

戴金星,李先奇,宋岩,秦胜飞,孙东敏. 1997. 论中国东部和大陆架二氧化碳气田(藏)及其气的成因类型. 戴金星,傅诚德,关德范主编,天然气地质研究新进展,北京:石油工业出版社, 183～203.

戴金星,戚厚发,郝石生. 1989. 天然气地质学概论. 北京:石油工业出版社.

戴金星,石昕,卫延召. 2001. 无机成因油气论和无机成因的气田(藏)概略. 石油学报, 22(6):5～10.

戴金星,宋岩,戴春森,陈安福,孙明良,廖永胜. 1995. 中国东部无机成因气及其气藏形成条件. 北京:科学出版社, 1～212.

戴金星,邹才能,张水昌,李剑,倪云燕,胡国艺,罗霞,陶士振,朱光有,米敬奎,李志生,胡安平,杨春,周庆华,帅燕华,张英,马成华. 2008. 无机成因和有机成因烷烃气的鉴别. 中国科学D:地球科学, 38(11):1 329～1 341.

戴金星. 1983. 向斜中的油、气藏. 石油学报,(4):27～30.

戴金星. 1992a. 各类天然气的成因鉴别. 中国海上油气(地质), 6(1):11～19.

戴金星. 1992b. 古构造在气藏形成中的重大作用. 现代地质学文集(上集),李清波,等. 南京:南京大学出版社.

戴金星. 1993. 天然气碳氢同位素特征和各类天然气鉴别. 天然气地球科学, 4(2～3):14.

戴金星. 1996. 中国东部和大陆架二氧化碳气田(藏)及其气的类型. 大自然探索, 15(4):18～20.

戴金星. 1998. 戴金星天然气地质和地球化学论文集(卷一). 北京:石油工业出版社.

戴金星. 2000. 戴金星天然气地质和地球化学论文集(卷二). 北京:石油工业出版社, 111～152.

戴金星. 2002. 戴金星天然气地质和地球化学论文集(卷三). 北京:石油工业出版社, 54～72.

戴金星. 2005. 戴金星天然气地质和地球化学论文集(卷四). 北京:石油工业出版社, 85～102.

戴金星. 2006. 非生物天然气资源的特征与前景. 天然气地球科学, 17(1):1～6.

邓晋福,赵海玲,许鸣光. 1991. 中国新生代陆相盆地与油气. 北京:科学出版社.

地质部黑龙江省地质局区域地质测量队测制. 1967. 1:200 000 中华人民共和国地质图(宾县幅).

杜乐天. 1993. 地球的五个气圈的氢烃资源. 铀矿地质, 5:257～264.

杜乐天. 1996. 烃碱流体地球化学原理. 北京:科学出版社.

方华,伍向阳,杨伟. 1998. 岩石中裂纹对弹性波速度的影响. 地球物理学进展, 13(4):79～83.

冯德益. 1981. 地震波速异常. 北京:地震出版社, 1～15.

冯福闿,王庭斌,张士亚,等. 1995. 中国天然气地质. 北京:地质出版社.

冯子辉,任延广,王成,李景坤,王雪,关秋华. 2003. 松辽盆地深层火山岩储层包裹体及天然气成藏期研究. 天然气地球科学，14(6):436～442.

冯子辉，孙春林，刘伟，李景坤. 2005. 松辽盆地基底浅变质岩的有机地球化学特征. 地球化学，34(1):73～78.

冯子辉，王红娟，钟延秋. 2001. 松辽盆地北部氦气资源勘探前景展望. 资源. 产业，(8):31～32.

福尔. 1983. 同位素地质学原理. 潘曙兰，乔广生，译. 北京：科学出版社，302～319.

付广，康德江. 2006. 松辽盆地北部深层含气系统演化及对天然气成藏与分布的控制作用. 油气地质与采收率，13(2):30～34.

付广，吕延防，孟庆芬. 2003. 松辽盆地北部深层火山岩气藏形成时期及成藏模式研究. 中国海上油气(地质)，17(4):236～239.

付广，薛永超，杨勉. 2000. 利用地震资料判断断层封闭性的方法探讨. 石油物探，39(1):70～76.

付晓飞，宋岩. 2005. 松辽盆地无机成因气及气源模式. 石油学报，26(4):23～28.

付晓飞，云金表，卢双舫，付广. 2005. 松辽盆地无机成因气富集规律研究. 天然气工业，25(10):14～17.

甘克文. 1995. 油气盆地研究中的一个基本问题——构造研究. 油气勘探工作新进展(一)，北京：石油工业出版社，6～14.

高平. 1997. 中国华北地区壳内低速高导层(体)成因模式的探讨. 中国地震，13(3):223～232.

高瑞祺，冯子辉. 1993. 昌德致密砂岩气藏油气源的判别及天然气运移特征. 油气运移研究论文集. 张厚福主编. 东营：石油大学出版社.

谷丽冰，李治平，欧瑾. 2007. 利用二氧化碳提高原油采收率研究进展. 中国矿业，16(10):66～69.

顾芷娟，郭才华，李彪，等. 1995. 壳内低速高导层成因初步研究. 中国科学(B辑). 25(1):108～112.

关效如. 1990. 我国东部高纯二氧化碳成因. 石油实验地质，12(3):248～258.

关振良，谢丛姣，齐冉，Martin，Blunt. 2007. 二氧化碳驱提高石油采收率数值模拟研究. 天然气工业，27(4):142～144.

桂志先，贺振华. 2003. 裂隙参数对P波的影响及裂隙检测可行性数值研究. 物探化探计算技术，25(1):35～38.

郭成恺，刘俊. 1985. 松辽盆地基底性质及盖层发育特征. 见：构造地质论丛编辑部编. 构造地质论丛(4). 北京：地质出版社，133～139.

郭栋，王兴谋，张金功. 2006. 山东济阳坳陷二氧化碳气成藏模式分析. 现代地质，20(3):441～448.

郭念发，尤孝忠，雷一心，徐俊. 2000. 黄桥 CO_2 气田特征及其勘探远景. 天然气工业，20(4):14～18.

郭占谦，彭威. 1999. 中国东部是多种天然气资源发育区. 天然气工业，19(6):1～6.

郭占谦，王先彬，刘文龙. 1997a. 松辽盆地非生物成因气的成藏特征. 中国科学：D辑，27(2):143～148.

郭占谦，王先彬. 1994. 松辽盆地非生物成因气的探讨. 中国科学：B辑，24(3):303～309.

郭占谦，萧德铭，李安峰. 1997b. 松辽盆地的演化与石油地质模式. 见：张渝昌. 中国含油气盆地原型分析. 南京:南京大学出版社, 212~244.

郭占谦,杨步增,李星军,彭威,王先彬. 2000. 松辽盆地无机成因气藏模式. 天然气工业, 20(6):30~33.

郭占谦. 2006. 火山作用与油气田的形成和分布. 新疆石油地质, 23(3):183~185.

郭正府,刘嘉麒,隋淑珍,刘强,贺怀宇,倪云燕. 2001. 白头山火山公元 1199/1200 年喷发的火山气体总量估算及其意义. 中国科学:D辑, 31(8):668~676.

郭正府,刘嘉麒. 2002. 火山气体的成分和总量研究. 地学前缘, 9(2):359~364.

国家地震局中国地震区划图编委会. 1990. 中国及邻近海域活动构造图. 北京:地震出版社.

何登发,贾承造. 2005. 冲断构造与油气聚集. 石油勘探与开发, 32(2):55~62.

何光玉,张卫华. 1997. 盖层研究现状及发展趋势. 世界地质, 16(2):28~33.

何家雄,陈刚. 1997. 莺歌海盆地 CO_2 分布、富集特征及初步预测. 天然气地球科学, 8(3):9~17.

何家雄,刘全稳. 2004. 南海北部大陆架边缘盆地 CO_2 成因和运聚规律的分析与预测. 天然气地球科学, 15(1):12~19.

何家雄,夏斌,刘宝明,张树林. 2005. 中国东部及近海陆架盆地 CO_2 成因及运聚规律与控制因素研究. 石油勘探与开发, 32(4):42~49.

何家雄. 2003. 再论莺歌海盆地 CO_2 成医问题——兼答陈建渝教授. 天然气地球科学, 14(5):412~415.

贺振华,李亚林,张帆,黄德济. 2001. 定向裂缝对地震波速度和振幅影响的比较. 物探化探计算技术, 23(1):1~5.

赫英,毛景文,王瑞廷,张战军. 2001. 幔源岩浆去气形成富二氧化碳含金流体—可能性与现实性. 地学前缘, 8(4):265~270.

赫英,王定一,刘洪营,宋来亮. 1997a. 胜利油气区二氧化碳气藏成因. 石油与天然气地质, 18(1):82~82.

赫英,王定一,朱兴国. 1997b. 幔源二氧化碳和甲烷成藏的现实性与可能性. 西北大学学报:自然科学版, 27(5):422~426.

黑龙江省地质矿产局. 1993. 黑龙江省区域地质志. 北京:地质出版社.

侯贵廷,钱祥麟,宋新民,范亮星,徐寿根. 1996. 济阳坳陷二氧化碳气田的成因机制研究. 北京大学学报:自然科学版, 32(6):712~718.

侯启军,杨玉峰. 2002. 松辽盆地无机成因天然气及勘探方向探讨. 天然气工业, 22(3):5~10.

霍秋立,付丽,王雪. 2004. 松辽盆地北部 CO_2 及 He 气成因与分布. 大庆石油地质与开发, 23(4):1~4.

霍秋立,杨步增,付丽. 1998. 松辽盆地北部昌德东气藏天然气成因. 石油勘探与开发, 25(4):17~19.

贾承造,何登发,陆洁民. 2004. 中国喜马拉雅运动的期次及其动力学背景. 石油与天然气地质,

25(2):121～125,169.

贾承造,魏国齐,李本亮. 2005a. 中国中西部燕山期构造特征及其油气地质意义. 石油与天然气地质, 26(1):9～15.

贾承造,魏国齐. 2006. 中国东北裂谷区中新生代火山岩油气赋存规律. 见:陈骏主编,地质与地球化学研究进展. 南京:南京大学出版社,420～429.

贾承造,赵国璋,赵文智,胡素云. 2005. 陆上主要含油气盆地油气资源与勘探潜力. 石油学报, 26(B03):1～6.

贾承造,赵政璋,赵文智,胡素云. 2005b. 陆上主要含油气盆地油气资源与勘探潜力. 石油学报, 26(B03):1～6,11.

贾承造. 1999. 塔里木盆地构造特征与油气聚集规律. 新疆石油地质, 20(3):177～183.

贾承造. 2005. 中国中西部前陆冲断带构造特征与天然气富集规律. 石油勘探与开发, 32(4):9～15.

贾军涛,王璞珺,万晓樵. 2008. 松辽盆地断陷期白垩纪营城组的时代归属. 地质论评, 54(4):439～448.

康竹林. 2000. 中国深层天然气勘探前景. 天然气工业, 20(5):1～4.

李趁义,樊太亮,郑和荣. 2004. 阳信-花沟地区二氧化碳气藏成藏模式. 石油学报, 25(1):35～39.

李道燧,张宗林,徐晓蓉. 1994. 鄂尔多斯盆地中部古地貌与构造对气藏的控制作用. 石油勘探与开发,21(3):9～14.

李福春,朱金初,金章东. 2000. 岩浆中主要挥发分含量:熔融包裹体和淬火玻璃证据. 地质地球化学, 28(2):8～13.

李继亮. 1991. 碰撞造山带大地构造相. 见:现代地质学研究论文集. 南京:南京大学出版社,9～21.

李剑,蒋助生. 1999b. 塔里木盆地塔中地区天然气气源对比. 石油勘探与开发, 26(6):33～35.

李剑,罗霞,单秀琴,马成华,胡国艺,严启团,刘锐蛾,陈红汉. 2005. 鄂尔多斯盆地上古生界天然气成藏特征. 石油勘探与开发, 32(4):54～59.

李剑,罗霞,刘人和,胡国艺,谢增业. 2004. 中国天然气晚期成藏的地球化学特征. 沉积学报, 22(B06):33～38.

李剑,肖中尧. 1999a. 塔里木盆地主要天然气藏的气源判识. 天然气工业, 19(2):38～43.

李剑,张英. 1998. 煤成气气源判别新方法的研究与应用. 天然气地球科学, 9(6):11～19.

黎彤,倪宋斌. 1998. 塔里木-华北板块的地壳和岩石圈元素丰度. 地质与勘探,38(1):20～24.

黎彤,倪宋斌. 1997. 中国大陆岩石圈的化学元素丰度. 地质与勘察,33(1):31～37.

黎彤,倪宋斌. 1990. 地球地壳的化学元素丰度. 北京:地质出版社.

李景明,罗霞,李东旭. 2007. 中国天然气地质研究的战略思考. 天然气地球科学, 18(6):777～781.

李景明,罗霞,冉君贵. 2006b. 三大古板块是中国寻找大气田的重要领域. 天然气工业, 26(12):15～19.

李景明,魏国齐,李东旭. 2004. 中国西部叠合盆地天然气勘探前景. 天然气地球科学, 15(1):

1～6.

李景明，魏国齐，李东旭. 2006a. 中国天然气地质学研究新进展. 天然气工业，26(2)：11～15.

李景明，魏国齐，赵群. 2008. 中国大气田勘探方向. 天然气工业，28(1)：13～16.

李美俊，王铁冠，卢鸿，吴炜强，刘菊. 2006. 北部湾盆地福山凹陷 CO_2 气成因探讨. 天然气工业，26(9)：25～28.

李思田，路凤香，林畅松. 1997. 中国东部及邻区中、新生带盆地演化及地球动力学背景. 武汉：中国地质大学出版社.

李先奇，戴金星. 1997. 中国东部二氧化碳气田(藏)的地化特征及成因分析. 石油实验地质，19(3)：215～221.

李振生，刘德良，刘波，杨强，李景明. 2005a. 断层封闭性的波速和品质因子评价方法. 科学通报，50(13)：1 365～1 369. (Li Z S, Liu D L, Liu B, Yang Q, Li J M. 2005. Study on estimate method of wave velocity and quality factor to fault seals. Chinese Science Bulletin, 50(19)：2 243～2 248.)

李振生，刘德良，刘波，杨强. 2005b. 断裂性能差异的力学和化学因素分析. 天然气地球科学，16(4)：485～491.

李振生，刘德良，孙岩，李景明. 2003. 断裂疏导～封闭性能的研究进展. 安徽地质，13(4)：241～247.

李振生，刘德良，陶士振. 2007. 顺层断层对原岩层封闭能力的增强作用. 中国科学技术大学学报. 37(3)：296～302.

李振生，刘德良，吴小齐，杨晓勇，谈迎. 2008. 松辽盆地北部的 CO_2 源岩及其生气潜力. 主攻深部挺进西部放眼世界——第九届全国矿床会议论文集，地质出版社，823～824.

李振生，刘德良，杨强，李景明. 2006. 库车前陆盆地断裂封存的超高压封存箱. 中国科学技术大学学报，36(4)：453～457.

李振生，刘德良，杨晓勇，谈迎，杨强，王伯长，郑德山，王凤来，孙占强. 2004. 松辽盆地东北缘孙家窑地区碳酸盐岩接触变质带元素分配关系和 CO_2 定量释放. 天然气地球科学，15(1)：20～27.

李振生，刘德良，杨晓勇，吴小奇，谈迎，王佰长. 2006. 松辽盆地北部深层 CO_2 源岩及其成藏规律. 云南地质，25(4)：406～407.

李振生，刘德良，杨晓勇，张交东. 2001. 韧脆性剪切带变碳酸盐岩 CO_2 的释放能力——以郯庐断裂系南段双山断裂为例. 地质地球化学，29(3)：130～133.

李振生，刘德良. 2008. 塔里木盆地北部库车地区的断层系统及其对油气的控制作用. 地质科学，44(1)：26～34.

李振生，吴小奇，刘德良，杨晓勇. 2007. 地幔——岩浆脱 CO_2 气作用的研究进展. 安徽地质学会编，加强地质工作促进社会经济和谐发展——2007 年华东六省一市地学科技论坛. 合肥：合肥工业大学出版社，24～29.

李振生，刘德良，杨强. 2007. 库车褶皱冲断带断裂、构造对油气藏的控制作用. 天然气工业. 27(5)：36～38.

李志明,张金珠. 1997. 地应力与油气勘探开发. 北京:石油工业出版社.

梁狄刚,顾乔元,皮学军. 1998. 塔里木盆地塔北隆起凝析气藏的分布规律. 天然气工业,18(3):5～9.

廖永胜,李钜源,李祥臣,徐寿根. 2001. 应用碳、氦、氩同位素探讨济阳坳陷二氧化碳气成因. 矿物岩石地球化学通报,20(4):351～353.

林松辉. 2005. 断裂及岩浆活动对幔源 CO_2 气成藏的作用——以济阳坳陷为例. 地球科学:中国地质大学学报,30(4):473～479.

林治家,陈衍景,黄智龙,申宝剑. 2006. 济阳坳陷 CO_2 气藏同位素地球化学特征及成因. 矿物岩石地球化学通报,25(3):272～278.

刘宝明,何家雄,夏斌,张树林. 2004a. 国内外 CO_2 研究现状及发展趋势. 天然气地球科学,15(4):412～417.

刘宝明,夏斌,李绪宣,张敏强,陈振宏. 2004b. 中国东部及南海西部陆缘 CO_2 气藏形成机理. 矿物岩石地球化学通报,23(3):207～212.

刘朝露,李剑,夏斌,罗霞,姜正龙,马成华. 2006. 松辽盆地南部深层天然气藏地化特征. 天然气工业,26(2):36～39.

刘德来,陈发景,杨丰平. 1994. 中国东北地区中生代火山岩与板块构造环境. 大庆石油学院学报,18(2):1～8.

刘德良,李振生,刘波,谈迎,杨强,杨晓勇,王佰长,郑德山. 2005a. 火山岩吸附 CO_2 气的成藏潜力及实例分析. 地质通报,24(10):962～967.

刘德良,李振生,孙岩,谈迎,刘波,吴小奇,杨晓勇. 2006a. 松辽盆地北部火山岩 CO_2 脱气参数及其对 CO_2 资源量估算的意义. 高校地质学报,12(2):223～227.

刘德良,李振生,孙岩,杨树锋,陶士振. 2007a. S和S-L型构造岩的显微组构与渗透性能的声学识别. 岩石学报. 23(4):849～854.

刘德良,李振生,吴小奇. 2006b. 天然气藏相关断裂体系不同断裂性能声学鉴别的探索. 自然科学进展,16(9):1 116～1 121.

刘德良,李振生,杨强,李景明,袁学诚. 2003a. 岩石吸收品质因子在天然气运移封闭研究中的应用. 天然气地球科学,14(5):347～350.

刘德良,沈修志,陈江峰,叶尚夫. 2009. 地球与类地行星构造地质学(第2版). 合肥:中国科学技术大学出版社.

刘德良,宋岩,薛爱民,李一平,罗志立,沈修志,杨晓勇,张正伟,陶士振. 2000. 四川盆地构造与天然气聚集区带综合研究. 北京:石油工业出版社. 1～107.

刘德良,陶士振. 2001. 郯庐断裂南段韧性构造岩天然气突破压力的测算. 地质科学,36(4):481～488.

刘德良,吴小奇,李振生. 2007b. 油气成藏构造三重预测. 天然气地球科学,18(5):656～660.

刘德良,杨强,李王晔,孙岩,张长鑫. 2004. 郯庐断裂南段韧性剪切带糜棱岩中纳米级颗粒的发现. 科学技术与工程，4(1)：42～43.

刘德良，杨强，李振生，刘波，谈迎，杨晓勇，王佰长，王凤来，郑德山，孙占强. 2005b. 松辽盆地多元构造系统要览. 天然气地球科学，16(4)：433～436.

刘德良，杨强，杨晓勇，谈迎，李振生，王佰长，郑德山，王凤来，孙占强. 2003b. 松辽盆地北部无机成因 CO_2 富集区带预测. 天然气工业，23(4)：13～16.

刘德良，李曙光，葛宁洁. 1992. 东海片麻岩的显微构造分析对区域构造研究的意义. 南京大学学报(地球科学版)，4(4)：22～32.

刘德良，李振生，吴小奇. 2006. 天然气藏相关断裂体系不同断裂性能声学鉴别的探索. 自然科学进展，16(9)：1 116～1 121.

刘万洙，王璞珺，门广田，边伟华，尹秀珍，许利群. 2003. 松辽盆地北部深层火山岩储层特征. 石油与天然气地质，24(1)：28～31.

刘伟，窦齐丰，王韶华. 2003. 断层封闭性综合分析方法—以永安油田沙二下油藏为例. 新疆石油地质，24(4)：289～291.

刘泽容，信荃麟，王永杰，徐丕琴，张晓峰. 1988. 山东惠民凹陷西部第三纪火山油气形成条件与分布规律. 地质学报，62(3)：210～222.

刘祝萍，吴小薇，楚泽涵. 1994. 岩石声学参数的实验测量及研究. 地球物理学报，37(5)：659～666.

卢双舫，付广，王双岩，等. 2002. 天然气富集主控因素的定量研究. 北京：石油工业出版社.

路波，赵萍. 2004. 火山岩的分布及其对油气藏的作用. 特种油气藏，11(2)：17～19.

吕延防，付广，张云峰，王朋岩，付晓飞，杨勉. 2002. 断层封闭性研究. 北京：石油工业出版社.

罗开平，高尚海，夏遵义，徐言岗，郑伦举. 1998. 二氧化碳——中国东部中，新生代盆地的重要资源. 石油与天然气地质，19(2)：165～168.

罗群，白新华. 1998. 断裂控烃理论与实践——断裂活动与油气聚集研究. 北京：中国地质大学出版社，1～206.

罗小平，张闻林，吴光兴，高新胜，彭渤莹，沈忠民. 2004. 东濮凹陷文留构造 CO_2 气藏地化特征及成因分析. 天然气工业，24(1)：23～25.

罗志立，李景明，刘树根. 2005. 中国板块构造和含油气盆地分析. 北京：石油工业出版社，435～445.

马涛，汤达祯，蒋平，齐宁. 2007. 注 CO_2 提高采收率技术现状. 油田化学，24(4)：379～383.

马杏垣. 1986. 中国及邻近海域岩石圈动力学图. 北京：地质出版社.

马杏垣. 1987. 中国及邻近海域岩石圈动力学图说明书. 北京：地质出版社.

毛景文，李晓峰. 2004. 深部流体及其与成矿成藏关系研究现状. 矿床地质，23(4)：520～532.

倪云燕，戴金星，周庆华，罗霞，胡安平，杨春. 2009. 徐家围子断陷无机成因气证据及其份额估算. 石油勘探与开发，36(1)：35～45.

倪云燕. 2009. 松辽盆地徐家围子断陷天然气地球化学特征及对成藏的作用. 中国石油勘探开发研究院：博士后研究工作报告.

倪宋斌，满发胜，王兆荣，黎彤. 1999. 新疆北部地区岩石生热率分布特征. 中国科技大学学报，29

(4):408～414.

庞庆山,王蕾,赵荣,王凤刚. 2002. 松辽盆地北部昌德 CO_2 气藏成因与形成机制. 大庆石油学院学报, 26(3):89～91.

彭少梅. 岩石变形变质过程中体积变化的估算方法. 地质科技情报, 1994, 13(1):107～112.

谯汉生,方朝亮,牛嘉玉,等. 2002. 中国东部深层石油地质. 北京:石油工业出版社.

秦胜飞. 1999. 塔里木盆地库车坳陷异常天然气的成因. 勘探家, 4(3):21～23.

丘元禧,董树文. 1991. 试论构造相构造相系和构造相序列. 中国区域地质, 10(3):262～271.

裘松余,钟世友. 1985. 松辽盆地南部万金塔二氧化碳气田的地质特征及其成因. 石油与天然气地质, 6(4):434～439.

裘松余. 1992. 松辽盆地南部万金塔 CO_2 气的成因. 东北煤炭技术,(3):58～60.

任纪舜,王作勋,陈廷愚,等. 1999. 从全球看中国大地构造—中国及邻区大地构造图简要说明. 北京:地质出版社, 1～50.

任延广,朱德丰,万传彪,冯子辉,李景坤,王成. 2004. 松辽盆地徐家围子断陷天然气聚集规律与下步勘探方向. 大庆石油地质与开发, 23(5):26～29.

上官志冠,都吉夔,臧伟,王基华,孔令昌,高松升. 1998. 郯庐断裂及胶辽断块区现代地热流体地球化学. 中国科学:D辑, 28(1):23～29.

邵明礼,门吉华,魏志平. 2000. 松辽盆地南部二氧化碳成因类型及富集条件初探. 大庆石油地质与开发, 19(4):1～3.

沈平,徐永昌,王先彬,等. 1991. 气源岩和天然气地球化学特征及成气机理研究. 兰州:甘肃科学技术出版社.

宋岩,戴金星. 1991. 中国东部温泉气的组合及其成因初探. 天然气地球科学, 2(5):199～202;208.

宋岩. 1991. 松辽盆地万金塔气藏天然气成因. 天然气工业, 11(1):17～21.

孙明良,陈践发,廖永胜. 1996. 济阳坳陷天然气氦同位素特征及二氧化碳成因与第三纪岩浆活动的关系. 地球化学, 25(5):475～480.

孙岩, Wangchiyuen,等. 2002. 深钻岩芯隐裂隙中微粒结构的发现. 科学技术与工程,(3):65～66.

孙岩,葛和平,陆现彩,朱文斌,郭继春,刘德良. 2003. 韧脆性剪切带滑移叶片中超微磨粒结构的发现和分析. 中国科学:D辑, 33(7):619～625.

孙岩,陆现彩,刘德良,舒良树,朱文斌,郭继春. 2005. 断裂剪切带厘米级磨砾和纳米级磨粒的发现、命名及其油气地质意义. 高校地质学报, 11(4):521～526.

孙岩,陆现彩,舒良树,刘浩. 2008. 岩石中纳米粒子层的观察厘定及其地质意义. 地质力学学报, 14(1):37～44.

孙占强,刘德良,郑德山,杨晓勇,王佰长,陈永见,张交东,谈迎,李振生. 2001. 接触变质条件下变碳酸岩 CO_2 释放与定量计算——以郯庐断裂南段肥东县双山为例. 地质力学学报, 7(2):144～150.

谈迎,刘德良,李振生. 2006. 松辽盆地北部二氧化碳气藏成因地球化学研究. 石油实验地质,

28(5):480～483.

谈迎. 2003. 松辽盆地北部深层CO_2的来源和汇集及其地质资源预测. 博士学位论文. 合肥:中国科学技术大学.

唐建仁,刘金平,谢春来,任贵珍,勾永峰. 2001. 松辽盆地北部徐家围子断陷的火山岩分布及成藏规律. 石油地球物理勘探, 36(3):345～351.

唐建武、金景福、陶琰,湘中锡矿山锑矿田稀土元素地球化学特征,矿物岩石,1999,3(19);58～62.

唐忠驭. 1980. 三水盆地二氧化碳气地质特征及其成因探讨. 石油实验地质, 2(3):10～18.

陶明信,徐永昌,沈平,刘文汇. 1996. 中国东部幔源气藏聚集带的大地构造与地球化学特征. 中国科学:D辑, 26(6):531～536.

陶明信,徐永昌, 史宝光, 蒋忠惕, 沈平, 李晓斌, 孙明良. 2005. 中国不同类型断裂带的地幔脱气与深部地质构造特征. 中国科学:D辑,35(5):441～451.

陶士振,刘德良,杨晓勇,白雪飞,戴金星,宋岩. 2000c. 无机成因天然气藏形成条件分析. 天然气地球科学, 11(1):10～18.

陶士振,刘德良,杨晓勇,陈永见,戴金星. 2000a. 接触变质型天然气的形成机制. 天然气勘探与开发, 23(1):1～9.

陶士振,刘德良,杨晓勇,戴金星,姚仲伯. 1999. 无机成因二氧化碳气的类型分布和成藏控制条件. 中国区域地质, 18(2):218～222.

陶士振,刘德良,杨晓勇,戴金星. 2000b. 动力变质作用形成的天然气分析. 大地构造与成矿学, 24(1):24～30.

陶士振,刘德良,袁学诚, 卫延召. 2001a. 糜棱岩的超声波衰减特征及其油气地质意义. 地球物理学报, 44(增刊):214～221.

陶士振,卫延召,刘德良,杨晓勇,杨泓清. 2001b. 造山带超高压变质流体中气体组成及成藏条件初探. 地质科学, 36(1):91～100.

涂光炽. 1996. 关于CO_2若干问题的讨论. 地学前缘, 3(3):53～62.

妥进才. 2002. 深层油气研究现状及进展. 地球科学进展, 17(4):565～571.

汪筱林,刘立,刘招君. 1994. 满洲里—绥芬河地学断面域中新生代盆地基底结构及构造演化. 见:M-SGT地质课题组编. 中国满洲里—绥芬河地学断面域内岩石圈结构及其演化的地质研究. 北京:地震出版社. 26～37.

王佰长,谈迎,刘德良. 2005. 松辽盆地北部深层二氧化碳的成藏疏导通道. 石油学报, 26(2):42～46.

王汉卿. 1999. 中国纬向带褶皱构造研究. 北京:地震出版社, 1～371.

王金琪. 2000. 中国大型致密砂岩含气区展望. 天然气工业, 20(1):10～16.

王连生,郭占谦,马志红,王璞珺,袁士江. 2004. 无机成因天然气的地球化学特征. 吉林大学学报:地球科学版, 34(4):542～545.

王璞珺,陈树民,刘万洙,单玄龙,程日辉,张艳,吴海波,齐景顺. 2003a. 松辽盆地火山岩相与火山岩储层的关系. 石油与天然气地质，24(1)：18～23，27.

王璞珺，迟元林，刘万洙，程日辉，单玄龙，任延广. 2003b. 松辽盆地火山岩相：类型、特征和储层意义. 吉林大学学报：地球科学版，33(4)：449～456.

王璞珺，侯启军，刘万洙，黄玉龙，贾军涛，唐华风. 2007a. 松辽盆地深层火山岩储层岩相特征和天然气的来源. 世界地质，26(3)：319～325.

王璞珺，庞颜明，唐华风，黄玉龙，郑常青. 2007b. 松辽盆地白垩系营城组古火山机构特征. 吉林大学学报：地球科学版，36(6)：1 064～1 073.

王璞珺，吴河勇，庞颜明，门广田，任延广，刘万洙，边伟华. 2006. 松辽盆地火山岩相：相序、相模式与储层物性的定量关系. 吉林大学学报：地球科学版，36(5)：805～812.

王璞珺，郑常青，舒萍，刘万洙，黄玉龙，唐华风，程日辉. 2007c. 松辽盆地深层火山岩岩性分类方案. 大庆石油地质与开发，26(4)：17～22.

王涛. 1997. 中国东部裂谷盆地油气藏地质. 北京：石油工业出版社，41～47.

王锡魁，裘善文，宋长春，阿列克赛·库拉科夫斯蒂潘·塔谢奇，埃弗吉尼·米亚斯尼科夫. 1999. 中国东北新生代火山活动与地热资源. 地质论评，45(增刊)：190～195.

王先彬，郭占谦，妥进才，郭洪岩，李振西，卓胜广，蒋鸿亮，曾龙伟，张铭杰，王连生，柳春雪，闫宏，李立武，周晓峰，王永莉，杨辉，王广. 2009. 中国松辽盆地商业天然气的非生物成因烷烃气体. 中国科学 D 辑：地球科学，39(5)：602～614.

王先彬，李春园，陈践发，郭占谦，谢鸿森. 1997. 论非生物成因天然气. 科学通报，42(12)：1 233～1 241.

王先彬，妥进才，周世新，李振西，张铭杰，闫宏. 2006. 论天然气形成机制与相关地球科学问题. 天然气地球科学，17(1)：7～13.

王晓锋，刘文汇，徐永昌，张殿伟，张建勇. 2006. 不同成因天然气的氢同位素组成特征研究进展. 天然气地球科学，17(2)：163～169.

王兴谋，邱隆伟，姜在兴，郭材. 2004. 济阳坳陷火山活动和 CO_2 气藏的关系研究. 天然气地球科学，15(4)：422～427.

王振峰，何家雄，张树林，刘宝明. 2004. 南海北部边缘盆地 CO_2 成因及充注驱油的石油地质意义. 石油学报，25(5)：48～53.

维索茨基 И В. 著. 1986. 天然气地质学. 戴金星，吴少华，邓汉璇，徐树宝，李祜佑，译. 北京：石油工业出版社.

魏国齐，贾承造，李本亮. 2005. 我国中西部前陆盆地的特殊性和多样性及其天然气勘探. 高校地质学报，11(4)：552～557.

魏国齐，贾承造. 1995. 塔北地区海西晚期逆冲—走滑构造与含油气关系. 新疆石油地质，16(2)：96～101.

魏国齐，贾承造. 1998. 塔里木盆地逆冲带构造特征与油气. 石油学报，19(1)：11～17.

魏国齐，贾承造. 2000. 塔里木新生代复合再生前陆盆地构造特征与油气. 地质学报，74(2)：

123～133.

魏喜,陈亦寒,祝永军,尹继红,苏小捷. 2005. 南海盆地及邻区 CO_2 天然气成因类型及特征综述. 特种油气藏，12(5)：1～4.

沃里沃夫斯基 B C,著. 1991. 世界最大油气盆地. 任俞，译. 北京：石油工业出版社.

吴福元,孙德有,李惠民,汪筱林让. 2000. 松辽盆地基底岩石的锆石 U-Pb 年龄. 科学通报，45(6)：656～660.

吴小奇,刘德良,李剑,孙先如. 2009a. 准噶尔盆地陆东-五彩湾地区石炭系火山岩储集性能及影响因素. 地质科学，44(1)：1～13.

吴小奇,刘德良,李振生. 2008. 壳源非生物成因烃类气研究进展. 石油学报，29(1)：41～51.

吴小奇,刘德良,魏国齐,李剑,李振生. 2009b. 准噶尔盆地陆东-五彩湾地区石炭系火山岩地球化学特征及其构造背景. 岩石学报，25(1)：55～66.

吴小奇,刘德良,李振生. 2009. 卡拉麦里缝合带后碰撞期火山活动. 地学前缘，16(3)：220～230.

萧德铭,迟元林,蒙启安,等. 2001. 松辽盆地北部深层天然气地质特征研究. 中国东部深层石油勘探论文集. 谯汉生，罗汉斌，李先奇主编. 北京：石油工业出版社.

谢鸣谦. 2000. 拼贴板块构造及其驱动机理—中国东北及邻区的大地构造演化. 北京：科学出版社，1～256.

徐永昌,沈平,等. 1990. 幔源 He 的工业储集和郯庐大断裂. 科学通报，35(12)：932～935.

徐永昌. 1992. 我国 80 年代气体地球化学研究. 沉积学报，10(3)：57～69.

徐永昌. 1994. 天然气成因理论及应用. 北京：科学出版社.

徐永福. 1995. 二氧化碳生物地球化学循环研究的进展. 地球科学进展，10(4)：367～372.

许多，周瑶琪，查明，朱岳年. 2000. 火山温泉气体 $CO_2/^3He$ 比率与幔源气体的释放和成藏机制. 天然气工业，20(1)：28～32.

许多,周瑶琪,朱岳年,查明. 1999. 中国东部幔源 CO_2 气藏的 CO_2/3He 比率及形成机制. 石油与天然气地质，20(4)：290～294.

闫全人,高山林,王宗起,郝杰,肖文交,李继亮. 2002. 松辽盆地火山岩的同位素年代、地球化学特征及意义. 地球化学，31(2)：169～179.

杨宝俊,唐建人,李勤学,刘财,刘振彪,邓世玉,李青仁,王洪志,李占林,王功先,董世学,冯晅,郑海山,王世煜. 2001. 松辽盆地深部反射地震探查. 地球物理学进展，16(4)：11～17.

杨长清,姚俊祥. 2004. 三水盆地二氧化碳气成藏模式. 天然气工业，24(2)：36～39.

杨池银. 2004. 黄骅坳陷二氧化碳成因研究. 天然气地球科学，15(1)：7～11.

杨方之,周荔青,郭念发,王金渝,张建球. 2001. 江苏黄桥二氧化碳气田. 北京：石油工业出版社，1～210.

杨光,薛林福,刘振彪,刘金平. 2001. 松辽盆地深部地震剖面解释与深部地质研究. 石油与天然气地质，22(4)：326～330,336.

杨懋新. 2002. 松辽盆地断陷期火山岩的形成及成藏条件. 大庆石油地质与开发，21(5)：15～17.

杨晓松,金振民. 1998. 壳内部分熔融低速层及其研究意义. 地球物理学进展, 13(3):38～45.

杨晓勇,刘德良,陈永见,戴金星. 2003. 接触变质作用条件下无机天然气成藏模型——以郯庐断裂带南段双山为例. 石油学报, 24(6):18～23.

杨晓勇,刘德良,陶士振. 1999. 中国东部典型地幔岩中包裹体成分研究及意义. 石油学报, 20(1):19～23.

杨晓勇,刘德良,王佰长,李振生,谈迎,杨强. 2007. 无机成因二氧化碳气成藏研究. 石油实验地质,(2):154～161.

杨晓勇,刘德良,张交东,陈永见,李振生,杨强. 2002. 郯庐断裂带南段双山韧—脆性剪切带物质迁移与 CO_2 释放研究. 地质学报, 76(3):335～346.

杨玉峰,张秋,黄海平,陈发景. 2000. 松辽盆地徐家围子断陷无机成因天然气及其成藏模式. 地学前缘, 7(4):523～533.

袁道先. 2001. 地球系统的碳循环和资源环境效应. 第四纪研究, 21(3):223～232.

张阿玲,方栋. 1996. 温室气体 CO_2 的控制和回收作用. 北京:中国环境科学出版社,118～165.

张加桂,胡海涛. 1999. 深大断裂对幔源 CO_2 释放作用研究综述. 中国岩溶, 18(1):92～102.

张景廉,张平中,吕锡敏,关银录,廖天纯,张正刚,王爱勤. 1998. 油气无机成因学说的新进展. 地球科学进展, 13(1):44～50.

张景廉. 2001. 论石油的无机成因. 北京:石油工业出版社, 146～158.

张烈辉,杨军,熊钰,符奇. 2008. 不同注采方式下 CO_2 埋存与驱油效果优化评价. 天然气工业, 28(8):102～104.

张美华,李华儒,张毅安. 1988. 二氧化碳生产及应用. 兰州:西北大学出版社. 35～75.

张晓东,霍岩,包波. 2000a. 松辽盆地北部地区火山岩特征及分布规律. 大庆石油地质与开发, 19(4):10～12.

张晓东,杨玉峰,殷进垠,郑浚茂,王德发. 2000b. 松辽盆地昌德气田天然气成因及成藏模式. 现代地质, 14(2):203～208.

张晓东. 2003. 中国东北地区 CO_2 气藏成因及聚集规律分析. 石油学报, 24(6):13～17,23.

张义纲,章复康,胡惕麟,等. 1991. 天然气的生成聚集和保存. 南京:河海大学出版社.

张义纲,章复康,郑朝阳. 1987. 识别天然气的碳同位素方法. 见:中国地质学会石油地质专业委员会编. 有机地球化学论义集. 北京:地质出版社.

张招崇,李树才. 2000. 火山喷发过程中岩浆脱气率和脱气量的估算方法及其意义. 岩石矿物学杂志, 19(4):307～315.

张子枢. 1992. 地球深源气研究概述. 天然气地球科学, 3(3):11～14.

赵海玲,邓晋福,陈发景,胡泉,赵世柯. 1998. 中国东北地区中生代火山岩岩石学特征与盆地形成. 现代地质, 12(1):56～58.

赵海玲,刘振文,李剑,狄永军,罗霞,刘清华,赵国泉. 2004. 火成岩油气储层的岩石学特征及研究方向. 石油与天然气地质, 25(6):609～613.

郑永飞，陈江峰. 2000. 稳定同位素地球化学. 北京:科学出版社，1～316.

中国科学院地球化学研究所有机地球化学与沉积学研究室. 1982. 有机地球化学. 北京:科学出版社.

周伏洪. 1987. 利用航磁资料探讨东北地区的区域构造问题. 勘查地球物理、勘查地球化学文集(第6集). 北京:地质出版社.

朱芳冰，史春雨. 2008. 二氧化碳在温室蔬菜栽培中的应用. 现代化农业，(10):13～14.

朱立华，郭念发. 2002. 江苏黄桥 CO_2 气田储集层裂隙特征. 石油勘探与开发，29(2):67～70.

朱岳年，吴新年. 1994. 二氧化碳地质研究. 兰州:兰州大学出版社，1～219.

朱岳年，许多，张友学. 1998. 地幔脱气作用和大气圈惰性气体形成与演化. 地学前缘，5(增刊):166～174.

朱岳年. 1997. 二氧化碳地质研究的意义及全球高含二氧化碳天然气的分布特点. 地球科学进展，12(1):26～31.

邹才能，赵文智，贾承造，朱如凯，张光亚，赵霞，袁选俊. 2008. 中国沉积盆地火山岩油气藏形成与分布. 石油勘探与开发，35(3):257～271.